全国高等职业教育规划教材

AutoCAD 2014 基础与实例教程

（第 2 版）

主　编　陈　平

副主编　郑贞平

参　编　刘摇摇　胡俊平

主　审　朱耀武

机械工业出版社

本书介绍使用计算机辅助设计软件 AutoCAD 2014（中文版）绘制工程图的有关知识。全书共 8 章，内容包括 AutoCAD 2014 绘制工程图的入门知识、工程平面图的绘制和编辑、三视图的绘制、工程图中的文字注写和尺寸标注、装配图绘制、参数化绘图工具、三维实体的创建和编辑和建筑图的绘制。各章结合实例，讲练结合，使读者易于理解和掌握。

本书适合作为高职高专类院校机电一体化、模具设计与制造和机械制造与自动化等专业的教材，还可以作为制造业工程技术人员的自学与参考用书。

本书配套授课电子课件和 CAD 源文件，需要的教师可登录 www.cmpedu.com 免费注册、审核通过后下载，或联系编辑索取（QQ：1239258369，电话：010-88379739）。

图书在版编目（CIP）数据

AutoCAD 2014 基础与实例教程/陈平主编 . —2 版 . —北京：机械工业出版社，2015.10

全国高等职业教育规划教材

ISBN 978-7-111-51718-4

Ⅰ.①A⋯　Ⅱ.①陈⋯　Ⅲ.①AutoCAD 软件—高等职业教育—教材

Ⅳ.①TP391.72

中国版本图书馆 CIP 数据核字（2015）第 228620 号

机械工业出版社（北京市百万庄大街 22 号　邮政编码 100037）

责任编辑：刘闻雨　责任校对：张艳霞

责任印制：李　洋

北京机工印刷厂印刷（三河市南杨庄国丰装订厂装订）

2016 年 1 月第 2 版·第 1 次印刷

184mm×260mm·20.25 印张·501 千字

0 001—3 000 册

标准书号：ISBN 978-7-111-51718-4

定价：47.00 元

全国高等职业教育规划教材机电专业
编委会成员名单

出 版 说 明

《国务院关于加快发展现代职业教育的决定》指出：到 2020 年，形成适应发展需求、产教深度融合、中职高职衔接、职业教育与普通教育相互沟通，体现终身教育理念，具有中国特色、世界水平的现代职业教育体系，推进人才培养模式创新，坚持校企合作、工学结合，强化教学、学习、实训相融合的教育教学活动，推行项目教学、案例教学、工作过程导向教学等教学模式，引导社会力量参与教学过程，共同开发课程和教材等教育资源。机械工业出版社组织全国 60 余所职业院校（其中大部分是示范性院校和骨干院校）的骨干教师共同策划、编写并出版的"全国高等职业教育规划教材"系列丛书，已历经十余年的积淀和发展，今后将更加紧密结合国家职业教育文件精神，致力于建设符合现代职业教育教学需求的教材体系，打造充分适应现代职业教育教学模式的、体现工学结合特点的新型精品化教材。

"全国高等职业教育规划教材"涵盖计算机、电子和机电三个专业，目前在销教材 300 余种，其中"十五""十一五""十二五"累计获奖教材 60 余种，更有 4 种获得国家级精品教材。该系列教材依托于高职高专计算机、电子、机电三个专业编委会，充分体现职业院校教学改革和课程改革的需要，其内容和质量颇受授课教师的认可。

在系列教材策划和编写的过程中，主编院校通过编委会平台充分调研相关院校的专业课程体系，认真讨论课程教学大纲，积极听取相关专家意见，并融合教学中的实践经验，吸收职业教育改革成果，寻求企业合作，针对不同的课程性质采取差异化的编写策略。其中，核心基础课程的教材在保持扎实的理论基础的同时，增加实训和习题以及相关的多媒体配套资源；实践性较强的课程则强调理论与实训紧密结合，采用理实一体的编写模式；涉及实用技术的课程则在教材中引入了最新的知识、技术、工艺和方法，同时重视企业参与，吸纳来自企业的真实案例。此外，根据实际教学的需要对部分课程进行了整合和优化。

归纳起来，本系列教材具有以下特点：

1）围绕培养学生的职业技能这条主线来设计教材的结构、内容和形式。

2）合理安排基础知识和实践知识的比例。基础知识以"必需、够用"为度，强调专业技术应用能力的训练，适当增加实训环节。

3）符合高职学生的学习特点和认知规律。对基本理论和方法的论述容易理解、清晰简洁，多用图表来表达信息；增加相关技术在生产中的应用实例，引导学生主动学习。

4）教材内容紧随技术和经济的发展而更新，及时将新知识、新技术、新工艺和新案例等引入教材。同时注重吸收最新的教学理念，并积极支持新专业的教材建设。

5）注重立体化教材建设。通过主教材、电子教案、配套素材光盘、实训指导和习题及解答等教学资源的有机结合，提高教学服务水平，为高素质技能型人才的培养创造良好的条件。

由于我国高等职业教育改革和发展的速度很快，加之我们的水平和经验有限，因此在教材的编写和出版过程中难免出现问题和疏漏。我们恳请使用这套教材的师生及时向我们反馈质量信息，以利于我们今后不断提高教材的出版质量，为广大师生提供更多、更适用的教材。

机械工业出版社

前　言

计算机辅助设计（Computer Aided Design，CAD）是一种通过计算机来辅助进行产品或工程设计的技术。作为计算机的重要应用之一，CAD 可加快产品的设计与开发速度、提高生产质量与效率、降低成本。因此，在工程应用中，CAD 得到了广泛应用。

为使读者尽快掌握 AutoCAD 2014 中文版的功能和使用方法，本书作者通过循序渐进的讲解，从 AutoCAD 2014 的入门、基本操作、绘图、编辑到典型实例，详细阐释了应用 AutoCAD 2014 中文版进行绘图设计的方法和技巧。

全书共 8 章，第 1 章介绍了 AutoCAD 2010 入门知识，如工作界面、管理图形文件、绘图环境的设置、图形显示和图层管理等；第 2 章介绍了绘制和编辑平面图形，通过几个典型实例讲解二维图形的绘制和编辑；第 3 章是三视图的绘制，讲解了多个典型零件的三视图的绘制过程；第 4 章介绍了尺寸和技术要求的标注，在讲解过程中采用了几个典型实例；第 5 章介绍了绘制装配图的方法与步骤；第 6 章介绍了参数化绘图工具；第 7 章介绍了绘制和编辑三维图形的方法和步骤；第 8 章讲解了绘制建筑图的方法和步骤。

本书作者长期从事 AutoCAD 的专业设计和教学，对 AutoCAD 有深入的了解，并积累了大量的实际工作经验。本书的实例本着"由浅入深，循序渐进"的原则进行编排，使读者能够学以致用，举一反三，从而快速掌握使用 AutoCAD 2014 的方法，能够在以后的设计绘图工作中熟练应用。

本书由无锡职业技术学院陈平主编，无锡职业技术学院郑贞平任副主编，无锡职业技术学院胡俊平、无锡雪浪环境科技股份有限公司刘摇摇参编，无锡职业技术学院朱耀武主审。其中第 1、2 章由陈平编写，第 3、5 章由郑贞平编写，第 4、6 章由刘摇摇编写，第 7、8 章由胡俊平编写。

由于编写人员水平有限，书中难免有不足之处，诚请广大读者批评指正，在此深表感谢。

编　者

目 录

第1章　AutoCAD 2014 入门基础

AutoCAD 是目前应用非常广泛的一种计算机辅助设计软件。使用它可以精确、快速地绘制出各种图形，广泛应用于机械、建筑、电子、服装和广告等行业。

本章将学习中文版 AutoCAD 2014 绘图的基本知识，了解如何设置图形的系统参数、样板图，熟悉创建新的图形文件、打开已有文件的方法等。

通过本章的学习，要求读者了解利用计算机绘制工程图的基本知识和基本过程；掌握 AutoCAD 2014 的工作界面和命令输入方式及命令执行的操作过程；掌握绘制工程图前需要进行的各种设置方法和辅助绘图的功能，如管理图形文件、设置绘图环境、图形显示和图层管理等；并且能够借助 AutoCAD 2014 绘制出简单的平面轮廓图。

1.1　计算机绘图基础

1.1.1　计算机辅助绘图的基本概念

计算机辅助设计（Computer Auto Design，CAD），是 20 世纪 60 年代发展起来的一门新兴学科，目前已经成为现代工业设计中十分重要的一项技术。计算机辅助设计是指利用计算机及其图形设备帮助设计人员进行设计工作。在工程和产品设计中，计算机可以帮助设计人员担负计算、信息存储和制图等项工作。在设计中通常要用计算机对不同方案进行大量的计算、分析和比较，以决定最优方案；各种设计信息，不论是数字的、文字的或图形的，都能存放在计算机的内存或外存里，并能快速地检索；设计人员通常从草图开始设计，将草图变为工作图的繁重工作可以交给计算机完成；由计算机自动产生的设计结果，可以快速作出图形显示出来，使设计人员及时对设计作出判断和修改；利用计算机可以进行与图形的编辑、放大、缩小、平移和旋转等有关的图形数据加工工作。CAD 能够减轻设计人员的劳动，缩短设计周期和提高设计质量。而 AutoCAD 系列软件以其便捷的绘图功能、友好的人机界面、强大的二次开发功能以及可靠的硬件接口，已经成为了世界上应用最广泛的 CAD 软件之一。

计算机绘图系统包括硬件系统和软件系统，其中软件系统是计算机绘图的关键，硬件系统则是绘图过程得以完成的运行环境和基础保证。

1.1.2　AutoCAD 的基本功能

AutoCAD 产生于 1982 年，至今已经过多次升级，其功能不断增强并日趋完善，如今已成为工程设计领域中应用最为广泛的计算机辅助绘图软件和设计软件之一。AutoCAD 具有功能强大、易于掌握、使用方便和体系结构开放等特点，能够绘制平面图形与三维图形、标注图形尺寸、渲染图形以及打印输出图样，深受广大工程技术人员的欢迎。AutoCAD 的基本功能如下：

（1）绘制与编辑图形。

（2）标注图形尺寸。

（3）渲染三维图形。

（4）输出与打印图形。

（5）控制图形显示。

（6）具有绘图实用工具。

（7）具有数据库管理功能。

（8）具有 Internet 功能。

1.1.3　中文版 AutoCAD 2014 的启动与退出

安装完中文版 AutoCAD 2014 之后，在桌面上会创建一个 AutoCAD 2014 快捷方式图标 ，双击该图标即可启动软件。AutoCAD 操作界面是 AutoCAD 显示、编辑图形的区域，AutoCAD 2014 的经典操作界面如图 1-1 所示。

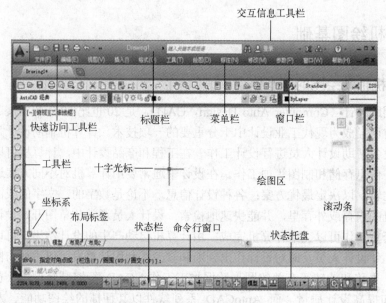

图 1-1　AutoCAD 2014 经典界面

1. 启动中文版 AutoCAD 2014

启动 AutoCAD 2014 主要有以下几种方法。

（1）通过"开始"菜单启动

依次选择"开始"→"所有程序"→Autodesk→"AutoCAD 2014-简体中文（Simplified Chinese）"→"AutoCAD 2014-简体中文（Simplified Chinese）"菜单命令，即可启动 AutoCAD 2014，如图 1-2 所示。

（2）通过桌面的快捷方式

为了快速启动 AutoCAD 2014，用户可以在桌面创建快捷方式，以后只须双击该快捷方式即可快速启动 AutoCAD 2014。

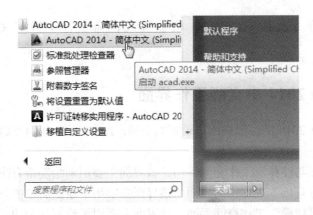

图 1-2　启动 AutoCAD 2014

（3）打开文件同时启动 AutoCAD 2014

如果是 DWG 或者 DXF 格式文件，也可以双击该文件，在打开文件的同时打开 AutoCAD 2014。

在第一次启动 AutoCAD 2014 时，会弹出一个初始设置空间，要求用户设置软件的主要应用行业，可以根据需要进行设置，也可以跳过该窗口。

启动中文版 AutoCAD 2014 之后，将弹出一个"欢迎"窗口，如图 1-3 所示，其中介绍了 AutoCAD 2014 的新功能等各项内容，用户可以选择学习 AutoCAD 2014 的新功能。

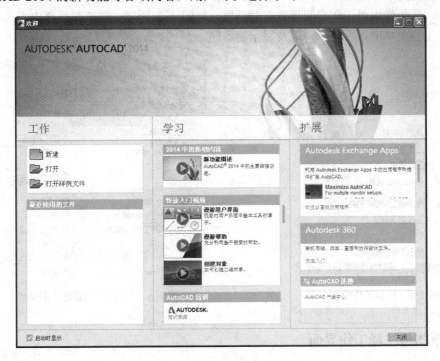

图 1-3　"欢迎"窗口

2．退出中文版 AutoCAD 2014

退出中文版 AutoCAD 2014 有多种方法：单击交互信息工具栏右边的 ✕ 按钮；选择"文

件"→"退出"命令；按〈Ctrl+Q〉快捷键或在命令行中输入 QUIT 退出中文版
AutoCAD 2014。

1.2 AutoCAD 2014 中文版工作界面

启动 AutoCAD 2014 后，根据用户设置的不同，AutoCAD 2014 的工作空间界面有以下
四种形式。

第一种是"草图与注释"工作空间界面，该界面主要用于绘制带有注释的二维草图。

第二种是"三维基础"工作空间界面，该界面主要用于绘制简单的三维图形。

第三种是"三维建模"工作空间界面，该界面主要用于绘制复杂的三维图形。

第四种是"AutoCAD 经典"工作空间界面，该界面延续了过去版本传统的 AutoCAD
界面，既可用于绘制二维图形，也可用于绘制三维图形。

在本书的后续内容中，采用上面所介绍的第三种工作空间界面。

1.2.1 选择工作界面

要在四种工作空间界面中进行切换，只需要在"状态栏"单击"切换工作空间"按钮
，在弹出的菜单中选择相应的命令即可，如图 1-4 所示。

单击"状态栏"中的"切换工作空间"按钮，在弹出的下拉菜单中选择"工作空间设
置"命令，系统弹出"工作空间设置"对话框，如图 1-5 所示。在该对话框中可选择四种工
作状态在下拉菜单中是否显示，以及显示的顺序。

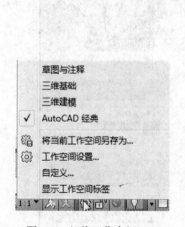

图 1-4　切换工作空间

图 1-5　"工作空间设置"对话框

1.2.2 草图与注释工作界面

启动 AutoCAD 2014 后，在默认状态下将打开"草图与注释"工作界面。此界面主要由
"菜单浏览器"按钮、"功能区"选项板、快速访问工具栏、文本窗口与命令行、状态栏等元
素组成。在该界面中，可以使用"绘图""修改""图层""标注""文字""表格"等面板方
便地绘制二维图形，如图 1-6 所示。

4

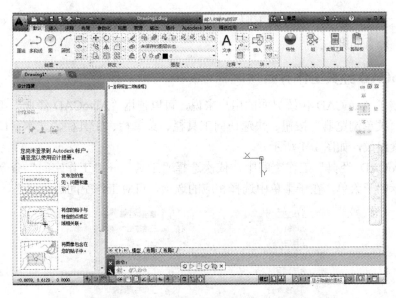

图 1-6 "草图与注释"工作界面

1.2.3 三维建模工作界面

使用三维建模界面,可以更加方便地在三维空间中绘制图形。在"功能区"选项板中集成了"建模""网格""实体编辑""绘图""修改""截面""视图"等面板,从而为绘制三维图形,观察图形,创建动画,设置光源,为三维对象附加材质等操作提供了非常便利的环境,如图 1-7 所示。

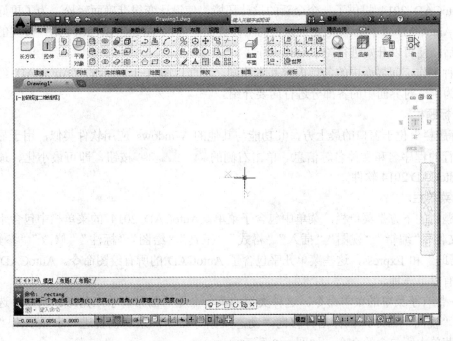

图 1-7 "三维建模"工作界面

三维与二维之间的操作有很大不同，主要区别是：在三维造型中，所创建对象除了有长度和宽度外，还有高度。

1.2.4 AutoCAD 经典工作界面

对于习惯了 AutoCAD 传统界面的用户来说，可以使用"AutoCAD 经典"工作空间，其界面主要由"菜单浏览器"按钮、快速访问工具栏、菜单栏、工具栏、文本窗口与命令行、状态栏等元素组成，如图 1-1 所示。

在"AutoCAD 经典"工作空间中，依次选择"工具"→"工作空间"命令，即可弹出如图 1-8 所示的子菜单，在子菜单中选择相应的选项，可对工作空间进行切换。

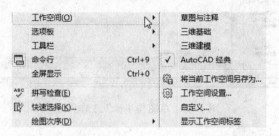

图 1-8 "工作空间"子菜单

提示：本书以经典工作界面为主，讲解各种命令和功能。

1.2.5 AutoCAD 2014 的用户界面

AutoCAD 2014 提供了一个全新的设计环境，使设计变得准确而轻松。为了更好地了解和学习 AutoCAD 2014，首先要认识它的工作界面。进入 AutoCAD 2014 用户设置的工作空间界面后，便可以开始进行图形设计工作了。

三种工作空间界面中的各项内容基本相同，下面以图 1-1 所示的"AutoCAD 经典"工作界面为例，对界面中的各部分进行简要介绍。

1. 标题栏

"标题栏"位于窗口的最上方，其功能与其他的 Windows 应用软件类似，用于显示当前正在运行的程序名和文件名等信息。单击右侧的 ▬、◻ 和 ▨ 按钮，即可最小化、最大化和关闭 AutoCAD 2014 软件。

2. 菜单栏

标题栏的下方是菜单栏，菜单中包含子菜单。AutoCAD 2014 的菜单栏中包含十三个菜单："文件""编辑""视图""插入""格式""工具""绘图""标注""修改""参数""窗口""帮助"和 Express，这些菜单几乎包含了 AutoCAD 的所有绘图命令。AutoCAD 菜单中的命令有以下三种。

1）带有子菜单的菜单命令。这种类型的菜单命令后面带有小三角形。例如，选择菜单栏中的"视图"命令，鼠标指针移向"动态观察"命令，系统就会进一步显示出"动态观察"子菜单中所包含的命令，如图 1-9 所示。

2）弹出对话框的菜单命令。这种类型的命令后面带有省略号。例如，选择"格式"→

"文字样式"命令，如图 1-10 所示，系统就会弹出如图 1-11 所示的"文字样式"对话框。

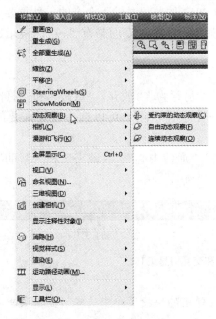

图 1-9　带有子菜单的菜单命令　　　　　　　　图 1-10　"文字样式"命令

3）直接执行操作的菜单命令。这种类型的命令后面不带小三角形，也不带省略号，选择该命令后将直接进行相应的操作。例如，选择"视图"→"重画"命令，系统将刷新显示所有视口。

AutoCAD 2014 在默认的工作空间中，菜单栏是被隐藏的。用户可以根据需要显示和隐藏菜单栏。单击快速访问工具栏右侧的"下拉"按钮，在弹出的下拉菜单中选择"显示菜单栏"选项，即可显示菜单栏，如图 1-12 所示。

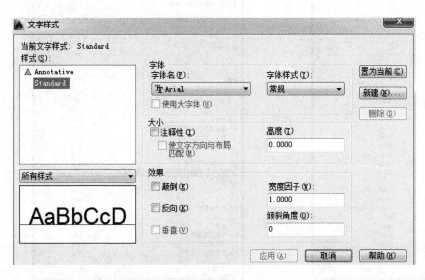

图 1-11　"文字样式"对话框　　　　　　　　图 1-12　下拉菜单

菜单栏位于标题栏的下方，具体内容如图 1-9 所示。把鼠标指针移至某个一级菜单上单击，即可打开该菜单，如图 1-10 所示。AutoCAD 2014 的菜单是输入命令的一种重要方法。子菜单右边带有▶，表示该子菜单具有下一级子菜单；子菜单右面带有"…"，表示选择该子菜单项后将启动一个对话框。

3．快速访问工具栏和交互信息工具栏

快速访问工具栏包括"新建""打开""保存""另存为""放弃""重做"和"打印"七个最常用的工具按钮。单击此工具栏后面的小三角按钮，用户可以选择设置需要的常用工具。

交互信息工具栏包括"搜索""速博应用中心""通信中心""收藏夹"和"帮助"五个常用的数据交互访问工具按钮，如图 1-13 所示。

快速访问工具栏 　　　　　　　　　　　　　　　　　　交互信息工具栏

图 1-13　快速访问工具栏和交互信息工具栏

提示：在快速访问工具栏上单击鼠标右键，在弹出的快捷菜单中选择"显示菜单栏"命令，就可以在工作空间中显示菜单栏。

在快速访问工具栏上添加按钮，具体操作步骤如下：

1）在快速访问工具栏上单击鼠标右键，在弹出的快捷菜单中选择"自定义快速访问工具栏"命令，弹出"自定义用户界面"对话框，如图 1-14 所示。

2）在"命令列表"下拉列表框中选择"文件"选项，并在下面的列表框中选择"打印预览"选项，如图 1-15 所示。

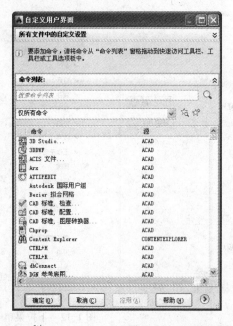

图 1-14　"自定义用户界面"对话框

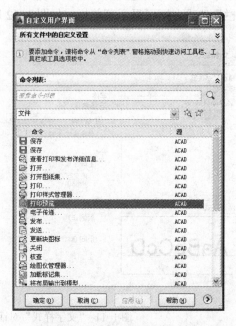

图 1-15　选择"打印预览"选项

3）在"所有文件中的自定义设置"选项区域的列表框中选择"快速访问工具栏 1"选项组，该选项组展开内容后如图 1-16 所示。

4）在命令列表框中选择"打印预览"选项，并将其拖曳至"所有文件中的自定义设置"选项区域中的"快速访问工具栏 1"选项上，如图 1-17 所示。

图 1-16　"快速访问工具栏 1"选项组

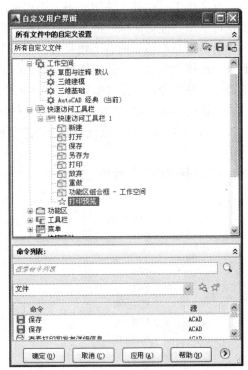

图 1-17　拖曳"打印预览"选项

5）依次单击"应用"和"确定"按钮，即可在绘图窗口中看到添加按钮后的快速访问工具栏，如图 1-18 所示。

图 1-18　添加"打印预览"按钮的快速访问工具栏

4. 工具栏

工具栏是一组按钮工具的集合，把鼠标指针移动到某个按钮上，稍停片刻即在该按钮的一侧显示出相应的功能提示，同时在状态栏中显示对应的说明和命令名，此时单击该按钮就可以启动相应的命令了。在 AutoCAD 经典模式的默认情况下，可以看到操作界面顶部的"标准"工具栏、"样式"工具栏、"特性"工具栏以及"图层"工具栏，如图 1-1 所示，以及位于绘图窗口左侧的"绘图"工具栏、右侧的"修改"工具栏和"绘图次序"工具栏。

AutoCAD 2014 提供了三十多个工具栏，用户除了可用下拉菜单输入命令外，还可以通过工具栏来输入某些常用命令。每个工具栏由若干按钮组成，单击按钮则执行该按钮所代表的命令。

用鼠标右键调用工具栏的具体操作过程是：将鼠标指针移至 AutoCAD 2014 绘图工作界面窗口的任意一个工具栏的边缘并单击鼠标右键，系统将弹出所有工具栏的下拉菜单，如图 1-19 所示，图中只是部分工具栏；再将鼠标指针移至工具栏下拉菜单中的某个工具栏名称上并单击，就可进行该工具栏的打开和关闭操作，显示 ☑ 表示该工具栏处于打开状态，反之该工具栏处于关闭状态。用户可以根据自己的需要，将鼠标指针移至工具栏名称右侧框内单击并拖动鼠标，将工具栏放置在绘图工作界面窗口中的任何位置。

有些工具栏按钮的右下角带有一个小三角，单击会打开相应的工具栏，将鼠标指针移动到某一按钮上并单击，该按钮就变为当前显示的按钮。单击当前显示的按钮，即可执行相应的命令，系统会自动弹出单独的工具栏标签。

初次进入 AutoCAD 2014 时，可以先布置工具栏。布置工具栏的操作步骤如下：

1）将鼠标指针放在操作界面上方的工具栏区并右击，弹出工具栏的快捷菜单，如图 1-19 所示。

2）选择"标注"选项，弹出"标注"工具栏，如图 1-20 所示。

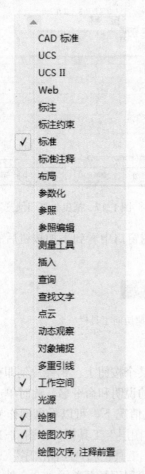

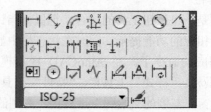

图 1-19　工具栏下拉菜单　　　　　　　　图 1-20　"标注"工具栏

3）单击"标注"工具栏周边的黑色区域并将它拖曳到操作界面右侧，如图 1-21 所示。即可完成"标注"工具栏的布置。

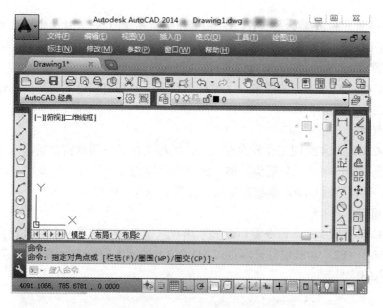

图 1-21　拖曳"标注"工具栏到操作界面右侧

5. 菜单浏览器

AutoCAD 2014 提供的菜单浏览器，位于窗口的左上角。单击"菜单浏览器"按钮▲，
AutoCAD 2014 会将浏览器展开，如图 1-22 所示，选择其中的选项即可执行相应的操作。

图 1-22　菜单浏览器

6. 坐标系图标

在 AutoCAD 2014 中，坐标系图标表示当前图形的坐标系形式以及坐标方向等。

AutoCAD 2014 提供世界坐标系（WCS）和工作坐标系（UCS）。默认坐标系为世界坐标系，且默认时水平向右为 X 轴的正方向，垂直向上为 Y 轴的正方向。

7. 绘图窗口

在 AutoCAD 2014 中，绘图窗口（也称图形窗口）是用户绘制图形的工作区域，绘制的所有图形都显示在该窗口中。

8. 十字光标

在 AutoCAD 2014 绘图工作界面窗口中，鼠标指针进入图形窗口后显示为十字光标。鼠标指针超出图形窗口则显示为箭头，如果此时将鼠标指针（箭头）指向工具栏的某一个按钮并停留片刻，则该按钮自动被框起并显示该按钮命令内容的提示。

9. 命令窗口

在 AutoCAD 2014 中，命令窗口是显示用户从键盘输入的命令和与执行命令有关的提示区域。可以按下〈F2〉功能键打开 AutoCAD 2014 的文本窗口，如图 1-23 所示，便于用户随时查看输入的信息。

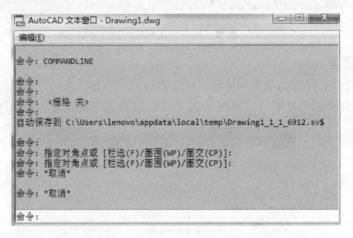

图 1-23 文本窗口

10. "模型"/"布局"选项卡

在 AutoCAD 2014 中，"模型"选项卡与"布局"选项卡用于将图形在模型空间和图纸空间之间进行切换。模型空间主要用于绘制图形，而图纸空间则用于组织图形的打印输出。

11. 状态栏

在 AutoCAD 2014 中，状态栏用于显示当前的作图状态（绘图时是否使用栅格捕捉、栅格显示、正交、极轴、目标捕捉、目标跟踪、线宽显示以及当前的作图空间等），位于主窗口的底部。状态栏的各项内容可以用单击该内容按钮的方法进行开/关设置，凸起表示无效；也可以用鼠标右键单击某项内容，从弹出的菜单中进行开/关设置。

12. 坐标显示区

坐标显示区用于显示十字光标在图形窗口的 X、Y、Z 坐标（在二维绘图中，Z=0）。坐标显示有两种方式：一种是随着十字光标在图形窗口的移动而连续显示；另一种是在作图时，用十字光标确定点以后显示该点的坐标，而在十字光标移动过程中坐标值不发生变化。以上两种坐标显示方法可以通过单击坐标显示区进行切换。

1.2.6　AutoCAD 2014 绘制工程图的基本过程

AutoCAD 2014 绘制工程图的基本过程如下。

（1）设置标准图幅大小和绘图单位、确定绘图比例。

（2）设置符合国家标准的图线。

（3）绘制和编辑图形。

（4）绘制标题栏和表格。

（5）设置符合国家标准的文字样式并注写文字。

（6）设置符合国家标准的尺寸样式并标注尺寸。

（7）布置图形并打印输出。

1.3　AutoCAD 2014 坐标系和命令输入方式

1.3.1　AutoCAD 2014 的坐标与二维绘图的关系

1. 世界坐标系

在 AutoCAD 2014 中，默认的坐标系为世界坐标系（WCS），用户根据需要也可以自定义坐标系，即用户坐标系（UCS）。世界坐标系（WCS）是 AutoCAD 2014 的基本坐标系，它由三个互相垂直并相交的坐标轴 X、Y 和 Z 组成，其交点为原点，它的空间情况如图 1-24 所示。在绘图和编辑图形的过程中，WCS 的原点和坐标方向都不会改变。图 1-25 所示为绘制二维（2D）图形（平面图）时，投影方向与 WCS 的关系。2D 绘图的投影方向与 Z 轴平行，用户实际是在 XOY 平面上绘图的（显示器的平面与 XOY 平面重合，此时的 Z 坐标为 0）。

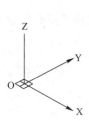

图 1-24　世界坐标系的空间情况

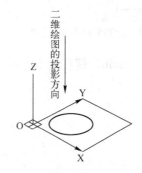

图 1-25　二维图形与 WCS 的关系

对于 2D 绘图，开始新建图形时，系统默认的坐标系是世界坐标系。用户可以设想 AutoCAD 2014 的图形窗口是一张绘图纸，其上已设置了 WCS 并延伸到了整张图纸。图 1-26 和图 1-27 所示均为世界坐标系在 AutoCAD 2014 图形窗口中的图标，X 轴沿水平方向由左向右，Y 轴沿垂直方向由下向上，Z 轴正对操作者由屏幕里向屏幕外，坐标原点在绘图窗口的左下角。

比较图 1-26 和图 1-27，不难发现，两图的共同点是 X 和 Y 轴的相交处都有一个小正方形，这是世界坐标系的标志。但在图 1-26 中 X 和 Y 轴进入了该正方形中，这表示此

13

时坐标系在原点；而在图 1-27 中 X 和 Y 轴未进入该正方形中，这表示此时坐标系不在原点。

图 1-26　坐标系在原点图　　　　　　　　　图 1-27　坐标系不在原点

2. 用户坐标系

在 AutoCAD 2014 中，为了能够更好地辅助绘图，经常需要修改坐标系的原点和方向，这时世界坐标系将变为用户坐标系，即 UCS。UCS 的原点以及 X 轴、Y 轴、Z 轴方向都可以移动及旋转，甚至可以依赖于图形中某个特定的对象。尽管在用户坐标系中三个轴之间仍然互相垂直，但是在方向及位置上却更加灵活。另外，UCS 没有"口"字形标记。

1）在绘图区绘制一个半径为 60 的圆形，如图 1-28 所示。

2）执行菜单栏中的"工具"→"新建 UCS"→"原点"命令，如图 1-29 所示。

图 1-28　绘制半径为 60 的圆　　　　　　　　图 1-29　选择"原点"命令

3）按住〈Shift〉键在圆形上右击，在弹出的快捷菜单中选择"圆心"命令，如图 1-30 所示。

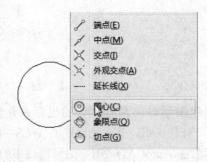

图 1-30　选择"圆心"命令

4）将鼠标指针放置到圆形的圆心上，如图 1-31 所示。

5）在圆心上单击，即可指定圆心为新坐标系的原点，如图 1-32 所示。

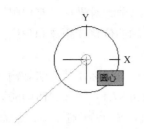

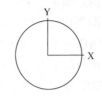

图 1-31　将鼠标指针放置到圆心　　　　　　图 1-32　设置新坐标系后的效果

3. 点的输入方式

在绘制工程图的过程中，经常需要准确地确定一些点的位置。在 AutoCAD 2014 中准确地确定点有多种方法。使用 AutoCAD 2014 坐标输入点是准确和快速确定点的方法之一。为了作图方便，AutoCAD 2014 中的坐标按输入坐标的方式可分为绝对坐标和相对坐标，按坐标系类别又可分为直角坐标和极坐标。现在以图 1-33 为例来说明 AutoCAD 2014 的坐标分类及其用途。

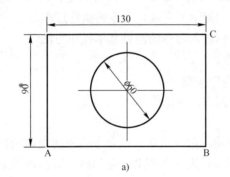

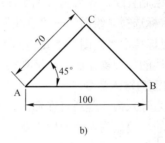

图 1-33　实例图

（1）绝对直角坐标

绝对直角坐标是指各点相对坐标原点的 X、Y 和 Z 轴方向的位移，如图 1-33a 所示。在图中，当 A 点的坐标为（0，0）时，B 点的坐标为（130，0），C 点坐标为（130，90）；而当 A 点坐标为（20，30）时，B 点的坐标为（150，30），C 点坐标为（150，120）。输入点的坐标时，坐标值之间用逗号隔开。例如，（30，50，18）和（6.12，8.86，8.45）均为合法的坐标值。

在二维空间中，坐标只有 X 和 Y 轴的位移，Z 轴坐标默认为 0，所以用户仅输入 X、Y 坐标即可。

（2）绝对极坐标

绝对极坐标也指点相对坐标原点的位移，只不过给定的是距离和角度，其中距离和角度之间用"<"号分开，且规定 X 轴正向为 0°，Y 轴正向为 90°。例如，（40<60）和（80.6<25）均为合法的极坐标。如图 1-33b 所示，当 A 点的坐标为（0，0）时，C 点的绝对极坐标则为（70<45）。

（3）相对坐标

前面介绍的绝对坐标是各点相对坐标原点的位移，这种绝对坐标是有局限性的。作图时的实际情况是用户知道一个点相对上一个点的 X 和 Y 轴的位移或距离和角度，以这种方式输入点的坐标即为相对坐标，即相对于上一个点的坐标。

在 AutoCAD 中，直角坐标和极坐标都可以指定为相对坐标，其方法是输入一个点后，在输入下一点的坐标值时，在前面加@号。例如，（@26.6,37.4）和（@18<460）均为合法的相对坐标。在图 1-33a 中，无论 A 点的坐标为何值，B 点相对于 A 点的坐标始终为（@130，0），C 点相对于 A 点的坐标始终为（@130，90）。而在图 1-33b 中，无论 A 点的坐标为何值，C 点相对于 A 点的极坐标始终为（@70<45）。

1.3.2 AutoCAD 2014 的命令输入方式及命令执行的操作过程

在实际绘制工程图的过程中，AutoCAD 2014 的命令输入主要有使用鼠标输入和使用键盘输入两种方式。

1. 使用鼠标输入命令

使用鼠标输入命令是通过用鼠标单击下拉菜单和子菜单（对有下一级子菜单的选项则继续单击）或单击工具栏的按钮这两种方法来输入某个命令的。此时命令窗口将同时出现该命令和执行该命令的有关提示，用户可在系统的提示下完成该命令的执行过程。

现在以绘制直线命令为例，说明使用鼠标输入命令的两种基本操作方法。

1）用鼠标选择"绘图"→"直线"命令。

2）用鼠标单击"绘图"工具栏的"直线"按钮 。

完成上述的每种操作后，注意观察命令窗口出现的提示。

2. 使用键盘输入命令

使用键盘输入命令是通过在命令行直接输入命令或输入该命令的快捷键这两种方法来输入某个命令的。键盘输入命令后需要按〈Enter〉键，此时命令窗口将同时出现该命令和执行该命令的有关提示，用户可在系统的提示下完成该命令的执行过程。

AutoCAD 2014 中的大部分功能都可以通过键盘在命令行输入命令完成，而且键盘是在命令执行过程中输入文本对象、坐标以及各种参数的唯一方法。

现在还以绘制直线命令为例，说明使用键盘输入命令的两种基本操作方法。

1）使用键盘输入"LINE"然后按〈Enter〉键。

2）使用键盘输入"L"然后按〈Enter〉键。

操作方法 2）实际是操作方法 1）的简化方式，又称快捷键输入法。CAD 的一些常用命令都设有快捷键。

完成上述的每种操作后，注意观察命令窗口出现的提示，并与使用鼠标输入命令后在命令窗口出现的提示相比较，以查看结果。

以上介绍了 AutoCAD 2014 的四种输入命令的方法，在具体绘图时可以根据自己的操作习惯任意选择其中一种方法来输入命令。

3. 透明命令的说明

所谓透明命令是指在命令执行过程中可以输入并执行的命令。例如，在画一个圆的过程中，用户希望缩放视图，则可以透明激活 ZOOM 命令（在命令前面加一个"'"号）。当透明命令使用时，其提示前有两个右尖括号">>"，表明它是透明使用的。许多命令和系统变量都可以透明地使用。

4．AutoCAD 2014 命令执行的操作过程

用户输入某个命令后，在命令窗口将同时出现该命令和执行该命令的有关提示。用户需要根据系统的提示，输入文本对象、坐标以及各种参数来完成该命令的执行过程。对于编辑命令来说，命令行的提示经常要求用户选择编辑的图形对象。在操作 AutoCAD 的过程中，随时查看命令窗口的提示并按照提示进行操作是非常重要的。

下面以实例来说明 AutoCAD 2014 命令执行的操作过程。

实例 1：首先绘制出半径分别为 25、50 和 75 的三个同心圆，然后将半径为 50 的圆删除。

首先选择"绘图"→"圆"命令，系统将弹出绘制圆的下一级子菜单，如图 1-34 所示；然后用鼠标单击子菜单中的  选项，系统提示："circle 指定圆的圆心或 [三点(3P)/两点(2P)/切点、切点、半径(T)]："；在该提示下输入（100，100）并按〈Enter〉键（输入圆心的坐标），系统继续提示："指定圆的半径或[直径(D)]："；在该提示下输入圆的半径"25"并按〈Enter〉键，操作结果如图 1-35a 所示。重复上面的操作，输入相同的圆心坐标、不同的半径，即可绘制出三个半径不同的同心圆，如图 1-35b 所示。

选择"修改"→"删除"命令，系统提示："选择对象："，此时十字光标变成小方块，用小方块形状的鼠标指针选取要删除的图形实体（单击）并按〈Enter〉键，即可删除选择的图形实体。在上述提示下移动鼠标指针（小方块）至半径为 50 的圆上（如图 1-35c 所示），单击并按〈Enter〉键，最后结果如图 1-35d 所示。

图 1-34　绘制圆的子菜单况

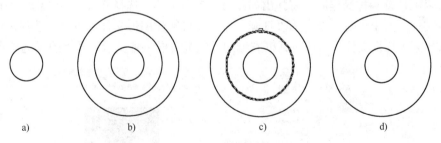

a)　　　　　　b)　　　　　　c)　　　　　　d)

图 1-35　绘制圆和删除命令

实例 2：绘制任意一个三角形。

首先选择"绘图"→"直线"命令，输入绘制直线命令，系统提示："line 指定第一点："，在系统提示下移动鼠标指针在绘图窗口任意位置单击，系统继续提示："指定下一点或[放弃(U)]："；然后在系统提示下移动鼠标指针，系统将显示出如图 1-36a 所示的从直线的起点至鼠标指针当前位置的一条动态直线，此时单击鼠标便可绘制出该直线，系统继续提示："指定下一点或[放弃(U)]："；在系统提示下重复上面的操作过程，可以继续绘制出第二条直线，如图 1-36b 所示，系统继续提示："指定下一点或[闭合(C)/放弃(U)]："；在系统提示下输入"C"并按〈Enter〉键，最后操作结果如图 1-36c 所示。

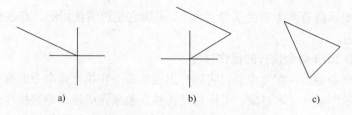

a)   b)   c)

图 1-36 绘制直线命令

以上通过绘制直线、绘制圆和删除三个命令的实际操作说明了 AutoCAD 的命令执行过程。以上三个命令的实际操作方式基本上包括了 AutoCAD 所有命令的操作方式，AutoCAD 的命令操作方式大致可分为单选项（绘制直线只有一种方法）、多选项（绘制圆有多种方法）和需要指定对象（删除命令中的对象选取）三种方式。

1.4 管理图形文件

在用 AutoCAD 2014 绘图之前，应掌握 AutoCAD 2014 管理图形文件的基本操作，如新建、打开、保存及关闭文件等。

1.4.1 创建新的图形文件

启动 AutoCAD 2014 后，系统自动新建一个名为"Drawing1.dwg"的图形文件。用户也可以根据需要新建图形文件，新建图形文件主要有如下几种方法。

1）单击"菜单浏览器"按钮，在弹出的菜单中选择"新建"命令，或按下〈Ctrl+N〉组合键。

2）单击快速访问工具栏中的"新建"按钮 。

执行以上任意一种操作后，将弹出如图 1-37 所示的"选择样板"对话框。保持默认选中的样板文件，再单击对话框中的"打开"按钮即可新建图形文件，也可以选择其他的样板文件，选择某个样板文件后，在对话框右侧的"预览"框中将显示该样板的预览样式。

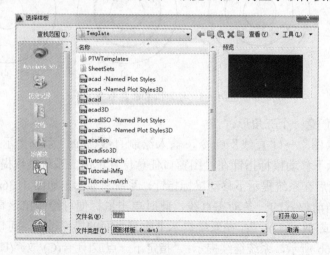

图 1-37 "选择样板"对话框

1.4.2 打开图形文件

打开已有的图形文件主要有以下几种方法。

1）单击"菜单浏览器"按钮![按钮]，在弹出的菜单中选择"打开"命令，或者按下〈Ctrl+O〉组合键。

2）单击快速访问工具栏中的"打开"按钮![按钮]。

执行以上任意一种操作后，将弹出如图 1-38 所示的"选择文件"对话框，这时可以打开相应的文件。AutoCAD 2014 除了能打开.dwg 格式文件，还能打开.dws 格式文件和.dxf 格式文件。

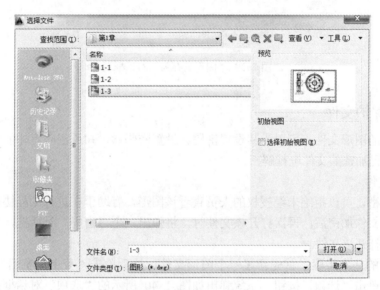

图 1-38 "选择文件"对话框

1.4.3 保存图形文件

在绘图过程中应随时注意保存文件，以免因发生死机、断电等意外事故而丢失文件。保存文件有以下几种方法。

1）单击"菜单浏览器"按钮![按钮]，在弹出的菜单中选择"保存"命令，或者按下〈Ctrl+S〉组合键。

2）单击快速访问工具栏中的"保存"按钮![按钮]。

3）在命令行窗格中输入 SAVE 命令。

若是第一次保存创建的图形文件，执行以上任意一种操作后，系统都将弹出如图 1-39 所示的"图形另存为"对话框。在该对话框的"保存于"下拉列表框中指定保存路径，在"文件名"下拉列表框中输入要保存的文件名，在"文件类型"下拉列表框中选择要保存的文件类型，单击"保存"按钮即可保存当前的图形文件。若是对修改后的文件进行保存，系统会自动用修改后的文件替代原文件，实现快速保存。

也可以将当前文件重新命名保存，此时使用"另存为"命令或单击"菜单浏览器"按钮![按钮]，系统弹出"图形另存为"对话框。即可保存重新命名的图形文件。

图1-39 "图形另存为"对话框

1.4.4 加密保护文件

对于重要的图形文件,可以为其设置密码。设置密码后,知道密码者才能打开该文件,以后也可以对已加密的文件进行解密。

1. 加密文件

对图形加密,可以拒绝未经授权的人员查看该图形,有助于在进行工程协作时确保图形数据的安全。文件加密后,再次打开该文件时,将弹出一个"密码"对话框,只有输入正确的密码后才能打开该文件。

文件加密的基本步骤:首先新建一个图形文件。然后单击"菜单浏览器"按钮 ,在弹出的菜单中单击"选项"按钮,系统弹出如图 1-40 所示的"选项"对话框;单击"打开和保存"选项卡,再单击"安全选项"按钮,系统弹出如图 1-41 所示的"安全选项"对话框;在文本框中输入密码,然后单击"确定"按钮,系统弹出"确定密码"对话框;再次在文本框中输入相同的密码,然后单击"确定"按钮,密码设置完成,系统返回"选项"对话框,单击"确定"按钮。

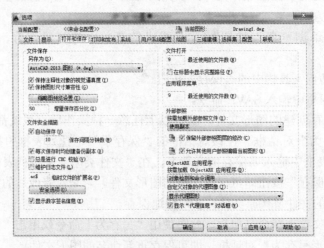

图1-40 "选项"对话框

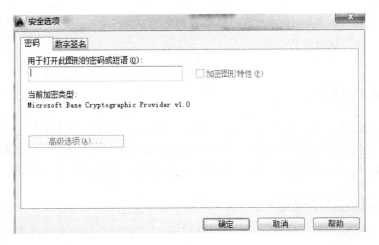

图 1-41 "安全选项"对话框

2. 解密文件

如果要对已加密的文件进行解密,则需要先打开该文件,然后打开"安全选项"对话框,删除"文本框"中的密码,单击"确定"按钮。

1.4.5 关闭图形文件和退出程序

AutoCAD 2014 支持多窗口操作。在窗口右上角单击"菜单浏览器"按钮██,在弹出的菜单中选择"关闭"命令,即可关闭当前正在操作的图形文件,但并不退出 AutoCAD 2104 程序,还能对新建或打开的其他图形文件进行操作。

如果要退出程序,单击"菜单浏览器"按钮██,在弹出的菜单中选择"退出 Autodesk AutoCAD 2014"命令,或单击 AutoCAD 2014 标题栏最右侧的"关闭"按钮,将关闭所有打开或新建的图形文件。如果图形文件尚未保存,或者保存后有改动,关闭图形文件时,系统会弹出是否保存文件对话框,如图 1-42 所示。单击"是"按钮,系统保存当前图形文件后关闭;若单击"否"按钮,系统不存盘直接关闭当前文件。

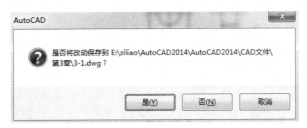

图 1-42 是否保存文件对话框

1.4.6 修复图形文件

"图形修复"命令的调用方法有如下两种。

1)在命令行中输入 DRAWINGRECOVERY 命令。

2)选择"文件"→"图形实用工具"→"图形修复管理器"命令。

执行上述命令后，系统弹出"图形修复管理器对话框"，打开"备份文件"列表中的文件，可以重新保存，从而进行修复。

1.5 设置绘图环境

在使用 AutoCAD 2014 绘制图形前，需要对绘图环境进行相应的设置。一般情况下，可以采用计算机默认的单位和图形边界，但有的时候需要根据绘图的实际需要进行设置。在 AutoCAD 2014 中，可以利用相关命令对图形单位和图形边界等进行具体设置。

1.5.1 国家标准的基本规定

技术制图和机械制图的标准，是最基本的也是最重要的工程技术语言的组成部分，是产品参与国内外竞争和国内外交流的重要工具，是各国家之间、行业之间、相同或不同工作性质的人们之间进行技术交流和经济贸易的统一依据。无论是零部件或元器件，还是设备、系统，乃至整个工程，按照公认的标准进行图纸规范，可以极大地提高人们在产品全寿命周期内的工作效率。

1. 图纸幅面及格式

为了加强我国与世界各国的技术交流，依据国际标准化组织 ISO 制定的国际标准，制定了我国国家标准《机械制图》，并在 1993 年以后相继发布了"图纸幅面和格式""比例""字体""投影法""表面粗糙度符号""代号及其注法"等多项新标准，并陆续进行了修订更新。

国家标准，简称国标，代号为"GB"，斜杠后的字母为标准类型，其后的数字为标准号（由顺序号和发布的年代号组成），如表示比例的标准代号为 GB/T 14690—2008。

图纸幅面及其格式在 GB/T 14689—2008 中进行了详细的规定，下面进行简要介绍。

（1）图纸幅面

图幅代号分为 A0、A1、A2、A3 和 A4 五种，必要时可按规定加长幅面，如图 1-43 所示。

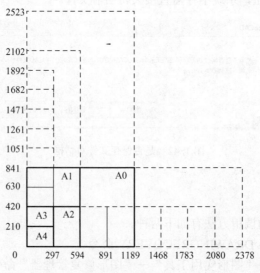

图 1-43　幅面尺寸

（2）图框格式

绘图时应优先采用表 1-1 规定的基本幅面。在图纸上必须用粗实线画出图框，其格式分为不留装订边（图 1-44）和留装订边（图 1-45）两种，尺寸见表 1-1。

表 1-1　图纸幅面

幅 面 代 号	A0	A1	A2	A3	A4
幅面尺寸　B×L	841×1189	594×841	420×594	297×420	210×297
e	20			10	
c	10			5	
a	25				

注意：同一产品的图样只能采用同一种格式。

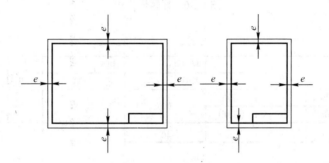

图 1-44　不留装订边图框

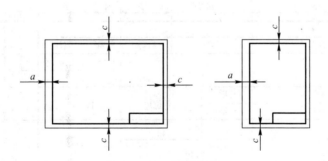

图 1-45　留装订边图框

2. 标题栏

国标《技术制图-标题栏》规定每张图纸上都必须画出标题栏，标题栏的位置位于图纸的右下角，与看图方向一致。

标题栏的格式和尺寸由 GB 10609.1—2008 规定，装配图中的明细栏由 GB 10609.2—2008 规定，如图 1-46 所示。

在学习过程中，有时为了方便，对零件图标题栏和装配图标题栏、明细栏内容进行了简化，使用如图 1-47 所示的格式。

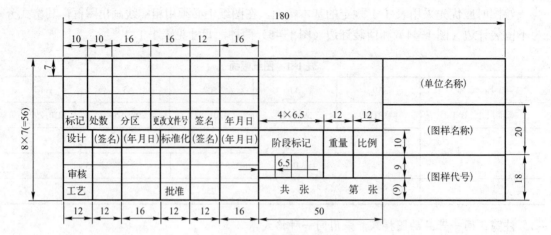

图 1-46　标题栏尺寸

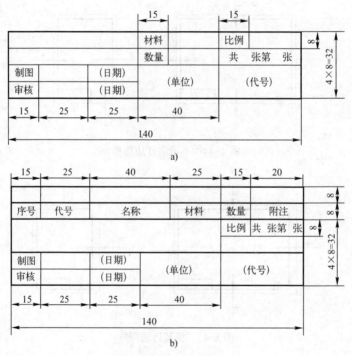

a)

b)

图 1-47　简化标题栏尺寸

a) 零件图标题栏尺寸　b) 装配图标题栏尺寸

3．比例

比例为图样中图形与其实物相应要素的线性尺寸之比，分为原值比例、放大比例和缩小比例三种。

需要按比例绘制图形时，应符合表 1-2 中的规定，选取适当的比例。必要时也允许选取表 1-3 规定（GB/T 14690—2008）的比例。

表 1-2　标准比例系列

种　类	比　例				
原值比例	1:1				
放大比例	5:1	2:1	5×10n:1	2×10n:1	1×10n:1
缩小比例	1:2	1:5	1:10	1:2×10n	1:5×10n	1:1×10n

注：n 为正整数。

表 1-3　可用比例系列

种　类	比　例				
放大比例	4:1	2.5:1	4×10n:1	2.5×10n:1	
缩小比例	1:1.5	1:2.3	1:3	1:4	1:6
	1:1.5×10n	1:2.5×10n	1:3×10n	1:4×10n	1:6×10n

1.5.2　设置图幅

图纸幅面是指图纸宽度与长度组成的图面。绘制图样时，应采用表 1-1 中规定的图纸基本幅面尺寸。基本幅面代号有 A0、A1、A2、A3、A4 五种。图框格式一般有两种形式，一种是需要装订的图纸，另一种是不留装订边的图纸，需要装订的图纸一般采用 A4 竖装或者 A3 横装。

启动 AutoCAD 2014 后，默认情况下图形界限为 420×297（如果选择 1：1，输出图形就相当于 A3 图纸），用户也可以利用下拉菜单在绘图的过程中随时改变图形界限。

选择菜单"格式"→"图形界限"命令，系统提示如下。

重新设置模型空间界限：

⊞ ▾ LIMITS 指定左下角点或 [开(ON) 关(OFF)] <0.0000,0.0000>:

在该提示下用户选择直接按〈Enter〉键接受左下角点或者重新输入新的坐标值定义左下角点，系统继续提示。

⊞ ▾ LIMITS 指定右上角点 <420.0000,297.0000>:

在该提示下，输入新的坐标值重新定义右上角点即可改变图形界限。

1.5.3　设置绘图区的颜色

在默认情况下，AutoCAD 2014 绘图区的颜色为黑色背景白色鼠标指针。用户可以根据个人习惯，通过"选项"对话框对绘图区的背景和鼠标指针等的颜色进行设置。以下为将绘图区的颜色改成白色，具体操作步骤如下。

选择菜单"工具"→"选项"命令，系统弹出如图 1-48 所示的"选项"对话框。单击"显示"选项卡，然后单击"颜色"按钮，系统弹出如图 1-49 所示的"图形窗口颜色"对话框。在"上下文（X）"列表框中选择"二维模型空间"选项，然后在"颜色"下拉列表中选择"白"选项，最后单击"应用并关闭（A）"按钮，即可完成绘图区域颜色的设置。

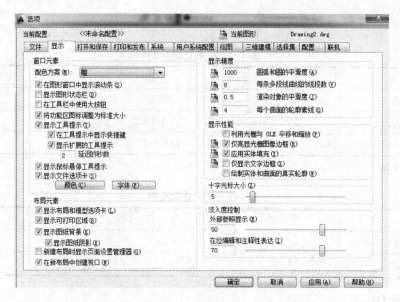

图 1-48 "选项"对话框

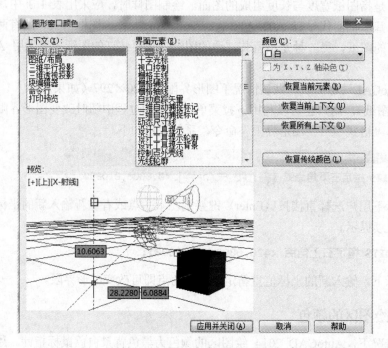

图 1-49 "图形窗口颜色"对话框

1.5.4 设置绘图单位

设置绘图单位用于设置绘图时使用的长度单位、角度单位的格式以及它们的精度。

选择菜单"格式"→"单位"命令，系统弹出如图 1-50 所示的"图形单位"对话框，利用该对话框可以设置图形的长度和角度单位及精度。

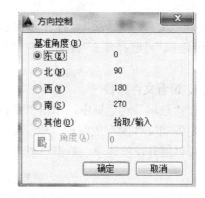

图 1-50 "图形单位"对话框   图 1-51 "方向控制"对话框

1."长度"选项组

"长度"选项组用于设置长度单位的格式及精度。"类型"用于设置长度单位的格式，下拉列表框中有"分数""工程""建筑""科学"和"小数"五个选项；其中"工程"和"建筑"格式提供英尺和英寸显示，其他格式可以表示任何真实世界单位；在我国的机械绘图中，长度尺寸一般采用"小数"格式。"精度"用于设置长度单位的精度，只需根据需要从列表中选择单位格式的小数位数即可。

2."角度"选项组

"角度"选项组用于设置图形的角度单位、精度及正方向。"类型"用于设置角度单位的格式，下拉列表框中有"百分表""度/分/秒""弧度""勘测单位"和"十进制度数"五个选项，默认选项为"十进制度数"。"精度"用于设置角度单位的精度，从对应的列表中选择即可。"顺时针"复选框用于确定角度的正方向，勾选该复选框，表示顺时针方向为角度的正方向。

3."方向"按钮

单击"方向"按钮，系统弹出如图 1-51 所示的"方向控制"对话框。该对话框中的"东""南""西""北"单选项分别表示东、南、西、北方向作为角度的 0 度方向。如果选择"其他"单选项，则表示以其他某一方向作为角度的 0 度方向，此时可以在"角度"文本框中输入 0 度方向与 X 轴正方向的夹角。

1.5.5　设置绘图环境

AutoCAD 2014 本身有默认的设置，这些设置确定了 AutoCAD 2014 的绘图环境。用户可以根据需要来重新设置自己喜欢的绘图环境。例如，系统启动后对话框的设定、图形窗口的颜色、启用自动捕捉时被捕捉到点的特点、十字光标的大小、图形显示精度的选择、夹点的设置等。绘图环境设置的具体操作的内容非常多，在此只介绍常用的一些操作。

在实际绘图时，用鼠标在绘图窗口单击确定点虽然方便快捷，但绘图精度不高，不能满足工程制图的要求。为此，AutoCAD 2014 除提供了前面介绍过的用坐标精确定点外，还提供了一些用来帮助用户精确定点的辅助功能和其他便于作图的辅助功能。掌握这些辅助功能，对快速准确地绘制工程图是非常重要的。

选择 "工具"→"选项"命令，系统将打开如图 1-48 所示的"选项"对话框，该对话框中有"文件""显示""打开和保存""打印和发布""系统""用户系统配置""绘图""三维建模""选择集""配置"和"联机"等选项卡，在此用户可以根据需要来改变系统配置。

1. 设置文件路径

在"选项"对话框中，单击"文件"选项卡，对话框如图 1-52 所示，在该选项卡中可以指定各类文件的存放路径，供 AutoCAD 2014 搜索不在默认文件夹中的文件。单击⊞图标，可以展开设置选项，单击"浏览"按钮，可以选择路径。

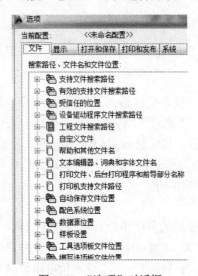

图 1-52 "选项"对话框

2. 设置显示性能

1）改变图形窗口的颜色。图形窗口的默认颜色为黑色，用户根据需要可以改变其颜色。改变颜色的方法是单击图 1-48 中的"窗口元素"选项区的"颜色"按钮，系统弹出"图形窗口颜色"对话框，用户可在该对话框中选择合适的颜色。

2）改变命令提示行的字体。用户根据需要可以改变命令提示行的字体。改变方法是单击图 1-48 中的"窗口元素"选项区的"字体"按钮，系统将弹出"命令行窗口字体"对话框，用户可在该对话框中选择合适的字体。

3）十字光标大小的设置。将图 1-48 中"十字光标大小"选项下面的文本框中的数字（图中为 5）改变，或用鼠标拖动（单击并按住左键移动）文本框右边的滑动按钮（拖动过程中文本框中的数字也同时变化）来改变十字光标的大小。

3. 绘图

单击"选项"对话框中的"绘图"选项卡，系统将打开如图 1-53 所示的对话框，在此用户可以根据需要进行草图设置。

1）自动捕捉的各项设置。该选项区用于设置用户在绘制图形过程中启用自动捕捉定点时，是否显示捕捉到点的标记；当鼠标指针靠近被捕捉点时系统是否将鼠标指针标自动定位于被捕捉的点；是否显示自动捕捉工具栏的提示；是否显示自动捕捉靶框等。

2）自动捕捉标记大小的设置。在图 1-53 中的"自动捕捉标记大小"选项下面，用鼠标拖动右边的滑动按钮来改变自动捕捉标记的大小。

3）靶框大小的设置。在图 1-53 中的"靶框大小"选项下面，用鼠标拖动右边的滑动按钮来改变靶框的大小。

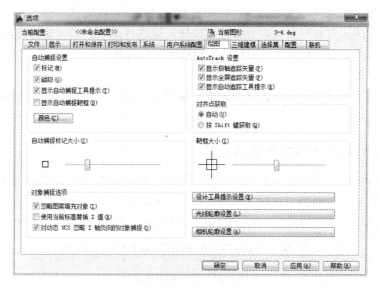

图 1-53 "选项"对话框

4. 选择集

单击"选项"对话框中的"选择集"选项卡，系统将打开如图 1-54 所示的对话框，在此用户可以根据需要进行选择设置。

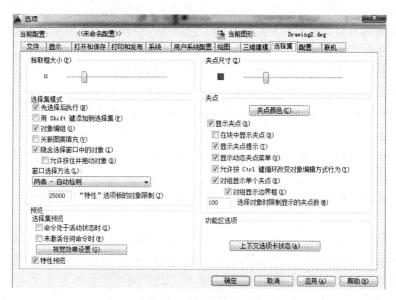

图 1-54 "选项"对话框

（1）拾取框大小的设置

在图 1-54 中的"拾取框大小"选项下面，用鼠标拖动右边的滑动按钮来改变拾取框的大小。当用户选择编辑命令时，系统提示用户选择要编辑的图形对象，此时鼠标指针在绘图窗口将变成小方框形状，即为拾取框。

（2）选择模式

该选项区用于设置使用编辑命令选取图形对象时是否可以先选取图形对象后执行编辑命令，当连续选取图形对象时是否需要按住〈Shift〉键进行选取，当用窗口选取图形对象时是否需要按住鼠标并拖动；是否可以用默认窗口选取图形对象等模式。

（3）夹点设置

该选项区用于设置当用户编辑选取图形对象时是否启用夹点、夹点的大小、未选中夹点的颜色、选中夹点的颜色、是否显示夹点提示等。

1.5.6 AutoCAD 2014 的绘图辅助工具

在使用 AutoCAD 2014 绘制图形的过程中，经常需要进行精确的绘图操作，通过 AutoCAD 2014 提供的栅格、正交、捕捉、极轴、对象捕捉和对象追踪等辅助绘图功能就可以使绘图更快捷、灵活、精确。AutoCAD 2014 的绘图辅助工具如图 1-55 所示。

图 1-55　绘图辅助工具

1. 栅格显示及栅格捕捉

栅格作为一种可见的位置参考图标，是由一系列排列规则的点组成的点阵，它类似于方格纸。如果启用栅格捕捉，鼠标指针在图形窗口中沿 X 和 Y 方向的移动量将都是设置捕捉间距的整数倍，此时十字光标在图形窗口中的移动是跳跃式的。当栅格与捕捉配合使用时，可以提高绘图的效率和精度。如图 1-56 所示为栅格开启时的绘图窗口。

通过设置栅格可以只在图形界限内显示，它只是一种辅助定位图形，不是图形文件的组成部分，因此栅格不能被打印输出。

选择"工具"→"绘图设置"命令，输入该命令后系统将弹出如图 1-57 所示的"草图设置"对话框，该对话框中有"捕捉和栅格""极轴追踪""对象捕捉""三维对象捕捉""动态输入""快捷特性"和"选择循环"等七个选项卡。"捕捉和栅格"选项卡中主要选项区和选项框的内容如下。

1）"启用捕捉（F9）"复选框。该复选框被选中后，栅格捕捉处于开启状态，反之，栅格捕捉处于关闭状态。

2）"启用栅格（F7）"复选框。该复选框被选中后，栅格处于开启状态，反之，栅格处于关闭状态。

3）"捕捉间距"选项区。该选项区用于设置栅格捕捉 X 和 Y 方向的间距。

4）"栅格间距"选项区。该选项区用于设置栅格显示 X 和 Y 方向的间距。设置了图形界限后，栅格默认的 X 轴和 Y 轴的间距为 10 时，用户可以根据需要进行调整。

5）"栅格行为"选项区。选中"自适应栅格"复选框，栅格显示的间距将随着图形窗口显示实际的图形界限大小而自动调整。反之，则按照用户设置的栅格间距显示。选中"显示超出界限的栅格"复选框，栅格可以超出用户设置的图形界限显示。反之，栅格只在图形界限内显示。

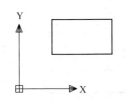

图 1-56　显示栅格的绘图窗口

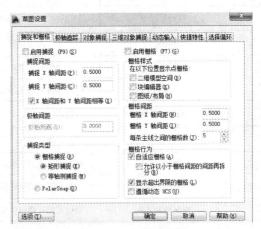

图 1-57　"草图设置"对话框

为了避免绘制的图形超出图形界限，可以设置栅格只在图形界限内显示。在状态栏中单击"栅格"按钮或按〈F7〉键可进行栅格的开启与关闭的切换操作，也可以在状态栏中单击"捕捉"按钮或按〈F9〉键进行捕捉的开启和关闭的切换操作。

2. 正交功能

用鼠标画水平线（和 X 轴平行）和垂直线（和 Y 轴平行）时，凭人眼去观察和定位是非常困难的，画出的线误差很大。为解决这个问题，AutoCAD 2014 提供了一个正交功能。当正交打开时，用户在图形窗口中只能用鼠标画水平线和垂直线。正交的打开和关闭可以选择单击状态栏的"正交"按钮或按〈F8〉键。

3. 对象捕捉

AutoCAD 2014 能够精确作图是因为其自身具备多种精确定点的功能，而对象捕捉就是其中经常使用的功能之一。

在绘图的过程中，用户经常需要在已有的图形对象上确定一些特殊点，例如直线的端点或中点、圆的圆心或象限点、直线与直线（或与曲线）的交点等。这时，如果仅凭眼力的观察来确定这些点，无论如何小心，都不可能准确地找到这些点。为了解决这个问题，AutoCAD 2014 向用户提供了对象捕捉功能，这一功能可以使用户在已有的图形对象上迅速、准确地得到某些特殊点，从而达到精确绘图的目的。

在 AutoCAD 2014 中，可以通过"对象捕捉"工具栏、"草图设置"对话框等方法打开并应用对象捕捉功能。

1）对象捕捉工具栏。"对象捕捉"工具栏如图 1-58 所示。在绘图过程中，当命令行提示用户确定或输入点时，单击该工具栏中相应的特殊点按钮，再将鼠标指针移到绘图窗口中图形对象的特殊点附近，即可捕捉到相应的特殊点。"对象捕捉"工具栏中各项捕捉模式的名称和功能见表 1-4。

图 1-58　"对象捕捉"工具栏

表 1-4　对象捕捉模式及其功能

按 钮 图 标	名　称	功　能
━○	临时追踪点	创建对象所使用的临时点
┌○	捕捉自	从临时参照点偏移
⌀	捕捉到端点	捕捉线段或圆弧等几何对象的最近端点
⌀	捕捉到中点	捕捉线段或圆弧等几何对象的中点
✕	捕捉到交点	捕捉线段、圆弧、圆、各种曲线之间的交点
✕	捕捉到外观交点	捕捉线段、圆弧、圆、各种曲线之间的外观交点
----	捕捉到延长线	捕捉到直线或圆弧延长线上的点
◎	捕捉到圆心	捕捉到圆或圆弧的圆心
◈	捕捉到象限点	捕捉到圆或圆弧的象限点
◐	捕捉到切点	捕捉到圆或圆弧的切点
⊥	捕捉到垂足	捕捉到垂直于线、圆或圆弧上的点
∥	捕捉到平行线	捕捉到与指定线平行的线上的点
⊞	捕捉到插入点	捕捉块、图形、文字等对象的插入点
○	捕捉到节点	捕捉对象的节点
⚲	捕捉到最近点	捕捉离拾取点最近的线段、圆弧、圆等对象上的点
⽊	无捕捉	关闭对象捕捉方式
⋒	对象捕捉设置	设置自动捕捉方式

2）自动捕捉。在绘图过程中，如果需要确定的特殊点非常多，用户可以使用 AutoCAD 2014 提供的自动捕捉对象功能来确定这些特殊点，从而使绘图工作效率得到提高。所谓自动捕捉，就是根据绘图的实际需要，提前选择好一种或几种特殊点，每当绘图过程中命令行提示要求确定点时，只要将鼠标指针移到一个图形对象上，系统就自动捕捉到该对象上靠近鼠标指针处的特殊点，并显示出相应的标记。此时，单击鼠标即可确定该特殊点。如果把鼠标指针移至标记处稍作停留，系统还将显示出捕捉对象的提示。这样，用户在确定点之前，就可以预览和确认捕捉点。下面介绍自动捕捉的设置方法。

选择 "工具"→ "绘图设置"命令，系统弹出如图 1-59 所示的"草图设置"对话框，单击对话框中的"对象捕捉"选项卡，就可以进行自动捕捉的特殊点选择了。

用鼠标右键单击状态栏中的"对象捕捉"按钮，在弹出的菜单中选择"设置"命令，系统将弹出如图 1-59 所示的对话框。

3）运行捕捉和覆盖捕捉。在 AutoCAD 2014 中，对象捕捉又可以按捕捉状态分为运行捕捉和覆盖捕捉两种方式。

在图 1-59 所示的对话框中，如果选中"启用对象捕捉"复选框，每当命令行提示确定点时，系统便自动执行捕捉，这种状态直到关闭自动捕捉为止，这种捕捉方式称为运行捕捉方式。开启和关闭运行捕捉可以通过图 1-59 所示对话框中的"启用对象捕捉"复选框进行切换，也可以用按〈F3〉键或单击状态栏"对象捕捉"按钮的方法进行切换。

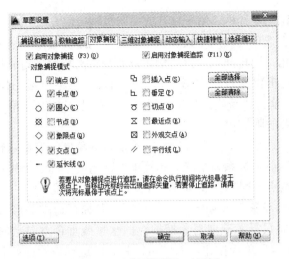

图 1-59 "草图设置"对话框

如果用户在系统提示确定点的情况下单击"对象捕捉"工具栏中的某个按钮，此时只是临时打开对象捕捉模式，这种捕捉方式称为覆盖捕捉方式。覆盖捕捉只对本次捕捉有效，此时，在命令行中将出现一个"×于"标记（"×"表示统称，当单击不同的按钮时，显示不同的引文单词和于）。

4. 极轴追踪和对象捕捉追踪

自动追踪方式包括极轴追踪和对象捕捉追踪两种方式。绘图时利用自动追踪方式来确定一些点可以简化绘图，提高工作效率。应用极轴追踪方式，可以方便地捕捉到所设角度线上的任意点；应用对象捕捉追踪方式，可以方便地捕捉到指定对象点延长线上的点。应用极轴追踪和对象捕捉追踪之前，用户应先进行设置。

选择"工具"→"绘图设置"命令，系统弹出图 1-59 所示的"草图设置"对话框，单击该对话框的"极轴追踪"选项卡，如图 1-60 所示，用户在此可以进行自动追踪设置。

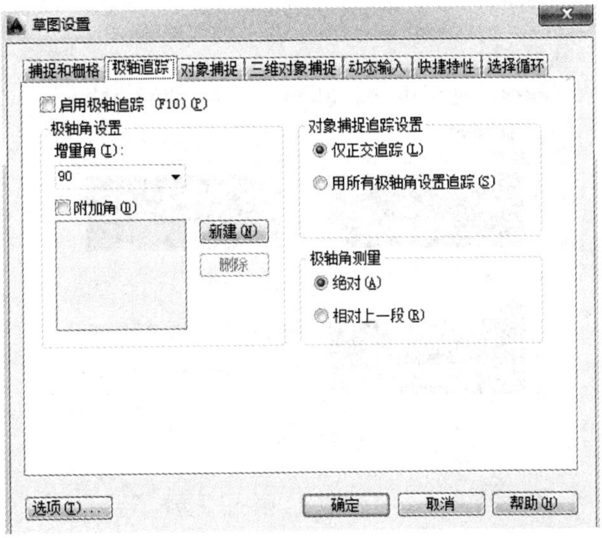

图 1-60 "极轴追踪"选项卡

1)"启用极轴追踪"复选框。用于打开或关闭极轴追踪方式。

2)"极轴角设置"选项区。用于设置极轴追踪的角度。其中"增量角"下拉列表供用户选择用户预设的增量角。用户一旦选定增量角,系统将沿与增量角成整数倍的方向指定点的位置;"附加角"复选框供用户指定增量角下拉列表中所不包括的极轴追踪角度;当选中"附加角"复选框后,单击"新建"按钮可以供用户增添极轴追踪角度,单击"删除"按钮可以删除选中的不需要的附加角。

3)"极轴角测量"选项区。用于设置极轴追踪对齐角度的测量基础。其中选中"绝对"单选按钮,系统将以当前坐标系为基准计算极轴追踪角度;选中"相对上一段"单选按钮,系统将以最后绘制的两点之间的直线为基准计算极轴追踪角度。

4)"对象捕捉追踪设置"选项区。用于设置对象捕捉追踪的形式。其中选中"仅正追踪"单选按钮,系统将只显示获取对象捕捉点的水平或垂直方向上的追逐路径;如果选中"用所有极轴角设置追踪"单选按钮,系统可以将极轴追踪设置应用到对象捕捉追踪,使用对象捕捉时,光标将从获取对象捕捉点起,沿极轴对齐角度进行追踪。

5)对象捕捉追踪方式的应用。对象捕捉追踪方式的应用必须与固定对象捕捉相配合,来捕捉通过某点延长线上的任意点。对象捕捉追踪方式的打开和关闭可以通过单击状态栏中的"对象追踪"按钮或按〈F11〉键进行切换。也可通过用鼠标右键单击状态栏中的"极轴"→"对象捕捉"→"对象追踪"按钮,在弹出的快捷菜单中选择"设置"选项的方法打开。

6)极轴追踪方式的应用。极轴追踪方式可以捕捉用户所设增量角线上的任意点。极轴追踪方式的打开与关闭可以通过单击状态栏中的"极轴"按钮或按〈F10〉键进行切换。

5. 动态输入

选择"工具"→"绘图设置"命令,系统弹出如图 1-59 所示的"草图设置"对话框,单击该对话框的"动态输入"选项卡,如图 1-61 所示,用户在此可以进行动态输入设置。启用动态输入,在命令执行的过程中十字光标旁边将显示工具栏提示,光标旁边显示的工具栏提示信息将随着光标的移动而动态更新。当某个命令处于活动状态时,可以在工具栏提示中输入值,但动态输入不会取代命令窗口。

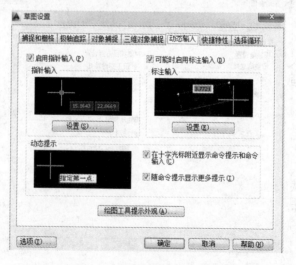

图 1-61 "动态输入"选项卡

动态输入有指针输入和标注输入两种类型，指针输入一般用于输入相对直角坐标值；标注输入一般用于输入相对极坐标值。要输入绝对坐标，可以在命令行中输入 Dynmode，然后通过改变变量来改变输入的坐标形式。该变量设置为 0 时，输入是绝对坐标；该变量设置为非 0 值时，输入是相对坐标。用户可以通过单击状态栏上的 DYN 的方法来打开或关闭动态输入。

1.6 图形显示

在 AutoCAD 2014 中绘图时常遇到太大或者太小的图形，需要缩放视图显示但又不能改变图形的实际大小，这时就需要通过 AutoCAD 2014 提供的视图调整工具对视图进行缩放和平移，以便能够方便、准确地绘图。

1.6.1 图形的缩放

图形的缩放即增大或减小图形对象的屏幕尺寸，同时图形对象的真实尺寸保持不变。通过缩放视图改变屏幕显示区域和图形对象显示的大小，用户可以更准确、更详细地进行图形的绘制和编辑工作。

选择"视图"→"缩放"命令，系统将弹出缩放视图的下一级子菜单，如图 1-62 所示。

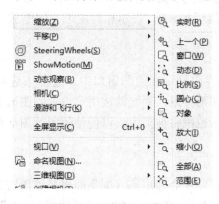

图 1-62 "缩放"子菜单

如果在命令行输入 ZOOM，按〈Enter〉键，系统将提示："指定窗口的角点，输入比例因子（n×或 n×P），或者[全部(A)/中心(C)/动态(D)/范围(E)/上一个(P)/比例(S)/窗口(W)/对象(O)]<实时>:"。

上面提示中的各选项和缩放视图子菜单中的各选项相对应，下面以前面存盘的"练习1-3"的图形为例，介绍提示中主要选项的含义及操作方法。

1. "指定窗口角点"选项

该选项是系统的默认选项之一，称为窗口缩放，主要用于放大绘图窗口内的局部图形。其操作方法是移动光标，在屏幕的绘图窗口内拾取用于确定矩形的两个对角点，系统将用户确定的矩形充满整个绘图窗口，矩形内的部分图形即被放大，如图 1-63 所示为窗口放大的实例。

2. "确定比例因子(n×或 n×P)"选项

该选项也为系统的默认选项之一，称为比例缩放，用于直接输入一数值作为缩放系数缩放图形。输入的缩放系数有三种形式。

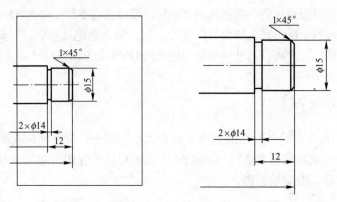

图 1-63　窗口缩放

第一种形式是直接输入一数值，表示相对图形界限缩放。例如，输入"3"将使图形对象的显示尺寸变为原始图形的 3 倍。

第二种形式是输入的数值后加×，表示相对当前视图缩放。例如，输入"3×"将使屏幕上的每个图形对象显示为原来大小的 3 倍。

第三种形式是输入的数值后加×P，表示相对图纸空间缩放。有关图纸空间的内容将在后面章节中进行介绍。

3．"全部(A)"选项

该选项表示将全部图形界限显示在绘图窗口中。选择该选项输入"A"并按〈Enter〉键，如果图形对象没有超出图形界限，系统就按用户设置的图形界限显示；如果有图形对象超出了图形界限，系统的显示范围将被扩大，以便使超出的图形对象部分也能显示在绘图窗口中。

4．"中心(C)"选项

该选项用于重设图形的显示中心和屏高（屏高即屏幕绘图窗口显示的实际高度）来显示图形。选择该选项输入"C"并按〈Enter〉键，系统将提示："指定中心点："，该提示要求用户确定新的显示中心。在此，用户可以采用输入坐标或用光标直接在绘图窗口内拾取点的方法来确定新的显示中心，也可以直接按〈Enter〉键（保持显示中心不变）。进行此操作后，系统又继续提示："输入比例或高度<300.0000>："，该提示要求用户输入显示比例或高度值。

选择"输入比例"选项，需要输入数值并在其后加"×"，例如输入"2×"表示相对当前视图进行缩放。

如果选择"高度<300.0000>："选项，需要输入一新的屏高值，< >里的值是屏幕绘图窗口显示的当前实际高度。如果新输入的屏高值小于当前的屏高值，则图形显示被放大；反之，图形显示则被缩小。

5．"范围(E)"选项

该选项用于尽可能大地显示整个图形。选择该选项输入"E"，按〈Enter〉键，系统将整个图形对象充满绘图窗口，此时与所设置的图形界限大小无关。

6. "上一个(P)"选项

该选项用于显示上一次的图形状态。选择该选项输入 "P"，按〈Enter〉键，系统将绘图窗口恢复到上一次图形显示的状态。

7. "比例(S)"选项

该选项与 "确定比例因子(n×或 n×P)" 选项相同，在此不再重述。

8. "窗口(W)"选项

该选项与 "指定窗口角点" 选项相同，在此不再重述。

9. "对象(O)"选项

该选项用于将选定的图形对象在绘图窗口最大地显示出来。选择该选项输入 "O"，按〈Enter〉键，系统提示 "选择对象:"，在该提示下用户选择图形对象后按〈Enter〉键，所选择的图形对象将最大限度地显示在图形窗口，如图 1-64 所示。

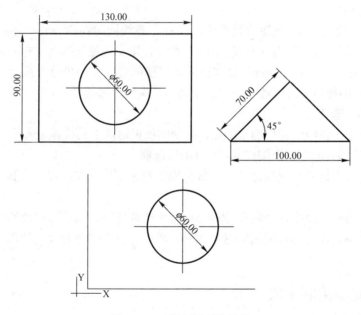

图 1-64　选择图形对象缩放

10. "＜实时＞"选项

该选项对图形显示进行实时缩放。选择该选项直接按〈Enter〉键，系统将进入实时缩放模式。在该模式下，光标变为放大镜图标。此时，按住鼠标左键由下向上拖动图面，即可动态放大图形显示；按住鼠标左键由上向下拖动图面，则可动态缩小图形显示；如果想退出实时缩放状态，可以右击鼠标，从弹出的快捷菜单中选择 "退出" 选项即可。

ZOOM 命令是透明命令，在执行其他命令的过程中随时可以插入该命令。另外，标准工具栏有 "实时缩放🔍" "窗口缩放🔍" 和 "上一个🔍" 等按钮，用户在绘图和编辑图形过程中可以方便地使用。

1.6.2　图形的平移

图形的平移是用户通过移动视图使绘图窗口显示图形的合适区域。

选择"视图"→"平移"命令，系统将打开平移视图的下一级子菜单，如图 1-65 所示。下面介绍平移视图子菜单的各项含义。

 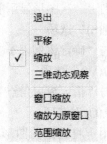

图 1-65 "平移"子菜单　　　　　　　　　图 1-66 视图实时缩放和平移快捷菜单

1. "实时"选项

选择该选项绘图窗口将出现一只小手的图标，系统同时在命令行提示："按〈Esc〉或〈Enter〉键退出，或单击右键显示快捷菜单。"此时，用户可通过拖动鼠标的方式动态地平移视图。如果按〈Esc〉键或〈Enter〉键则结束平移视图命令；如果单击鼠标右键，系统将弹出如图 1-66 所示的视图实时缩放和平移快捷菜单，供用户选择使用。

2. "定点(P)"选项

选择该选项用户在绘图窗口确定两点，系统将根据这两点的位移量来平移整个图形。

3. "左(L)""右(R)""上(U)"和"下(D)"选项

用户如果选择上述四个选项之一，系统分别将整个图形向左、右、上和下进行一定距离的平移。

AN 命令也为透明命令，经常和 ZOOM 命令结合使用，以使用户能够快速地确定图形的显示区域和大小。在对图形采用实时缩放时，单击鼠标右键也将弹出如图 1-66 所示的快捷菜单。

1.6.3 图形的重画和重生成

1. 图形的重画

在绘制一些比较复杂的图形时，绘图区常会留下一些用来指示对象位置的标记点，使视图看起来有点杂乱。此时，可通过重画命令来刷新当前视图中的图形，以消除残留的标记点。执行重画的命令主要有以下两种方法。

1）选择"视图"→"重画"命令，即可重画视图。

2）在命令行中输入 REDRAWALL 或 REDARW 命令，即可重画视图。

2. 图形的重生成

如果用重画命令刷新后仍不能正确显示图形，则可调用重生成命令。重生成命令不仅刷新显示，而且更新图形数据库中所有图形对象的坐标。因此使用该命令通常可以准确地显示图形数据。执行重生成的命令主要有以下两种方法。

1）选择"视图"→"重生成"命令，即可重生成视图。

2）在命令命令行中输入 REGENALL 或 REGEN 命令，即可重生成视图。

1.7　图层管理

图层是 AutoCAD 2014 提供给用户管理图形对象的重要工具。图层可以有多层，每个图层就相当于一张没有厚度的透明纸。实际绘制工程图时，可以将工程图中不同类型的图形对象绘制在不同的图层上，最后将这些透明的图层叠摞起来，这样就形成了一张完整的工程图。

用 AutoCAD 2014 绘图时，图形元素处于某个图层上。默认情况下，当前层是 0 层，若没有切换至其他图层，则所绘制的图都在 0 层上。每个图层都有与其相关的颜色、线形、线宽和尺寸标注及文字说明等属性信息。如果用图层来管理它们，不仅能使图形的各种信息清楚有序，便于观察，而且也会给图形的编辑、修改和输出带来极大的方便。

1.7.1　图层的特性

AutoCAD 2014 图层具有以下特性。

1）用户可以根据绘图需要，在一个图形文件中创建任意数量的图层。

2）创建图层时，可以根据需要为新创建的图层设置名称、颜色、线型、线宽和状态等特性。

3）新建一个图形文件时，AutoCAD 2014 自动创建一个层名为"0"的图层，而且作为系统的默认层。

4）各图层具有相同的坐标系、图形界限、显示时的缩放倍数等。用户可以对位于不同图层上的图形对象同时进行编辑和修改等操作。

5）所有的图层中必须且只能有一个图层为当前层，AutoCAD 2014 的所有绘图命令的操作都是在当前层上进行的。

1.7.2　图层特性管理器的基本操作

输入建立新图层的命令，可以进行创建新图层、删除没有用的图层、设置和生成当前层、改变指定层的特性等操作。

选择"格式"→"图层"命令或单击工具栏中 按钮，系统弹出如图 1-67 所示的"图层特性管理器"对话框。该对话框的上部是对层操作的按钮，下部是控制层显示的复选框，中间是层过滤的条件列表框和符合过滤条件的所有图层的列表框。利用该对话框可以进行有关层的操作。

1）单击 按钮，系统弹出"图层过滤器特性"对话框，从中可以根据图层的一个或多个特性创建图层过滤器。

2）单击 按钮，将创建新图层并显示在图层状态和特性的列表框中。新建图层的默认层名为"图层 n"（n 为图层编号），其颜色、线型、线宽和状态等特性与用户选中的图层相同。为便于记忆，用户可以在此对图层名进行修改。

3）单击 按钮，可以删除所选中的图层。在图层状态和特性的列表框中选中（用鼠标单击图层名称）要删除的图层，单击该按钮，则可将选中的图层删除。0 层、当前图层、已绘制图形对象的图层、定义有图块的图层和依赖外部参照所建立的图层不能被删除。

4）单击✔按钮，可以切换当前层。在图层状态和特性的列表框中选中某个图层后，单击该按钮，选中的图层即成为当前层。

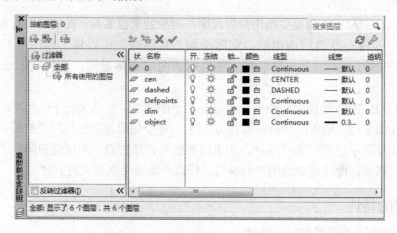

图 1-67 "图层特性管理器" 对话框

1.7.3 图层的状态和特性

图形对象的每个层都有自己的状态和特性，用户可以在图层状态和特性的列表框中选中某一层，然后对图层的状态和特性进行设置。用户对图层状态和特性的设置内容、方法如下。

1. 图层的打开与关闭

当图层处于打开状态时，该图层上的图形实体可见；当图层处于关闭状态时，该图层上的图形实体不可见，且在打印输出时，该图层上的图形也不被打印。但是在用重生成命令时，关闭图层上的图形仍参与计算。

关闭和打开图层的具体操作是：在图层状态和特性的列表框中选中某层，然后用鼠标单击该层的灯泡图标💡。灯灭💡表示该图层被关闭，灯亮💡表示该图层被打开。

2. 图层的冻结与解冻

图层被冻结后，其上的图形对象既不可见，也不能打印输出，且不参与重生成图形的计算。

冻结和解冻图层的具体操作是：在图层状态和特性的列表框中选中某层，然后用鼠标单击该层的太阳图标☼。太阳图标☼变为雪花图标❅表示该图层被冻结，反之则表示该图层被解冻。

3. 图层的锁定与解锁

当图层被锁定后，该图层上的图形对象仍可见，但用户不能对其进行编辑和修改。

锁定和解锁图层的具体操作是：在图层状态和特性的列表框中选中某层，然后用鼠标单击该层的打开锁头图标🔓。打开锁头图标🔓变为锁住图标🔒表示该图层被锁定，反之则表示该图层被解锁。

4. 图层的颜色

颜色是图层的特性之一，图层颜色的设置方法是在图层状态和特性的列表框中选中某层，然后单击选定图层的颜色框，系统将弹出如图 1-68 所示的"选择颜色"对话框。该对话框有"索引颜色""真彩色"和"配色系统"三个选项卡，用户可以选择这三个选项卡中的任何一个来为选中的图层设置颜色。选择完颜色后，单击"确定"按钮，系统将返回到"图层特性管理器"对话框。

1）"索引颜色"选项卡：索引颜色是将系统定义好的 256 种颜色排列在一张颜色表中，用户可以在其中任选一种。选取颜色的具体方法是用鼠标单击希望选取的颜色或在"颜色"文本框中输入相应的颜色名或颜色号，单击"确定"按钮即可。

2）"真彩色"选项卡：单击图 1-68 中的"真彩色"选项卡，系统将打开如图 1-69 所示的"选择颜色"对话框下的"真彩色"选项卡。在该选项卡的"颜色模式"下拉列表中有 RGB 和 HSL 两种颜色模式，用户可以通过任何一种模式调用需要的颜色。

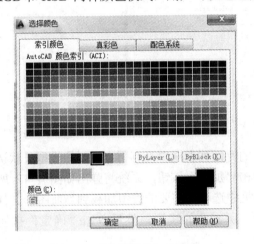

图 1-68 "选择颜色"对话框

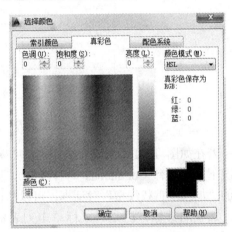

图 1-69 "真彩色"选项卡

3）"配色系统"选项卡：单击如图 1-68 所示的"配色系统"选项卡，系统将打开图 1-70 中的"配色系统"选项卡。在该选项卡的"配色系统"下拉列表中，AutoCAD 2014 提供了多种定义好的色库表。用户可以任选一种色库表，然后在下面的颜色条中选择需要的颜色。

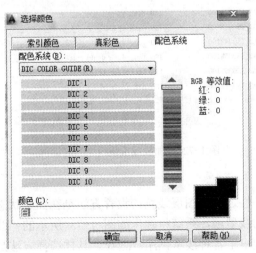

图 1-70 "配色系统"选项卡

5. 图层的线型

线型也是图层的特性之一，图层线型的设置方法是在图层状态和特性的列表框中选中某层，然后单击选定图层的线型名称，系统将弹出如图 1-71 所示的"选择线型"对话框。在该对话框的图层状态和特性列表框中，列出了已从 AutoCAD 2014 线型库中调入当前图形文件中的各种线型，用户可以从中进行选择。具体方法是用鼠标单击图层状态和特性列表框中用户需要的线型，然后单击"确定"按钮即可。系统也将返回到"图层特性管理器"对话框。

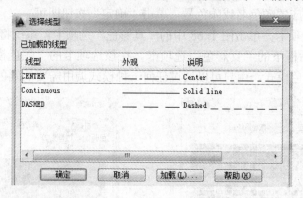

图 1-71 "选择线型"对话框

若在如图 1-71 所示的"选择线型"对话框的特性列表框中没有用户需要的线型（默认情况下系统只有 Continuous 一种线型），则可单击"加载"按钮，系统将弹出如图 1-72 所示的"加载或重载线型"对话框。可以从该对话框中选取所需要的线型加载到当前图形文件中。加载的具体方法是用鼠标单击列表框中用户所需要的线型，然后单击"确定"按钮即可。

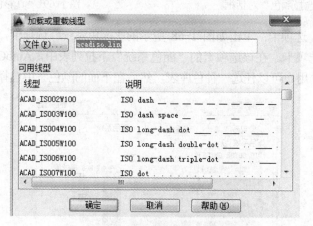

图 1-72 "加载或重载线型"对话框

6. 图层的线宽

线宽同样是图层的特性之一，图层线宽的设置方法是在图层状态和特性列表框中选中某层，然后单击选定图层的线型项，系统将弹出如图 1-73 所示的"线宽"对话框。在该对话框的"线宽"列表框中列出了各种线宽供用户选择。具体选择方法是用鼠标单击列表框中用户需要的线宽，然后单击"确定"按钮即可。系统也将返回到"图层特性管理器"对话框。

图 1-73 "线宽"对话框

以上所介绍的利用"图层特性管理器"对话框设置的图层颜色、线型、线宽统称为图层颜色、图层线型和图层线宽，它们与下面将要介绍的实体颜色、实体线型和实体线宽在使用中是有区别的。

1.7.4 实体线型、线宽和颜色的设置

实体线型、线宽和颜色的设置是指为当前层所要绘制的图形实体进行的设置

1. 实体线型设置

选择"格式"→"线型"命令，系统弹出如图 1-74 所示的"线型管理器"对话框，在该对话框中显示了用户当前使用的线型和可供用户选择的其他线型。

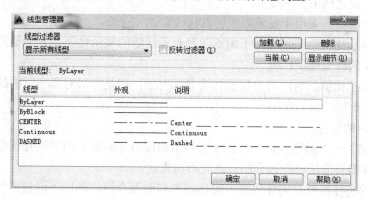

图 1-74 "线型管理器"对话框

"线型过滤器"下拉列表中用于设置过滤条件，以便使"线型"列表框中仅列出符合条件的线型。选中"反向过滤器"复选框，"线型"列表框中将显示除符合过滤条件以外的所有线型。

单击"加载"按钮，系统将弹出如图 1-72 所示的"加载或重载线型"对话框，用户可以向"线型管理器"对话框中加载各种线型。

单击"删除"按钮，可将在"线型"列表框中选中的线型删除。

单击"当前"按钮，可将在"线型"列表框中选中的线型设置为当前层的线型。

单击"显示细节"按钮，对话框将显示当前线型的详细信息；单击"隐藏细节"按钮，对话框将不显示当前线型的详细信息。

2. 实体线宽设置

选择"格式"→"线宽"命令，系统将弹出如图 1-75 所示的"线宽设置"对话框，该对话框的主要选项和功能如下。

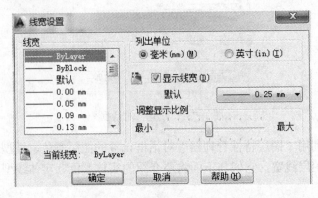

图 1-75 "线宽设置"对话框

1）"线宽"列表框列出了用于当前图形线型的多种线宽供用户选择。为了使所绘制的图形对象与图层设置一致，建议用户在此将线宽设置为"随层（ByLayer）"。

2）"列出单位"选项区用于设置线宽的单位，用户可以选择毫米或英寸为单位。

3）"显示线宽"复选框用于设置是否在绘图窗口中显示线宽。选中该复选框，则在绘图窗中显示线宽，反之则不显示线宽。

4）"默认"下拉列表用于设置系统的默认线宽。

5）"调整显示比例"选项区用于调整图形对象线宽的显示比例。方法是拖动其中的滑块来改变图形对象的线宽显示比例。

调整线宽显示比例只对图形对象的屏幕显示有效，但是图形对象实际的线宽不变，因此对图形对象的打印输出没有影响。

3. 实体颜色的设置

选择"格式"→"颜色"命令，系统将弹出如图 1-68 所示的"选择颜色"对话框。该对话框的内容和操作方法已作过介绍，此处不再重述。

以上介绍的实体线型、实体线宽、实体颜色与前面介绍的利用"图层特性管理器"对话框设置的线型、线宽、颜色是有区别的。在实际绘图时，系统是以实体线型、实体线宽、实体颜色绘制图形的。因此，为了使各图层中所绘制的图形对象特性与所在的图层设置一致，便于图形的管理，建议用户将实体线型、实体线宽、实体颜色全部选择为"随层（ByLayer）"。

1.7.5 图层管理的其他方法

图层是 AutoCAD 2014 进行图形对象管理的重要工具，除上面介绍的有关图层设置和管理的方法外，下面介绍另外几种图层的设置和管理方法。

1. 利用工具栏设置和管理图层

如图 1-76 所示为"图层"工具栏和"对象特性"工具栏，在实际绘图工作时，可以利用这两个工具栏来设置和管理图层。下面对这两个工具栏中的有关内容进行介绍。

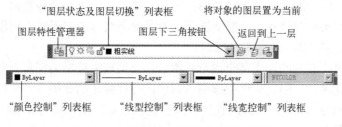

图 1-76 "图层"和"对象特性"工具栏

1）单击"图层特性管理器"按钮，系统将弹出如图 1-67 所示的"图层特性管理器"对话框。

2）"图层状态及图层切换"列表框用于显示和控制图层的状态及设置当前层。单击图层下三角按钮，系统将弹出如图 1-77 所示的下拉列表。该下拉列表中显示出当前图形文件中所有的图层及其状态。通过该下拉列表可以方便地设置当前层，具体操作方法是用鼠标在下拉列表中单击某图层的名称，该图层就成为当前层。通过该下拉列表也可以设置某个图层的状态，具体操作方法是用鼠标单击该图层的各状态图标即可。

3）"将对象的图层置为当前"按钮用于将所选图形对象所在的图层变为当前层，具体操作方法是：单击该按钮后，在绘图窗口中选择一个图形对象，系统即将该图形对象所在的图层置为当前层。

4）单击"返回到上一层"按钮，系统将放弃最近一次对图层的设置，返回到上一个图层。

5）"颜色控制"下拉列表用于显示并控制当前图形实体的颜色。单击下三角按钮，系统将弹出如图 1-78 所示的颜色下拉列表。单击下拉列表中的某个颜色，该颜色即被设置为当前绘制图形实体的颜色。一般情况下，为了使所绘制的图形对象与图层设置一致，建议在此设置为"随层（ByLayer）"颜色。

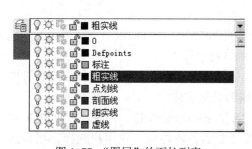

图 1-77 "图层"的下拉列表

图 1-78 "颜色"的下拉列表图

6）"线型控制"下拉列表用于显示并控制当前图形实体的线型。单击下三角按钮，系统将弹出如图 1-79 所示的线型下拉列表。单击下拉列表中的某个线型，该线型即被设置为当前绘制图形实体的线型。一般情况下，为了使所绘制的图形对象与图层设置一致，建议在此设置为"随层（ByLayer）"线型。

7）"线宽控制"下拉列表用于显示并控制当前图形实体的线宽。单击下三角按钮，系统将弹出如图 1-80 所示的线宽值下拉列表。单击下拉列表中的某个线宽值，该线宽值即被设置为当前绘制图形实体的线宽。一般情况下，为了使所绘制的图形对象与图层设置一致，建议在此设置为"随层（ByLayer）"线宽。

在实际绘图时，有时绘制完某个图形对象后，会发现所绘制的图形对象并没有在预先设置好的图层上，此时，可用光标选中该图形对象，并在弹出的如图 1-77 所示的图层下拉列表中单击该图形对象应该所在图层的层名，然后按〈Esc〉键，即可将选中的图形对象移至预先设置好的图层上。

图 1-79 "线型"的下拉列表

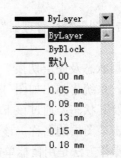

图 1-80 "线宽"的下拉列表

2. 特性匹配命令

由 AutoCAD 2014 创建的图形对象实体本身都具有一定的特性，如颜色、线型、线宽等。为了能够方便地修改和编辑图形，AutoCAD 2014 提供了一个特性匹配命令。利用该命令，用户可以将一个图形对象实体（源实体）的特性复制到另一个或另一组图形对象实体（目标实体），使这些目标实体的某些特性或全部特性与源实体相同。

选择"修改"→"特性匹配"命令，系统提示："选择源对象："。在此提示下，选择源实体对象，选择后系统继续提示。

"当前活动设置： 颜色 图层 线型 线型比例线宽 厚度 打印样式标注 文字 填充图案 多段线 视口 表格材质 阴影显示"

"选择目标对象或 [设置(S)]："

该提示的前两行列出了当前用特性匹配命令可复制的特性项目，最后一行提示有"选择目标对象"和"设置(S)"两个选项，以下分别介绍这两个选项。

1）"选择目标对象"选项是系统的默认选项，选择该选项后，直接选取要复制特性的目标实体对象，系统即将源实体的特性复制给所选取的目标实体。

2）"设置(S)"选项表示在系统的提示下输入"S"，按〈Enter〉键，系统将弹出如图 1-81 所示的"特性设置"对话框。该对话框列出了要复制的各特性项，供用户选择。用户选择后，系统又返回到上面的提示。

"基本特性"选项区用于选择复制图形实体最基本的七个特性。

"特殊特性"选项区用于选择复制图形实体的九个特殊特性。

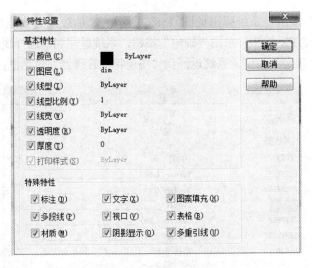

图 1-81 "特性设置"对话框

1.7.6 新建图层实例

1）新建文件，选择"文件"→"新建"命令或单击"标准"工具栏中的"新建"按钮☐。

2）选择"格式"→"图层"命令或单击"图层"工具栏中的"图层特性管理器"按钮🖳，系统弹出如图 1-82 所示的"图层特性管理器"对话框。

3）新建图层，单击 🗂 按钮，或把鼠标移到对话框中的图层名字列表框中单击右键，在弹出的菜单中选择"新建图层"，如图 1-82 所示。

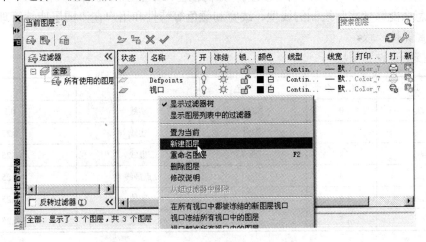

图 1-82 选择"新建图层"命令

4）将新建的图层名称命名为"中心线"。

5）修改"中心线"层的颜色，单击"中心线"层中的颜色，系统弹出"选择颜色"对话框，然后选择"红色"，单击确定按钮，系统返回到"图层特性管理器"对话框。

6）修改"中心线"层的线型，单击"中心线"层中的线型，系统弹出"选择线型"对话框；单击"加载"按钮，系统弹出如图 1-83 所示的"加载或重载线型"对话框；选择如图 1-83 所示的 CENTER 线型，单击"确定"按钮，系统返回到"选择线型"对话框；选择刚加载的线型，单击"确定"按钮，系统返回到"图层特性管理器"对话框；关闭该对话框。

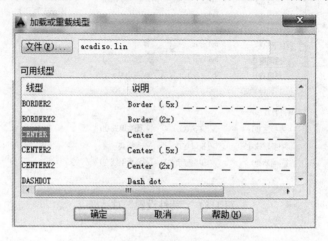

图 1-83 "加载或重载线型"对话框

1.8 思考题

（1）AutoCAD 2014 中使用图层的目的和用途是什么？

（2）什么是工作空间？

（3）AutoCAD 2014 有数十个工具栏，如何在窗口中显示所需的工具栏？

（4）怎么能够使实际绘制的线型、线宽和颜色等特性和用户在"图层特性管理器"对话框中的设置保持一致？

（5）按下表设置图层。

用 途	层 名	颜 色	线 型	线 宽
粗实线	0	黑/白	实线	0.5
细实线	1	黑/白	实线	0.25
虚线	2	蓝	虚线	0.25
中心线	3	红	点画线	0.25
尺寸标注	4	绿	实线	0.25
文字	5	青	实线	0.25

第2章　绘制和编辑平面图形

在建筑和机械图形中，任何复杂的图形都是由最基本的几何图形组成的，如直线、曲线、矩形、多边形、圆和圆弧等。掌握点与线的绘制方法是学习 AutoCAD 2014 绘图的基本要求。但是，仅掌握绘图命令是不够的。一般情况下，还要对绘制的对象进行各种编辑才能满足绘图的需求；利用 AutoCAD 2014 的编辑功能，可以对各种图形进行删除与恢复、改变其位置和大小、复制、镜像、偏移及阵列等操作，从而大大提高了绘图速度。

本章主要讲解 AutoCAD 2014 的基本绘图命令、基本编辑修改命令和选择图形对象的方法。通过本章的学习，要求读者能够应用各种绘图和编辑命令绘制出常见的平面图形。

2.1　图线型式及应用

图线的相关使用规则在 GB 4457.4—2002 中有详细的规定，下面简要介绍。

2.1.1　图线宽度

国标规定了各种图线的名称、线型、线宽以及在图上的一般应用，如表 2-1 及图 2-1 所示。图线分粗、细两种，粗线的宽度 b 应按图的大小和复杂程度，在 0.5～2mm 之间选择。

图线宽度的推荐系列为 0.18mm、0.25mm、0.35mm、0.5mm、0.7mm、1mm、1.4mm、2mm。

表 2-1　图线型式

图线名称	线　型	线　宽	主要用途
粗实线	———————	b	可见轮廓线，可见过渡线
细实线	———————	约 b/2	尺寸线、尺寸延伸线、剖面线、引出线、弯折线、牙底线、齿根线、辅助线等
细点画线	— - — - — -	约 b/2	轴线、对称中心线、齿轮节线等
虚线	- - - - - - - -	约 b/2	不可见轮廓线、不可见过渡线
波浪线	∿∿∿	约 b/2	断裂处的边界线、剖视与视图的分界线
双折线	—⌁—	约 b/2	断裂处的边界线
粗点画线	— - — - — -	b	有特殊要求的线或面的表示线
双点画线	— - - — - -	约 b/2	相邻辅助零件的轮廓线、极限位置的轮廓线、假想投影的轮廓线

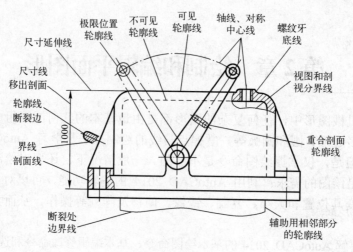

图 2-1　图线用途示例

2.1.2　图线画法

1）同一图样中，同类图线的宽度应基本一致。虚线、点画线及双点画线的线段和间隔应各自大致相等。

2）两条平行线（包括剖面线）之间的距离应不小于粗实线的两倍宽度，其最小距离不得小于 0.7mm。

3）绘制圆的对称中心线时，圆心应为直线的交点。点画线和双点画线的首末两端应是线段而不是短画线。建议中心线超出轮廓线 2～5mm，如图 2-2 所示。

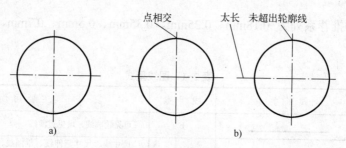

图 2-2　点画线画法

a) 正确　b) 错误

4）在较小的图形上画点画线或双点画线有困难时，可用细实线代替。

为保证图形清晰，各种图线相交、相连时的习惯画法如图 2-3 所示。

点画线、虚线与粗实线相交以及点画线、虚线彼此相交时，均应交于点画线或虚线的线段处。虚线与粗实线相连时，应留间隙；虚直线与虚半圆弧相切时，在虚直线处留间隙，而虚半圆弧画到对称中心线为止。

5）由于图样复制中所存在的困难，应尽量避免采用 0.18mm 的线宽。

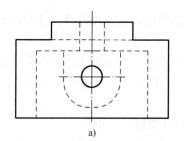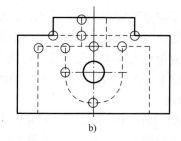

图 2-3　图线画法

a) 正确　b) 错误

2.2　线类图形绘制

2.2.1　绘制点

1. 点的特性和点样式

点与直线、圆弧和圆一样，都是图形实体对象，同样具备图形对象的属性，而且可以被编辑，对绘制出的点可以利用捕捉节点的模式进行捕捉。

为了能更好地显示点，系统备有一系列点样式，用户可以根据需要选取合适的点样式，具体操作方法如下。

选择菜单"格式"→"点样式"命令，系统弹出如图 2-4 所示的"点样式"对话框，该对话框的各选项及功能介绍如下。

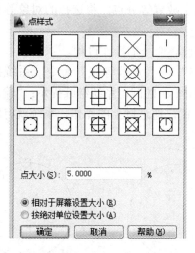

图 2-4　"点样式"对话框

"点样式"列表用于显示和选择点样式。该对话框列出了可供选择的二十种点样式，用户可以根据需要选取。具体的操作方法是：用鼠标单击某个点样式，该点样式即成为点的当前样式，然后单击"点样式"对话框中的"确定"按钮。

"点样式"对话框中有两种设置点大小的方式，其含义如下。

1）"相对于屏幕设置大小"单选项：选择该单选项，点将按屏幕尺寸的百分比设置点的显示大小。当缩放图形时，点的显示大小不变。

2）"按绝对单位设置大小"单选项：选择该单选项，点将按"点大小"文本框中指定的数值设置点的显示大小。当缩放图形时，绘图区中点的显示大小也会随之改变。

2. 绘制单点

在 AutoCAD 2014 中，每执行一次单点命令只能绘制一个单点。

选择菜单"绘图"→"点"→"单点"命令，系统提示："指定点："，在该提示下，输入点的坐标或用光标直接拾取点，点绘制完毕。

3. 绘制多点

若要绘制多点，使用单点命令绘制多个点会显得十分繁琐，而且会影响绘图效率。使用多点绘制命令，就能很好地解决这个问题。

选择菜单"绘图"→"点"→"多点"命令或单击"绘图"工具栏中的"多点"按钮，系统提示："POINT 指定点："，在该提示的不断重复下，用户可以连续输入点的坐标或用光标直接拾取点，多点即绘制出。

不能用〈Enter〉键结束绘制多点命令，只能用〈Esc〉键结束该命令。

注意：在 AutoCAD 2014 中，虽然"单点"命令和"多点"命令在命令行的提示都是 POINT，但输入 POINT 命令对应的是菜单中的"绘图"→"点"→"单点"命令；而在 AutoCAD 经典工作界面中"绘图"工具栏中的"点"按钮对应的是菜单中的"绘图"→"点"→"多点"命令。

4. 定数等分

定数等分对象是指在对象上放置等分点，将选择的对象等分为指定的几段，使用该命令可辅助绘制其他图形。

下面以图 2-5 为例，来讲解该命令的操作过程。

选择菜单"绘图"→"点"→"定数等分"命令，系统提示："选择要定数等分的对象："，在该提示下，选择图 2-5a 中的圆，系统继续提示："输入线段数目或[块(B)]："，在该提示下输入"4"，按〈Enter〉键。通过以上的操作，系统就将圆进行了四等分，等分结果如图 2-5b 所示。

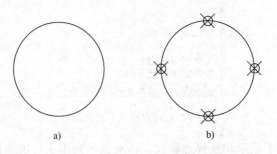

a)   b)

图 2-5　利用绘制点等分图形对象

5. 定距等分

定距等分对象是指在所选对象上按指定距离绘制多个点对象。

下面以图 2-6 为例，来讲解该命令的操作过程。

选择菜单"绘图"→"点"→"定距等分"命令，系统提示："选择要定距等分的对象："，在该提示下，选择图 2-6a 中的线段 AB，系统继续提示："指定线段长度或[块(B)]："，在该提示下输入"8"，按〈Enter〉键。通过以上操作，系统就在线段上从端点 A 开始，定距离地放置了一系列点，如图 2-6b 所示。

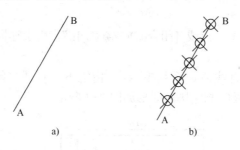

图 2-6　定距等分

2.2.2　绘制直线

直线是最常用、最简单的一类图形对象，只要指定了起点和终点即可绘制一条直线。在 AutoCAD 2014 中，可以用二维坐标（x,y）或三维坐标（x,y,z）来指定端点，也可以混合使用二维坐标和三维坐标。如果输入二维坐标，AutoCAD 2014 将会用当前的高度作为 Z 轴坐标值，默认值为 0。

在 AutoCAD 2014 中绘制零件的直线段时，通常是已知线段的长度，而且大多是水平或垂直的线段，可以在正交状态下在绘图区域中单击指定第一点，然后将光标偏移至需要的方向，输入线段的长度，即可完成一段直线的绘制。

选择菜单"绘图"→"直线"命令（LINE）或单击"绘图"工具栏"直线"按钮，都可以绘制直线，命令行显示如下提示信息。

　　　　命令：_line 指定第一点：　　　　　//执行直线命令
　　　　指定下一点或 [放弃(U)]：
　　　　指定下一点或 [放弃(U)]：
　　　　指定下一点或 [闭合(C)/放弃(U)]：　　//按〈Enter〉键结束直线命令。

执行直线命令的过程中各选项的含义如下。

（1）放弃(U)：选择该选项将撤销刚才绘制的直线而不退出直线命令。在许多命令执行过程中都有此选项，其含义类似。

（2）闭合(C)：如果绘制了多条线段，最后要形成一个封闭的图形时，选择该选项并按〈Enter〉键可将终点与第一个起点重合，形成一个封闭的图形。

在使用直线命令时，按下〈F8〉功能键，打开正交模式，这时绘制的直线为水平线或者垂直线。

实例 1：下面使用直线命令，绘制底座平面图，具体步骤如下。

1）新建图形文件并保存，文件名为 2-2。

2）选择"绘图"→"直线"命令（LINE）或单击"绘图"工具栏"直线"按钮，系统提示："_line 指定第一点："，在绘图区内选择任意地方单击鼠标左键指定第一点，按下〈F8〉功能键。

3）系统提示："指定下一点或 [放弃(U)]：<正交 开>"，移动鼠标，使光标在第一点的上方，输入"20"，按〈Enter〉键。

4）系统提示："指定下一点或 [放弃(U)]："，移动鼠标，使光标在第二点的左方，输入15，按〈Enter〉键。

5）系统提示："指定下一点或 [闭合(C)/放弃(U)]："，用上述同样的方法绘制其他各段直线。

6）当绘制好第六段直线后，系统提示："指定下一点或 [闭合(C)/放弃(U)]："，输入"C"，按〈Enter〉键，底板绘制完毕，图形如图 2-7 所示。

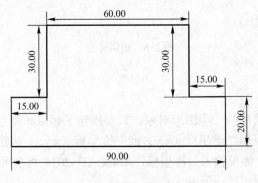

图 2-7　直线命令的应用

2.2.3　绘制射线

射线为一端固定，另一端无限延伸的直线，它只有起点没有终点。AutoCAD 2014 中可以绘制任意角度的射线。

选择菜单"绘图"→"射线"命令（RAY），都可以通过指定射线的起点和通过点来绘制射线。命令行显示如下提示信息。

命令：_ray 指定起点：

指定通过点：

指定射线的起点后，可在"指定通过点："提示下指定多个通过点，来绘制以起点为端点的多条射线，直到按〈Esc〉键或〈Enter〉键退出为止。

2.2.4　绘制构造线

构造线是两端无限延长的直线，在机械绘图中的主要作用为绘制辅助线、轴线或中心线等。选择菜单"绘图"→"构造线"命令或单击"绘图"工具栏中的"构造线"按钮，系统提示："指定点或 [水平(H)/垂直(V)/角度(A)/二等分(B)/偏移(O)]："。

上面的提示中列出了各种情况绘制构造线的选项，可以根据实际绘制需要进行选取。

1. "指定点"选项

该选项是系统的默认选项。在上述提示下直接指定点，系统继续提示："指定通过点:",在该提示下再输入一点,系统将经过指定点和该点绘制出一条构造线,并继续出现该提示。用户可以按〈Enter〉键结束该命令,也可以在该提示下多次选取通过点来绘制多条构造线,直到按〈Enter〉键结束该命令。

2."水平(H)"选项

该选项用于绘制水平构造线。选择该选项,输入"H",按〈Enter〉键,系统继续提示:"指定通过点:",在该提示下,选择通过点即可绘制出一条水平构造线;并继续提示:"指定通过点:"。在该提示下,如果不需要继续绘制构造线,就可在该提示下按〈Enter〉键结束该命令。

3."垂直(V)"选项

该选项用于绘制垂直构造线,其操作过程与绘制水平构造线方法类似。

4."角度(A)"选项

该选项用于绘制指定角度的构造线。下面以图 2-8 为例来说明该选项的操作过程。打开练习文件选 2-3,然后单击"绘图"工具栏中的"构造线"按钮。选择该选项,输入"A",按〈Enter〉键,系统继续提示:"输入构造线的角度(0.00)或[参照(R)]:"。在该提示下,输入角度值"60",按〈Enter〉键,系统继续提示:"指定通过点:"。在该提示下,捕捉图 2-8 中的 A 点,系统将通过点 A,绘制一条 60°方向的构造线,并继续提示:"指定通过点:",在该提示下按〈Enter〉键结束该命令。

5."二等分(B)"选项

该选项可通过三点来确定构造线,下面以图 2-9 为例说明该选项的操作过程。选择该选项,输入"B",按〈Enter〉键,系统继续提示:

"指定角的顶点:",在该提示下,捕捉图 2-9 中的 B 点,系统继续提示:

"指定角的起点:",在该提示下,捕捉图 2-9 中的 C 点,系统继续提示:

"指定角的端点:",在该提示下,捕捉图 2-9 中的 D 点,系统将通过点 A,绘制一条将 BA 和 BC 构成的夹角平分的构造线,并继续提示:

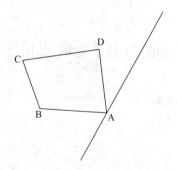 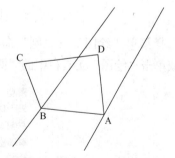

图 2-8 绘制指定角度的构造线　　　　　　图 2-9 通过二等分绘制构造线

"指定角的端点:",在该提示下按 〈Enter〉键结束该命令。

6."偏移(O)"选项

该选项用于绘制与已有直线平行且与之有一定距离的构造线。选择该选项,输入"O",按〈Enter〉键,系统继续提示:

"指定偏移距离或[通过(T)]<通过>:",在该提示下,输入偏移的距离,按〈Enter〉键,系统继续提示："选择直线对象："，在该提示下，选择偏移的参考线，系统继续提示：

"指定向哪侧偏移："，在该提示下，移动光标在偏移的参考线左侧或右侧拾取点，系统将绘制出与参考线平行且与参考线偏移一定距离的一条构造线，并继续提示："选择直线对象："，在该提示下，按〈Enter〉键，结束该命令。

2.3 圆类图形绘制

在 AutoCAD 2014 中，圆、圆弧、椭圆和椭圆弧等都属于曲线对象，其绘制方法比绘制直线对象复杂，且绘制的方法也比较多。

2.3.1 绘制圆

无论是在机械行业、建筑行业还是在电子行业，圆的使用频率都非常高，圆是工程图中一种常见的基本实体。在 AutoCAD 2014 中，根据实际的已知条件，可以使用六种方式绘制圆，如图 2-10 所示。

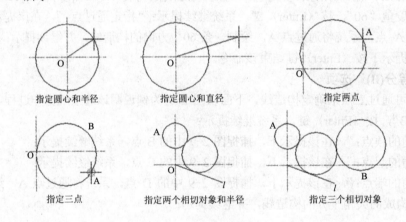

图 2-10　六种方式绘制圆

选择菜单"绘图"→"圆"命令，系统将弹出绘制圆的下一级子菜单，如图 2-11 所示；或单击"绘图"工具栏中的"圆"按钮⊙。

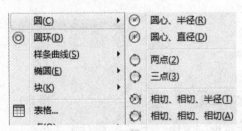

图 2-11　圆的子菜单

1. 根据圆心和半径绘制圆

这是系统默认的方法，下面以图 2-12 为例，说明此方法的操作过程。

新建图形文件，单击"绘图"工具栏中的"圆"按钮⊙，系统提示："circle 指定圆的

圆心或 [三点(3P)/两点(2P)/切点、切点、半径(T)]:"，输入圆心坐标（50，50），按〈Enter〉
键，系统继续提示："指定圆的半径或[直径(D)]:"在该提示下，输入圆的半径"50"，按
〈Enter〉键。通过以上的操作，系统绘制出以点（50，50）为圆心、以 50 为半径的圆，如
图 2-12 所示。

在"指定圆的半径或[直径(D)]:"提示下，也可移动十字
光标至合适位置单击，系统将自动把圆心和十字光标确定的点
之间的距离作为圆的半径，绘制出一个圆。

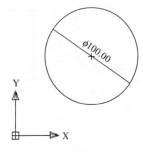

技巧：系统将用此方法绘制的圆的半径将作为下一次绘制
圆时的默认值，如果再绘制同样大小的圆，只需确定圆心，当
系统提示输入半径时，直接按〈Enter〉键即可。此方法也适
用于根据圆心和直径绘制圆的情况。

图 2-12　根据圆心和半径绘制圆

2. 根据圆心和直径绘制圆

下面以图 2-12 为例，说明此方法的操作过程。

在"circle 指定圆的圆心或 [三点(3P)/两点(2P)/切点、切点、半径(T)]:"的提示下确定
圆心（50，50），按〈Enter〉键，系统继续提示：

"指定圆的半径或 [直径(D)] <50.0000>:"输入字母"d"，按〈Enter〉键，系统继续提示：

"指定圆的直径:"，在该提示下输入"100"，按〈Enter〉键。

通过以上的操作，系统绘制出以点（50，50）为圆心、以 100 为直径的圆，如图 2-12 所示。

3. 根据三点绘制圆

下面根据图 2-13a 中已给的三角形作出该三角形的外接圆。

在"circle 指定圆的圆心或 [三点(3P)/两点(2P)/切点、切点、半径(T)]: _3p 指定圆的第
一个点:"的提示下输入"3P"，按〈Enter〉键。系统继续提示：

"指定圆上的第一个点:"，在该提示下拾取三角形的顶点 A。系统继续提示：

"指定圆上的第二个点:"，在该提示下拾取三角形的顶点 B。系统继续提示：

"指定圆上的第三个点:"，在该提示下拾取三角形的顶点 C。

通过以上操作，系统绘制出通过三角形三个顶点 A、B 和 C 的圆，如图 2-13b 所示。

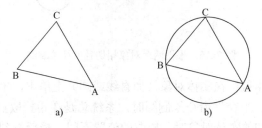

图 2-13　根据三点绘制圆

4. 根据两点绘制圆

根据图 2-14a 已给的矩形，作出与该矩形上下边中点相切的圆。

在"circle 指定圆的圆心或 [三点(3P)/两点(2P)/切点、切点、半径(T)]: _2p 指定圆直径
的第一个端点:"的提示下输入"2p"，按〈Enter〉键。系统继续提示：

"指定圆直径的第一个端点："，在该提示下拾取矩形的上边中点 A 点。系统继续提示：

"指定圆直径的第二个端点："，在该提示下拾取矩形的下边中点 B 点。通过以上的操作，系统绘制出与矩形上下边中点相切的圆，如图 2-14b 所示。

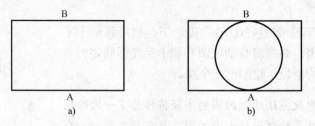

图 2-14　根据两点绘制圆

5. 绘制与两个对象相切且半径为给定值的圆

下面以图 2-15 为例，作出已知半径并与两个已知圆相切的圆。

在"指定圆的圆心或 [三点(3P)/两点(2P)/切点、切点、半径(T)]: _ttr,"系统继续提示：

"CIRCLE 指定对象与圆的第一个切点："，在该提示下，选择第一个与圆相切的图形对象，在第一个圆的 A 处单击。系统继续提示：

"指定对象与圆的第二个切点："，在该提示下，选择第二个与圆相切的图形对象，在第二个圆的 B 处单击。系统继续提示：

"指定圆的半径 <20.0000>："，在该提示下输入"10"，按〈Enter〉键。

通过以上的操作，系统绘制出与两个圆相切、半径为 10 的圆，如图 2-15 所示。

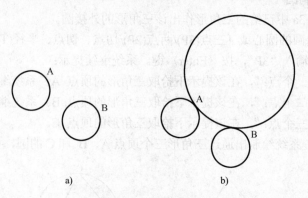

图 2-15　根据两个对象相切且半径绘制圆

选择实体对象就是用鼠标在实体对象（如直线或圆）上单击，单击处即为拾取点。

使用"相切、相切、半径"命令绘制圆时，系统总是在距拾取点最近的部位绘制相切的圆。因此，拾取与圆相切的实体对象时，拾取的位置不同，最后得到的结果有可能不同。

在选择的实体对象为两条平行线，或选择的实体对象为两个圆，同时输入的公切圆半径值太小的情况下，系统将在命令提示行中报告"圆不存在"的操作错误信息。

6. 绘制与三个对象相切的圆

下面以图 2-16 为例，根据图 2-16a 给出的三角形作出该三角形的内切圆。

选择"绘图"→ "圆" →"相切、相切、相切"命令，系统提示：

"CIRCLE 指定圆的圆心或[三点(3P)/两点(2P)/切点、切点、半径(T)]：_3p 指定圆上的第一个点：_tan 到"，在该提示下，选取第一个与圆相切的对象，在三角形的一条边上单击。系统继续提示：

"指定圆上的第二个点：_tan 到"，在该提示下，选取第二个与圆相切的对象，在三角形的第二条边上单击。系统继续提示：

"指定圆上的第三个点：_tan 到"，在该提示下，在三角形的第三条边上单击。

通过以上的操作，系统绘制出三角形的内切圆，如图 2-16b 所示。

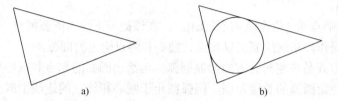

a)   b)

图 2-16　绘制与三个对象相切的圆

2.3.2　绘制圆弧

圆弧是工程图中的一种重要实体，AutoCAD 2014 根据实际绘图的已知条件提供了多种绘制圆弧的方式。

选择菜单"绘图"→"圆弧"命令，系统将弹出绘制圆弧的下一级子菜单，如图 2-17 所示。以下重点介绍几种常用的绘制圆弧的方式。

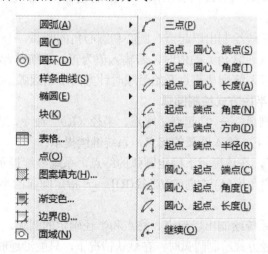

图 2-17　绘制圆弧子菜单

1. 用三点方式绘制圆弧

选择菜单"绘图"→"圆弧"→"三点（P）"命令或单击"绘图"工具栏中的"圆弧"按钮，在"ARC 指定圆弧的起点或 [圆心(C)]："的提示下，输入圆弧的起点，系统继续提示：

"指定圆弧的第二个点或 [圆心(C)/端点(E)]:",在该提示下,输入圆弧的第二个点,系统继续提示:

"ARC 指定圆弧的端点:",在该提示下,输入圆弧的终点。

通过以上的操作,系统绘制出通过三点的圆弧。

2. 用起点、圆心、端点方式绘制圆弧

选择菜单"绘图"→"圆弧"→"起点、圆心、端点(S)"命令,在"ARC 指定圆弧的起点或[圆心(C)]:"的提示下,输入圆弧的起点系统继续提示:

"指定圆弧的第二个点或[圆心(C)/端点(E)]:_c 指定圆弧的圆心:",在该提示下确定圆心,系统继续提示:

"指定圆弧的端点或 [角度(A)/弦长(L)]:",在该提示下输入圆弧的终点。

通过以上的操作,系统绘制出以起点、圆心和终点确定的圆弧,

系统默认的方式是按逆时针方向绘制圆弧。当给出圆弧的起点和圆心后,圆弧的半径已经确定,终点只决定圆弧的长度范围,圆弧截止于圆心和终点的连线上或圆心和终点连线的延长线上。

3. 用起点、圆心、角度方式绘制圆弧

这里的角度是指圆弧所对应的圆心角。选择菜单"绘图"→"圆弧"→"起点、圆心、角度(T)"命令,在"ARC 指定圆弧的起点或[圆心(C)]:"的提示下,输入圆弧的起点,系统继续提示:

"指定圆弧的第二个点或[圆心(C)/端点(E)]:_c 指定圆弧的圆心:",在该提示下确定圆心,系统继续提示:

"指定圆弧的端点或[角度(A)/弦长(L)]:_a 指定包含角:",在该提示下输入角度,按〈Enter〉键。

通过以上的操作,系统绘制出以起点、圆心和圆心角的圆弧。

按提示输入圆心角(包含角)的值时,若输入值为正,系统从起点开始沿逆时针方向绘制圆弧;若输入值为负,系统则从起点开始沿顺时针方向绘制圆弧。

4. 用起点、端点、半径方式绘制圆弧

选择"绘图"→"圆弧"→"起点、端点、半径(R)"命令,在"ARC 指定圆弧的起点或[圆心(C)]:"的提示下,输入圆弧的起点,系统继续提示:

"指定圆弧的端点:",在该提示下确定圆弧的终点,系统继续提示:

"指定圆弧的圆心或[角度(A)/方向(D)/半径(R)]:_r 指定圆弧的半径:",在该提示下输入半径,按〈Enter〉键。

通过以上的操作,系统绘制出以起点、终点和半径确定的圆弧。

用起点、终点、半径方式绘制圆弧时,在默认情况下,只能沿逆时针方向绘制圆弧。若输入的半径值为正,系统则绘制出小于180°的圆弧。反之,系统将绘制出大于180°的圆弧。

2.3.3 绘制椭圆

椭圆的形状是由中心点、椭圆长轴和短轴三个参数来确定的。

选择"绘图"→"椭圆"命令,系统将弹出绘制椭圆的下一级子菜单,如图 2-18 所示,根据该子菜单可以选择绘制椭圆的方法。

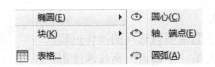

图 2-18　椭圆子菜单

1."圆心(C)"选项

该选项用于先确定椭圆的中心,然后再根据椭圆的长短轴绘制椭圆。下面以图 2-19 为例,说明该方法的操作过程。

选择"绘图"→"椭圆"→"圆心（C）"命令,系统提示:"指定椭圆的中心点:",在该提示下,确定椭圆的中心点 O。系统继续提示:

"指定轴的端点:",在该提示下,确定椭圆长轴的端点 A。系统继续提示:"指定另一条半轴长度或[旋转(R)]:",在该提示下,输入椭圆的另一个半轴长度值"10",按〈Enter〉键,系统将绘制出如图 2-19 所示的以 O 点为中心、长轴为 50、短轴为 20 的椭圆。

2."轴、端点(E)"选项

该选项用于根据椭圆的长短轴或椭圆的长轴及椭圆绕长轴并以椭圆圆心为旋转中心旋转的角度来绘制椭圆。下面以图 2-20 为例,说明该方法的操作过程。

在"指定椭圆的轴端点或[圆弧(A)/中心点(C)]:"的提示下,直接确定 A 点。系统继续提示:

"指定轴的另一个端点:",在该提示下,输入 B 点(AB 之间的距离等于椭圆的长轴)。系统继续提示:

"指定另一条半轴长度或[旋转(R)]:",在该提示下,输入椭圆的短半轴长度值"6",按〈Enter〉键,系统将绘制出如图 2-20 所示的以 AB 为长轴、短轴为 6 的椭圆,并结束该命令。

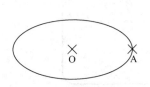

图 2-19　用"圆心"选项绘制椭圆

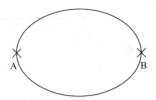

图 2-20　用"轴、端点"选项绘制椭圆

2.4　矩形和正多边形的绘制

矩形是多边形的一种,在绘图中比较常用。利用 AutoCAD 2014,可以方便地绘制各种形状的矩形和正多边形。

2.4.1　绘制矩形

选择"绘图"→"矩形"命令或单击"绘图"工具栏中的"矩形"按钮，系统提示:

"指定第一个角点或 [倒角(C)/标高(E)/圆角(F)/厚度(T)/宽度(W)]:"

下面分别说明上述提示中各选项的含义和操作过程。

1. "指定第一角点"选项

这是系统的默认选项。下面说明该选项的操作过程。

在上述提示下，直接输入第一个角点，系统继续提示；

"指定另一个角点或[面积(A)/尺寸(D)/旋转(R)]:"，在该提示下直接输入另一个角点，按〈Enter〉键，系统将以上述两个点为对角线绘制出一个矩形，并结束该命令。如果在该提示下输入"D"，按〈Enter〉键，系统将继续提示：

"指定矩形的长度<0.0000>:"，在该提示下输入长度，按〈Enter〉键，系统继续提示：

"指定矩形的宽度<0.0000>:"，在该提示下输入宽度，按〈Enter〉键，系统继续提示：

"指定另一个角点或[面积(A)/尺寸(D)/旋转(R)]:"，在该提示下，移动光标在某一点的右上方单击。

如果在"指定另一个角点或 [面积(A)/尺寸(D)/旋转(R)]:"的提示下输入"R"，按〈Enter〉键，系统继续提示：

"指定旋转角度或[拾取点(P)]<0>:"，在该提示下输入旋转角度，按〈Enter〉键，系统继续提示："指定另一个角点或[面积(A)/尺寸(D)/旋转(R)]"，在该提示下输入"D"，按〈Enter〉键，系统继续提示：

"指定矩形的长度<0.0000>:"，在该提示下输入长度，按〈Enter〉键，系统继续提示：

"指定矩形的宽度<0.0000>:"，在该提示下输入宽度，按〈Enter〉键，系统继续提示：

"指定另一个角点或 [面积(A)/尺寸(D)/旋转(R)]:"，在该提示下，移动光标在某一点的右下方单击，系统将绘制矩形，并结束该命令。

2. "倒角(C)"选项和"圆角(F)"选项

（1）"倒角(C)"选项用于绘制四个角有相同斜角的矩形，如图 2-21a 所示。

（2）"圆角(F)"选项用于绘制四个角有相同圆角的矩形，如图 2-21b 所示。

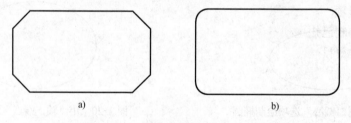

a)   b)

图 2-21　绘制具有倒角和倒圆的矩形

3. "宽度(W)"选项

该选项用于绘制一个重新指定线宽的矩形。下面以图 2-22 为例，说明该选项的操作过程。

在"指定第一个角点或 [倒角(C)/标高(E)/圆角(F)/厚度(T)/宽度(W)]:"的提示下，输入"W"，按〈Enter〉键。系统继续提示：

"指定矩形的线宽<0.0000>:"，在该提示下输入"2"，按〈Enter〉键。系统继续提示：

"指定第一个角点或[倒角(C)/标高(E)/圆角(F)/厚度(T)/宽度(W)]:"，在该提示下直接输入 A 点。系统继续提示；

"指定另一个角点或[面积(A)/尺寸(D)/旋转(R)]:"，在该提示下直接输入 B 点，按〈Enter〉

键，系统将以 A 点和 B 点为对角线绘制出一个如图 2-22 所示的线宽为 2 的矩形，并结束该命令。

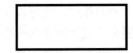

图 2-22　绘制具有线宽的矩形

用矩形命令绘制出的矩形是一个整体，与用直线命令绘制出的矩形不同。在执行该命令时所设置的选项内容将作为系统默认选项数值（例如倒角、圆角等），下次绘制矩形时仍按上次的设置绘制，直至用户重新设置为止。

2.4.2　绘制正多边形

在 AutoCAD 2014 中，无论正三角形还是正方形，其绘制方法都是相同的，只是在指定绘制边数时，输入的边数不同而已。

正多边形在工程制图中的用途非常广泛，AutoCAD 2014 提供了绘制正多边形的命令，利用该命令可以快速、方便地绘制出任意正多边形。

选择"绘图"→"正多边形"命令或单击"绘图"工具栏中的"正多边形"按钮〇，系统提示："输入侧面数<4>:"，在该提示下，输入要绘制正多边形的边数并按〈Enter〉键，系统继续提示：

"指定正多边形的中心点或[边(E)]:"，该提示有两个选项，下面分别说明这两个选项的含义及操作过程。

1. "指定正多边形的中心"选项

该选项是使用正多边形的外接圆或内切圆来绘制正多边形的。选择该选项，在上述提示下直接输入一点，该点即为正多边形的中心。中心确定后，系统继续提示："输入选项[内接于圆(I)/外切于圆(C)]<I>:"。

"内接于圆(I)"选项用于借助正多边形的外接圆来绘制正多边形。

"外切于圆(C)"选项用于借助正多边形的内切圆来绘制正多边形。

2. "边(E)"选项

该选项用于绘制已知边长的正多边形。下面说明该选项的操作过程。

在"输入边的数目<4>:"的提示下，输入"6"，按〈Enter〉键。系统继续提示：

"指定正多边形的中心点或 [边(E)]:"，在该提示下输入"E"，按〈Enter〉键。系统继续提示：

"指定边的第一个端点:"，在该提示下确定第一个端点。系统继续提示：

"指定边的第二个端点:"，在该提示下输入第二个端点的坐标，系统将绘制出以两端点长度为边长的正六边形，并结束该命令。

用绘制正多边形的命令绘制出的正多边形也是一个整体（属于多段线，有关多段线的知识将在后续章节中介绍）。利用边长绘制正多边形时，绘制出的正多边形的位置和方向与用户确定的两个端点的相对位置有关。用户确定的两个点之间的距离即为多边形的边长，这两个点可以用捕捉栅格或相对坐标的方法确定。

2.5　编辑二维图形

仅掌握绘图命令是不够的，一般而言还必须对绘制的基本对象进行各种编辑才能满足绘图的需求。AutoCAD 2014 具有强大的图形编辑和修改功能，这在设计和绘图的过程中发挥了重要的作用，它可以帮助用户合理地构造与组织图形，大大减少了绘图时的重复工作，从而提高了设计和绘图效率。利用 AutoCAD 2014 的编辑功能，可以对各种图形进行删除与恢复，改变其位置和大小、复制、镜像、偏移，及阵列等操作，从而大大提高了绘图速度。

2.5.1　选取图形对象

要对绘制的图形进行编辑，首先必须选择要编辑的图形对象，然后才能进行编辑操作。在执行某些编辑命令过程中，命令行出现"选择对象："的提示，AutoCAD 2014 的许多编辑修改命令都有这样的提示，要求用户从屏幕上的绘图窗口中选取要编辑修改的图形实体对象，被选中的图形对象将用虚线显示，选择了图形对象后，命令行将反复出现"选择对象："的提示，可以继续选择图形对象，直到按〈Enter〉结束图形对象的选择，而这些被选择的图形对象也就构成了选择集。在命令行出现"选择对象："的提示时，十字光标将变成一个小方块（称为拾取框）。AutoCAD 2014 提供了多种实体对象的选择方式，下面将详细介绍。

1. 直接点取方式

这是系统默认的一种选择实体方式，点选对象是最简单、也是最常用的选择方式；选择方法是在"选择对象："的提示下，当需选择某个对象时，直接用十字光标在绘图区中单击该对象即可，连续单击不同的对象则可同时选择多个对象。选中的对象将以虚线形式显示，如图 2-23 所示。

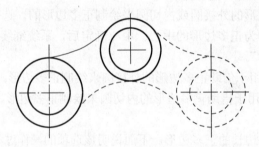

图 2-23　虚线表示已选中

2. 默认窗口方式

当命令行出现"选择对象："的提示时，如果将拾取框移动到图形窗口空白处单击鼠标左键，系统接着提示"指定对角点："，此时，将光标移动到另一位置后单击，系统会自动以这两个点为对角点确定一个默认的矩形选择窗口。

使用默认的矩形选择窗口选择对象有两种不同的操作方式，其选择的结果也不同。

1）用从左向右的方式确定矩形选择窗口，矩形窗口显示为实线，此时，只有完全在矩形窗口内的图形对象才被选中（相当于窗口方式），如图 2-24 所示，此方式叫作完全窗口。

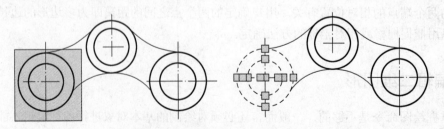

图 2-24　从左向右的方式选择窗口

2）用从右向左的方式确定矩形选择窗口，矩形窗口显示为虚线，此时，只要图形对象有一部分在矩形窗口内，该图形对象将被选中（相当于交叉窗口方式），如图 2-25 所示，此方式叫作交叉窗口。

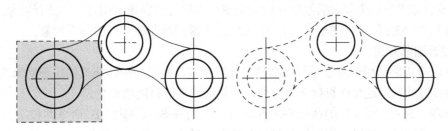

图 2-25　从右向左的方式选择窗口

3. 交叉窗口和交叉多边形方式

1）交叉窗口方式表示选取某矩形窗口内部及与窗口相交的所有图形对象，其操作步骤如下。

在"选择对象："的提示下输入"C"，按〈Enter〉键。系统继续提示："指定第一个角点："，在该提示下，确定矩形窗口的第一角点。系统继续提示：

"指定对角点："，在该提示下，确定矩形窗口的另一角点。

通过以上操作，所有在矩形窗口内部及与窗口相交的图形对象均被选中。交叉窗口方式下选择对象与默认窗口方式下的交叉窗口方式选择对象的方法相同。

2）交叉多边形方式表示选取某多边形内部及与窗口相交的所有图形对象，其操作步骤如下。

在"选择对象："的提示下输入"CP"，按〈Enter〉键。系统继续提示：

"第一圈围点："，在该提示下，确定多边形第一条边的起点。系统继续提示：

"指定直线的端点或[放弃(U)]："，在该提示下，确定第一条边的终点。系统继续提示：

"指定直线的端点或[放弃(U)]："，在该提示下，确定多边形第二条边的终点（系统默认将第一条边的终点作为第二条边的起点）。系统将继续提示：

"指定直线的端点或[放弃(U)]："，在不断出现的该提示下，用户可以连续确定多边形的各个边，直到按〈Enter〉键结束为止。

通过以上操作，所有在多边形内部及与多边形的边相交的图形对象均被选中，如图 2-26 所示。

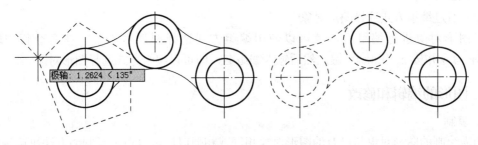

图 2-26　交叉多边形方式选择窗口

4. 全部方式和最后方式

1）全部方式表示要选取当前图形的所有对象，其操作步骤是在"选择对象："的提示下，输入"ALL"，按〈Enter〉键，系统将选中当前图形中的所有对象。

2）最后方式表示选取最后绘制在图中的图形对象，其操作步骤是在"选择对象："的提示下，输入"LAST"，按〈Enter〉键，系统将选中最后绘制在图中的图形对象。

5. 栏选图形方式

以栏选方式选择图形对象时可以拖拽出任意折线，凡是与折线相交的图形对象均会被选中，利用该方式选择连续性目标非常方便，但栏选线不能封闭或相交。

当出现"选择对象："的命令提示时，在命令行中输入 FENCE 命令并按下〈Enter〉键，即可在绘图区中绘制任意折线对目标对象进行栏选，如图 2-27 所示。

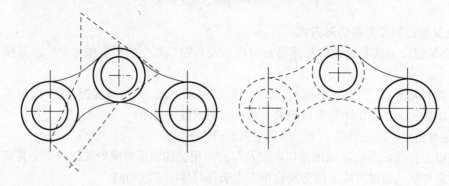

图 2-27　栏选方式选择窗口

6. 选择编组中的对象

在编辑图形对象的过程中，经常需要选择几个图形对象，这时可以将几个对象编为一个组，然后使用编组方式快速选择已编组的图形对象，从而提高绘图效率。

（1）编组对象

使用编组方式选择图形对象之前，首先需要将图形对象编组。编组对象的操作是通过GROUP 命令来完成的。执行该命令后，系统提示："选择对象或[名称(N)/说明(D)]:"，在该提示下，输入"N"并按〈Enter〉键。系统继续提示：

"输入编组名或[?]:"，输入编组的名称，按〈Enter〉键。系统继续提示：

"选择对象或[名称(N)/说明(D)]:"，选择要编组的图形对象，按〈Enter〉键，完成对图形对象的编组。

（2）通过编组方式选择图形对象

对图形对象进行编组后，就可以使用编组方式选择图形对象了。在命令行中输入GROUP 命令并按下〈Enter〉键，然后输入编组名，即可以编组方式选择图形对象。

2.5.2　图形的编辑和修改

1. 复制

当需绘制的图形对象与已有的图形对象相同或相似时，可以通过复制的方法快速生成相同的图形，再对其稍作修改或调整位置即可，从而提高绘图效率。复制命令用于将选定的图形对象一次或多次重复绘制。

选择"修改"→"复制"命令或单击"修改"工具栏中的"复制"按钮🔄，系统提示：

"选择对象："该提示要求用户选取要复制的图形对象，选取图形对象并按〈Enter〉键确认。系统继续提示：

"指定基点或[位移(D)/模式(O)]<位移>："

1）在该提示下选择复制对象的基准点。系统继续提示：

"指定第二个点或[阵列(A)]<使用第一个点作为位移>："，该提示要求用户确定复制图形对象的目的点，在该提示下给出目的点，系统即可将选定的图形对象复制出一个且重复提示"指定第二个点或[阵列(A)/退出(E)/放弃(U)]<退出>："，在该提示下，可以反复复制所选的图形对象，直到直接按〈Enter〉键结束复制命令。

2）如果在"指定基点或 [位移(D)/模式(O)]<位移>："的提示下输入"D"，按〈Enter〉键。系统将以坐标原点作为位移的第一点，并继续提示：

"指定位移<0.0000，0.0000，0.0000>："，在该提示下给出位移的第二点，系统将以坐标原点和用户给出的第二点之间的位移复制出新的图形对象并结束该命令。

3）如果在"指定基点或 [位移(D)/模式(O)]<位移>："的提示下输入"O"，按〈Enter〉键。系统继续提示：

"输入复制模式选项 [单个(S)/多个(M)]<多个>："，在该提示下选择是单个复制还是多个复制，选择完毕后，系统回到提示"指定基点或[位移(D)/模式(O)]<位移>："。

2. 镜像

镜像是将用户所选择的图形对象向相反的方向进行对称的复制，实际绘图时常用于对称图形的绘制。

选择"修改"→"镜像"命令或单击"修改"工具栏中的"镜像"按钮🔱，系统提示："选择对象："，在该提示下，选择要镜像复制的图形对象，按〈Enter〉键。系统继续提示：

"指定镜像线的第一点："，该提示要求确定镜像线上的第一点，确定第一点后。系统继续提示：

"指定镜像线的第二点："，该提示要求确定镜像线上的第二点。确定第二点后，系统继续提示：

"是否删除源对象？[是(Y)/否(N)]<N>："，该提示询问是否要删除原来的对象，系统默认的选项是保留原来的图形对象，如果决定要删除原来的对象，可在该提示下输入"Y"，按〈Enter〉键。

通过上述的过程即可完成图形对象的镜像复制，图 2-28 所示为镜像的实例。

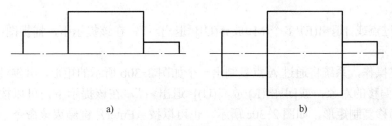

图 2-28　图形对象的镜像

a) 镜像前的图形　b) 镜像后的结果

3. 偏移

偏移命令主要用于平行复制一个与选定图形对象相类似的新对象，并把它放置到指定的、与选定图形对象有一定距离的位置。

选择"修改"→"偏移"命令或单击"修改"工具栏中的"偏移"按钮🗅，系统提示："指定偏移距离或[通过(T)/删除(E)/图层(L)]<通过>:"，下面说明该提示中各选项的含义和操作过程。

1）"指定偏移距离"选项是系统的默认选项，用于通过指定偏移距离来偏移复制图形对象，下面以图 2-29 为例，说明该选项的操作过程。

在"指定偏移距离或[通过(T)/删除(E)/图层(L)]<通过>:"的提示下，输入"5"，按〈Enter〉键。系统继续提示：

"选择要偏移的对象，或[退出(E)/放弃(U)]<退出>:"，在该提示下选择图 2-29a 中的直线。系统继续提示：

"指定要偏移的那一侧上的点，或[退出(E)/多个(M)/放弃(U)]<退出>:"，在该提示下，移动光标至直线的下侧单击，如图 2-29a 所示。

经过以上的操作，系统将平行复制出一条位于选定直线下移 5 的新直线，如图 2-29b 所示。并继续提示：

"选择要偏移的对象，或[退出(E)/放弃(U)]<退出>:"，在该提示下，可以按照上面的操作过程继续偏移直线，如图 2-29c 所示，也可以按〈Enter〉键结束该命令。

在实际绘图时，利用直线的偏移可以快捷地解决平行轴线、平行轮廓线之间的定位问题。

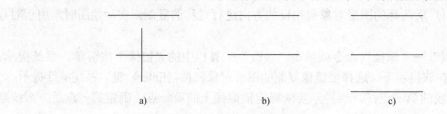

图 2-29　指定距离进行偏移

2）"通过(T)"选项用于确定通过点来偏移复制图形对象。下面以图 2-30 为例，说明该选项的操作过程。

在"指定偏移距离或[通过(T)/删除(E)/图层(L)] <通过>:"的提示下，输入"T"按〈Enter〉键或直接按〈Enter〉键。系统继续提示：

"选择要偏移的对象，或[退出(E)/放弃(U)]<退出>:"，在该提示下，选取图中的矩形。系统继续提示：

"指定通过点或 [退出(E)/多个(M)/放弃(U)]<退出>:"，在该提示下，捕捉图中的 A 点，如图 2-30a 所示。

通过上述操作，系统将通过 A 点复制出一个如图 2-30b 所示的矩形，并继续提示：

"选择要偏移的对象，或[退出(E)/放弃(U)]<退出>:"，在该提示下，可以按照上面的操作过程继续偏移复制矩形，如图 2-30c 所示，也可以按〈Enter〉键结束该命令。

3）"删除(E)"选项用于设置在偏移复制新图形对象的同时是否要删除被偏移的图形对象。

4）"图层(L)"选项用于设置偏移复制新图形对象的图层是否和源对象相同。

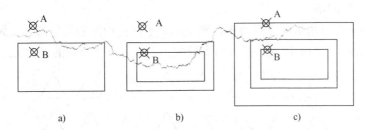

a)   b)   c)

图 2-30　指定通过点进行偏移

4. 阵列

在实际工程设计绘图时，经常会碰到数量很多且结构完全相同的图形对象。绘制这些图形对象时，除可以用复制命令外，对于呈规律分布的图形对象（例如机械零件中呈圆周状态均匀分布的小圆孔等结构）来说，也可以用阵列命令进行多个复制。对于创建多个定间距的相同图形对象来说，阵列要比复制更简单、更快捷。

（1）矩形阵列

选择"修改"→"阵列"→"矩形阵列"命令或单击"修改"工具栏中的"阵列"按钮，系统提示："选择对象:"，选择要阵列的对象，单击鼠标右键或者按〈Enter〉键。系统继续提示：

"选择夹点以编辑阵列或 [关联(AS)/基点(B)/计数(COU)/间距(S)/列数(COL)/行数(R)/层数(L)/退出(X)] <退出>: "，下面说明该提示中各选项的含义和操作过程。

1）关联(AS)：指定阵列后得到的对象（包括原对象）是关联的还是独立的。如果选择关联，阵列后得到的对象（包括原对象）是一个整体，否则阵列后个图形对象为独立的对象。输入"AS"，按〈Enter〉键。系统继续提示：

"创建关联阵列 [是(Y)/否(N)] <否>:"，Y 表示创建关联，N 表示不关联，根据需要选择即可。

以"关联"方式阵列后，可通过分解功能将其分解，即取消关联（通过菜单的"修改"→"分解"命令实现）。

2）计数(COU)：指定阵列的行数和列数。输入"COU"，按〈Enter〉键。系统继续提示：

"输入列数数或 [表达式(E)] <4>:"，用于输入阵列列数，也可以通过表达式确定列数。输入"8"，按〈Enter〉键。系统继续提示：

"输入行数数或 [表达式(E)] <3>:"，用于输入阵列行数，也可以通过表达式确定行数，输入"3"，按〈Enter〉键。

3）间距(S)：设置阵列的列间距和行间距。输入"S"，按〈Enter〉键。系统继续提示：

"指定列之间的距离或 [单位单元(U)]:"，用于指定列间距，输入距离，按〈Enter〉键。系统继续提示：

"指定行之间的距离:"，用于指定行间距，输入距离，按〈Enter〉键。系统继续提示：

"选择夹点以编辑阵列或 [关联(AS)/基点(B)/计数(COU)/间距(S)/列数(COL)/行数(R)/层数(L)/退出(X)] <退出>:"。

4）列数(COL)、行数(R)、层数(L)：分别设置阵列的列数、列间距；行数、行间距；层数（三维阵列）、层间距。

图 2-31 所示为三角形的阵列效果，图中的多个样式相同的窗户就是首先绘制出一个位置窗户的详细结构，然后利用矩形阵列命令阵列出其他有规律分布的多个窗户。

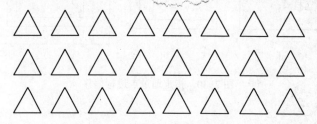

图 2-31 "矩形阵列"效果

（2）环形阵列

环形阵列是指将选定的对象围绕指定的圆心实现多重复制。如图 2-32 所示即为一个环形阵列示例。

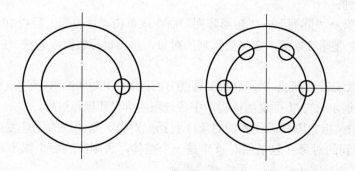

图 2-32 环形阵列示例

用于实现环形阵列的命令是 ARRAYPOLAR，选择"修改"→"阵列"→"环形阵列"命令，系统提示："选择对象："，选择要阵列的对象，单击鼠标右键或者按〈Enter〉键。系统继续提示：

"指定阵列的中心点或 [基点(B)/旋转轴(A)]："，"指定阵列的中心点"选项用于确定环形阵列时的阵列中心点。选择阵列的中心点，系统继续提示：

"选择夹点以编辑阵列或 [关联(AS)/基点(B)/项目(I)/项目间角度(A)/填充角度(F)/行(ROW)/层(L)/旋转项目(ROT)/退出(X)] <退出>："。

其中，"项目(I)"选项用于设置阵列后所显示的对象数目；"项目间角度(A)"选项用于设置环形阵列后相邻两对象之间的夹角；"填充角度(F)"选项用于设置阵列后第一个和最后一个项目之间的角度。

5. 移动

在 AutoCAD 2014 的绘图过程中，不必像手工绘图那样为考虑图面布局工作而花费很多时间，如果出现了图形相对于图形界限定位不当的情况，只需使用移动命令即可方便地将部分图形或整个图形移到图形界限中的适当位置。

下面以图 2-33 为例，说明利用移动命令将图 2-33a 中的正方形移动到正六边形右下方的操作方法。

选择"修改"→"移动"命令或单击"修改"工具栏中的"移动"按钮✛，系统提示："选择对象："，在该提示下选择图 2-33a 中的正方形并按〈Enter〉键。系统继续提示：

"指定基点或[位移(D)]<位移>："，在该提示下，利用覆盖捕捉方式捕捉正方形的一端点。系统继续提示：

"指定第二个点或<使用第一个点作为位移>："，在该提示下，利用覆盖捕捉方式捕捉正六边形中的右下方的任意一点，如图 2-33b 所示。

以上操作过程的结果如图 2-33c 所示。

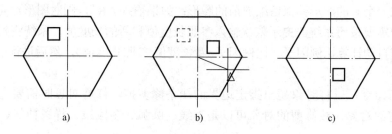

图 2-33　图形对象移动

6. 旋转

该命令用于将选中的图形对象绕指定的基准点旋转。

选择"修改"→"旋转"命令或单击"修改"工具栏中的"旋转"按钮⟳，系统提示："选择对象："，在该提示下，选择要进行旋转的图形对象，然后按〈Enter〉键。系统继续提示：

"指定基点："，在该提示下，指定图形旋转的中心点，然后按〈Enter〉键。系统继续提示：

"指定旋转角度，或[复制(C)/参照(R)]<0>："，在该提示下，输入图形旋转的角度后按〈Enter〉键，系统将用户选择的图形对象绕指定的中心点旋转输入的角度。

图 2-34b 为图 2-34a 以正六边形的中心为旋转中心，顺时针旋转 45° 后的图形。

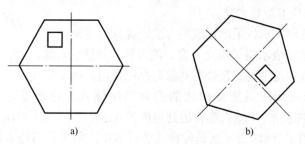

图 2-34　图形对象选择

7. 比例缩放

在绘图过程中，有时需要根据情况改变已绘制图形对象的大小和长宽比例等。如果删除原来的图形对象后重新绘制未免过于麻烦，这时可以通过 AutoCAD 2014 提供等比例缩放、拉伸和拉长等功能来调整图形对象的比例，以提高绘图效率。

比例缩放命令用于将选中的图形对象相对于基准点按用户输入的比例进行放大或缩小。

选择"修改"→"缩放"命令或单击"修改"工具栏中的"缩放"按钮 □。系统提示：

"选择对象："，在该提示下，选择要进行比例缩放的图形对象后，按〈Enter〉键。系统继续提示：

"指定基点："，在该提示下，选择图形缩放的基点。系统继续提示：

"指定比例因子或[复制(C)/参照(R)]："，在该提示下，输入比例因子，系统将用户选择的图形对象以基点为基准按输入的比例因子进行缩放。

如果在"指定比例因子或 [复制(C)/参照(R)]："的提示下输入"C"，系统对图形对象按比例缩放形成一个新的图形并保留缩放前的图形；如果输入"R"，则对图形对象进行参照缩放，这时用户需要按照系统的提示依次输入参照长度值和新的长度值，系统将根据参照长度与新长度的值自动计算比例因子（比例因子=新长度值/参照长度值），然后进行缩放。

8. 修剪

使用修剪命令可以将对象超出指定边界的线条修剪掉。修剪对象时需要先指定边界，再选择要修剪的对象，被修剪的对象可以是直线、圆弧、多段线、样条曲线、射线和构造线等。

选择"修改"→"修剪"命令或单击"修改"工具栏中的"修剪"按钮 ✂。系统提示：

"当前设置：投影=UCS，边=无选择剪切边……选择对象或 <全部选择>："

在上述提示下，选择作为修剪边的图形对象，修剪边可以同时选择多个，选择完毕后单击鼠标右键或按〈Enter〉键。系统继续提示：

"选择要修剪的对象，或按住〈Shift〉键选择要延伸的对象，或[栏选(F)/窗交(C)/投影(P)/边(E)/删除(R)/放弃(U)]："。

1）"选择要修剪的对象"选项是系统的默认选项。用户直接在绘图窗口选择图形对象后，系统将以该对象为目标、以选择的修剪边为边界对该对象进行剪切处理。

2）"按住〈Shift〉键选择要延伸的对象"选项用来提供延伸的功能。如果在按住〈Shift〉键的同时选择与修剪边不相交的图形对象，修剪边界将变成延伸边界，系统将用户选择的对象延伸至与修剪边界相交。

3）"栏选(F)"选项表示将采用栏选的方法选择修剪对象。

4）"窗交(C)"选项表示将采用交叉窗口的方法选择修剪对象。

5）"投影(P)"选项用于设置在修剪对象时系统使用的投影模式。

6）"边(E)"选项用于设置修剪边的隐含延伸模式。选择该选项，输入"E"，按〈Enter〉键，系统继续提示："输入隐含边延伸模式 [延伸(E)/不延伸(N)] <不延伸>："

① 选择"延伸(E)"选项表示按延伸模式进行修剪。如果修剪边太短，没有与被修剪对象相交，那么系统会假想地将修剪边延长，然后进行修剪，如图 2-35b 所示。

② 选择"不延伸(N)"选项表示按实际情况进行修剪。如果修剪边太短，没有与被修剪对象相交，那么被修剪对象则不进行修剪，如图 2-35c 所示。

7）"删除(R)"选项用于在修剪过程中删除图形对象。

8）"放弃(U)"选项用于取消上一次的修剪操作。

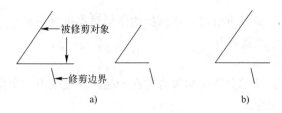

图 2-35　延伸与不延伸的修剪结果

9. 延伸

修剪和延伸命令可以说是一组作用相反的命令，使用延伸命令可以将直线、圆弧和多段线等对象的端点延长到指定的边界。

选择"修改"→"延伸"命令或单击"修改"工具栏中的"延伸"按钮┐╱，系统提示：

"当前设置：投影=UCS，边=无选择边界的边...选择对象或 <全部选择>："

在上述提示下，选择作为延伸边的图形对象，延伸边可以同时选择多个，选择完毕后单击鼠标右键或按〈Enter〉键，系统继续提示：

"选择要延伸的对象，或按住〈Shift〉键选择要修剪的对象，或 [栏选(F)/窗交(C)/投影(P)/边(E)/放弃(U)]："

1）"选择要延伸的对象"选项是系统的默认选项。直接在绘图窗口选择图形对象后，系统将以该对象为目标、以选择的延伸边为边界对该对象进行延伸处理。

2）"按住〈Shift〉键选择要修剪的对象"选项用来提供修剪的功能。如果在按住〈Shift〉键的同时选择与延伸边不相交的图形对象，延伸边界将变成修剪边界，系统将对用户选择的对象进行修剪。

"边(E)""栏选(F)""窗交(C)""投影(P)"和"放弃(U)"选项与修剪命令的同名选项含义相似，在此不再重述。

10. 打断

打断对象可以将直线、多段线、射线、样条曲线、圆和圆弧等对象分成两个对象或删除对象中的一部分。

选择"修改"→"打断"命令或单击"修改"工具栏中的"打断"按钮□，系统提示："选择对象："，在该提示下，选择要打断的图形对象。系统继续提示：

"指定第二个打断点或 [第一点(F)]："

1）"指定第二个打断点"选项是系统的默认选项。选择该选项，系统默认在"选择对象："的提示下选择的拾取点为第一个打断点，此时系统要求用户再指定第二个打断点，如果直接在所选对象上另外拾取一点或在所选对象外拾取一点，系统就会将所选图形对象上两个拾取点之间的部分删除。

2）"第一点(F)"选项用于重新确定第一个打断点。选择该选项，输入"F"，按〈Enter〉键。系统继续提示：

"指定第一个打断点："，在该提示下，在选择的图形对象上确定第一个打断点。系统继续提示：

"指定第二个打断点："，在该提示下，确定第二个打断点，系统将用户选择的图形对象上两个打断点之间的部分删除。

当用户选择的两个打断点重合时，所选择的图形对象虽然在显示上没有任何变化，但图形对象在打断点处实际已经被断开。

11. 合并

该命令用于将断开的几部分图形对象合并在一起，使其成为一个整体。合并对象与打断对象是一组效果相反的命令。

选择"修改"→"合并"命令或单击"修改"工具栏中的"合并"按钮 ，系统提示："选择源对象或要一次合并的多个对象："在该提示下，选择要合并一图形对象，单击鼠标右键或按〈Enter〉键。系统继续提示：

"选择要合并到源的直线："，在该提示下，确定第二个要合并的图形对象。系统继续提示：

"选择要合并到源的直线："，在该提示下，可以继续选取要合并的图形对象，如果单击鼠标右键或按〈Enter〉键，系统将用户前面选择的几部分图形对象进行合并后结束该命令。

如果合并直线，直线对象必须共线（位于同一无限长的直线上）；如果合并圆弧，圆弧对象必须位于同一假想的圆上；如果合并多段线，对象之间不能有间隙，并且必须位于与 UCS 的 XY 平面平行的同一平面上。

12. 倒角

机械类产品的边缘通常都不会设计成 90°的直角，这是为了避免因碰撞而损伤产品，以及边角伤害到使用者。因此，使用 AutoCAD 2014 绘制这些图样时，也需要为其边缘进行倒角或圆角处理。

倒角命令用于在两条不平行的直线或多段线创建有一定斜度的倒角。

选择"修改"→"倒角"命令或单击"修改"工具栏中的"倒角"按钮 ，系统提示："（"修剪"模式）当前倒角距离 1 = 0.0000，距离 2 = 0.0000

选择第一条直线或[放弃(U)/多段线(P)/距离(D)/角度(A)/修剪(T)/方式(E)/多个(M)]："

以上提示中的第一行说明了当前的倒角模式，其余行提示了该命令的几个选项。

1）"指定第一条直线"选项是系统的默认选项。选择该选项，直接在绘图窗口选取要进行倒角的第一条直线，系统继续提示：

"选择第二条直线，或按住〈Shift〉键选择要应用角点的直线："，在该提示下，选取要进行倒角的第二条直线，系统将会按照当前的倒角模式对选取的两条直线进行倒角。

如果按住〈Shift〉键选择直线或多段线，它们的长度将调整以适应倒角，并用 0 值替代当前的倒角距离。

2）"放弃(U)"选项用于恢复在命令执行中的上一个操作。

3）"多段线(P)"选项用于对整条多段线的各顶点处（交角）进行倒角。选择该选项，系统继续提示：

"选择二维多段线："，在该提示下，选择要进行倒角的多段线，选择结束后，系统将在多段线的各顶点处进行倒角。

"多段线(P)"选项也适用于矩形和正多边形。在对封闭多边形进行倒角时，采用不同方法画出的封闭多边形的倒角结果不同。若画多段线时用"闭合(C)"选项进行封闭，系统将在每一个顶点处倒角；若封闭多边形是使用点的捕捉功能画出的，系统则认为封闭处是断点，所以不进行倒角。

4）"距离(D)"选项用于设置倒角的距离。选择该选项，输入"D"，按〈Enter〉键。系统继续提示：

"指定第一个倒角距离 <0.0000>："，在该提示下，输入沿第一条直线方向上的倒角距离，按〈Enter〉键。系统继续提示：

"指定第二个倒角距离<5.0000>："，在该提示下，输入沿第二条直线方向上的倒角距离，按〈Enter〉键。系统返回提示：

"选择第一条直线或[放弃(U)/多段线(P)/距离(D)/角度(A)/修剪(T)/方式(E)/多个(M)]"在上述提示下，可以继续进行倒角的其他选项操作。

5）"角度(A)"选项用于根据第一个倒角距离和角度来设置倒角尺寸。选择该选项，系统继续提示：

"指定第一条直线的倒角长度<0.0000>："，在该提示下，输入第一条直线的倒角距离后按〈Enter〉键。系统继续提示：

"指定第一条直线的倒角角度<0>："，在该提示下，输入倒角边与第一条直线间的夹角后按〈Enter〉键。系统返回提示：

"选择第一条直线或[放弃(U)/多段线(P)/距离(D)/角度(A)/修剪(T)/方式(E)/多个(M)]："在上述提示下，可以继续进行倒角的其他选项操作。

6）"修剪(T)"选项用于设置进行倒角时是否对相应的被倒角边进行修剪。选择该选项，系统继续提示：

"输入修剪模式选项[修剪(T)/不修剪(N)]<修剪>："

① 选择"修剪(T)"选项，在倒角的同时对被倒角边进行修剪，如图 2-36b 所示。

② 选择"不修剪(N)"选项，在倒角时不对被倒角边进行修剪，如图 2-36c 所示。

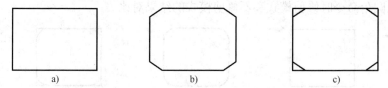

图 2-36　倒角时修剪模式与不修剪模式的结构

7）"方法(E)"选项用于设置倒角方法。选择该选项，系统继续提示：

"输入修剪方法 [距离(D)/角度(A)] <角度>："

前面对上述提示中的各选项已作过介绍，在此不再重述。

8）"多个(M)"选项用于对多个对象进行倒角。选择该选项，进行倒角操作后，系统将反复提示：

"选择第一条直线或 [放弃(U)/多段线(P)/距离(D)/角度(A)/修剪(T)/方式(E)/多个(M)]："，在该提示下，可以多次进行倒角，直到按〈Enter〉键结束该命令。

当出现按照用户的设置不能倒角的情况时（例如倒角距离太大、倒角角度无效或选择的两条直线平行），系统将在命令行给出信息提示。在修剪模式下对相交的两条直线进行倒角时，两条直线的保留部分将是拾取点的一边。

如果将倒角距离设置为 0，执行倒角命令可以使没有相交的两条直线（两直线不平行）交于一点。

13. 圆角

圆角命令用于将两个图形对象用指定半径的圆弧光滑连接起来。

选择"修改"→"圆角"命令或单击"修改"工具栏中的"圆角"按钮 ，系统提示："当前设置：模式= 修剪，半径 = 0.0000

选择第一个对象或[放弃(U)/多段线(P)/半径(R)/修剪(T)/多个(M)]："

1)"选择第一个对象"选项是系统的默认选项。选择该选项，直接在绘图窗口选取要用圆角连接的第一图形对象。系统继续提示：

"选择第二个对象，或按住〈Shift〉键选择要应用角点的对象："，在该提示下，选取要用圆角连接的第二个图形对象，系统会按照当前的圆角半径将选取的两个图形对象用圆角连接起来。

如果按住〈Shift〉键选择直线或多段线，它们的长度将调整以适应圆角，并用 0 值替代当前的圆角半径。

2)"放弃(U)"选项用于恢复在命令执行中的上一个操作。

3)"多段线(P)"选项用于对整条多段线的各项点处（交角）进行圆角连接。该选项的操作过程与倒角命令的同名选项相同，在此不再重述。

4)"半径(R)"选项用于设置圆角半径。选择该选项，输入"R"，按〈Enter〉键。系统继续提示：

"指定圆角半径<0.0000>："，在该提示下，输入新的圆角半径并按〈Enter〉键。系统返回提示：

"选择第一个对象或[放弃(U)/多段线(P)/半径(R)/修剪(T)/多个(M)]："

5)"修剪(T)"选项的含义和操作与倒角命令的同名选项相似，在此不再重述。如图 2-37 所示为在执行圆角命令时修剪模式和不修剪模式的结果对比。

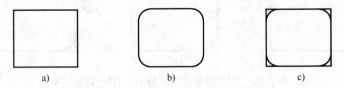

a)　　　　　　　　　b)　　　　　　　　　c)

图 2-37　圆角时修剪模式与不修剪模式的对比

6)"多个(M)"选项用于对图形对象的多处进行圆角连接。

当出现按照用户的设置不能用圆角进行连接的情况时（例如圆角半径太大或太小），系统将在命令行给出信息提示。在修剪模式下对相交的两个图形对象进行圆角连接时，两个图形对象的保留部分将是拾取点的一边；当选取的是两条平行线时，系统会自动将圆角半径定义为两条平行线间距离的一半，并将这两条平行线用圆角连接起来。

如果将圆角半径设置为 0，执行倒角命令可以使没有相交的两条直线（两直线不平行）交于一点。圆角命令可以用于机械制图中圆弧连接的绘制，使圆弧连接绘制工作更简化、更快捷。

2.6　典型实例

通过图 2-38 的绘制过程，使读者掌握图形绘制的基本过程和绘制方法。

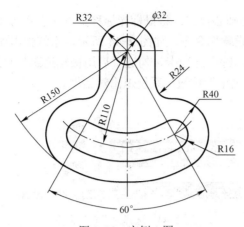

图 2-38　实例 1 图

绘制过程步骤如下。

1）建立新的图形文件，并根据图 2-38 所示的尺寸、视图线型需要和绘图比例来设置图形界限、创建图层，分别创建中心线和虚线的图层。

2）保存文件，把图形文件保存在某个文件夹下，名称为 2-25。

3）绘制中心线。通过图层设置，选择"中心线"图层，然后通过直线命令，绘制图 2-39 所示的中心线。

4）绘制同心圆。通过图层设置，选择"0"图层，单击"绘图"工具栏中的"圆"按钮 ，以两条中心线的交点为圆心，分别以直径 32 和 64 绘制两个同心圆，结果如图 2-40 所示。

图 2-39　绘制的中心线　　　　　　　　　　　　图 2-40　绘制的同心圆

5）绘制 R110 圆弧。选择"中心线"图层，单击"绘图"工具栏中的"圆"按钮 ，以两条中心线的交点为圆心，绘制半径为 110 圆；通过圆心任意绘制两条直线，结果如图 2-41 所示；单击"修改"工具栏中的"修剪"按钮 ，选择刚才绘制的两条直线，单击鼠标右键，然后在两条直线外单击半径为 110 的圆，结果如图 2-42 所示；删除这两条辅助的直线，结果如图 2-43 所示。

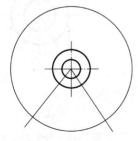 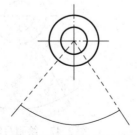 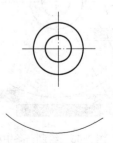

图 2-41　绘制两条直线　　　图 2-42　修剪半径 R110 的圆　　　图 2-43　删除两条直线

77

6）确定两个小圆弧的圆心位置。将鼠标光标移到"状态栏"，然后单击鼠标的右键，在弹出的快捷菜单中选择"设置"命令，如图 2-44 所示，系统弹出如图 2-45 所示的"草图设置"对话框。单击"极轴追踪"选项卡，勾选"启用极轴追踪"复选框，在"增量角"下的文本框中输入 30，单击"确定"按钮，系统退出对话框。

图 2-44　选择"设置"命令

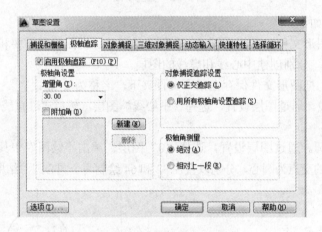

图 2-45　"草图设置"对话框

单击"绘图"工具栏中的"直线"按钮 ，选择圆心，移动鼠标到左下方，系统会自动捕捉到角度为-120°的位置，在圆弧下方的位置单击鼠标左键，如图 2-46 所示，绘制一条中心线；用相同的方式绘制另一条中心线，结果如图 2-47 所示。

7）绘制两条竖直的直线。通过图层设置，选择"0"图层，单击"绘图"工具栏中的"直线"按钮 ，选择半径为 32 的圆和水平中心线的交点，绘制两条直线，结果如图 2-48 所示。

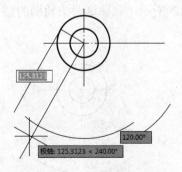

图 2-46　绘制一条中心线

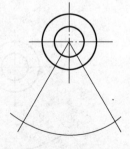

图 2-47　绘制两条中心线

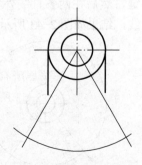

图 2-48　绘制两条直线

8）绘制三个圆。单击"绘图"工具栏中的"圆"按钮 ⊙，以图 2-48 所示的两个圆的圆心点为圆心分别绘制半径为 94、126、150 的圆，结果如图 2-49 所示。

9）绘制两个半径为 16 的圆。单击"绘图"工具栏中的"圆"按钮 ⊙，分别以步骤 6）绘制的两条直线与半径为 110 的圆弧的交点为圆心绘制半径为 16 的两个圆，结果如图 2-50 所示。

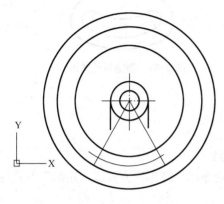

图 2-49　绘制三个圆

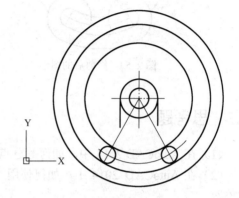

图 2-50　绘制两个半径为 16 的圆

10）绘制两个半径为 40 的圆。单击"绘图"工具栏中的"圆"按钮 ⊙，分别以步骤 6）绘制的两条直线与半径为 110 的圆弧的交点为圆心绘制半径为 40 的两个圆，结果如图 2-51 所示。

11）倒圆操作。选择"修改"→"圆角"命令或单击"修改"工具栏中的"圆角"按钮 ⌐，设置半径为 24，对图形进行倒圆，结果如图 2-52 所示。

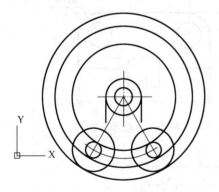

图 2-51　绘制两个半径为 40 的圆

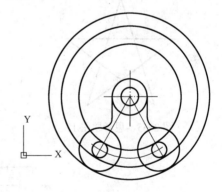

图 2-52　倒圆后的图形结果

12）修剪线条。选择"修改"→"修剪"命令或单击"修改"工具栏中的"修剪"按钮 ⊬，通过框选选择所有线条，单击鼠标右键或按下〈Enter〉键，然后选择需要删除的部分即可，结果如图 2-53 所示。

13）删除多余的线条。选择"修改"→"删除"命令或单击"修改"工具栏中的"删除"按钮 ⊬，选择多余的圆弧和直线，单击鼠标右键或按下〈Enter〉键，结果如图 2-54 所示。

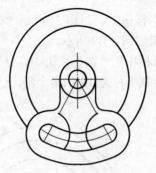
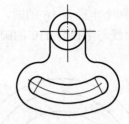

图 2-53　修剪后的图形　　　　　　　　图 2-54　删除后的图形

2.7　思考题

（1）在 AutoCAD 2014 中，如何等分点、测量点？

（2）在 AutoCAD 2014 中，如何使用"阵列"命令以"环形"方式或"矩形"方式复制对象？

（3）在 AutoCAD 2014 中，"打断"和"打断于点"命令有什么区别？

（4）"修剪"和"延伸"命令是相对应的命令，有哪些相同和不同？

（5）用绘制直线命令和绘制矩形命令绘制出的矩形有什么不同？

（6）绘制图 2-55 所示边长为 100 的五角星。

（7）新建图形文件，分别绘制图 2-56～2-58 所示的图形。

图 2-55　思考题图 1

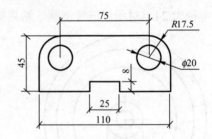

图 2-56　思考题图 2

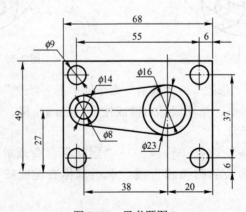

图 2-57　思考题图 3

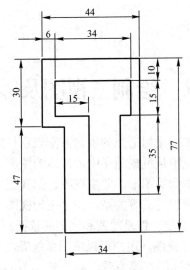

图 2-58　思考题图 4

第3章 绘制三视图及零件图

机械工程图样是用一组视图，采用适当的表达方法表示机器零件的内外结构形状，视图的绘制必须符合投影规律。三视图是机械图样中最基本的图形，是将物体放在三投影面体系中，分别向三个投影面投射所得到的图形，即主视图、俯视图、左视图。将三投影面体系展开在一个平面内，三视图之间应满足三等关系，即"主俯视图长对正，主左视图高平齐，俯左视图宽相等"，三等关系这个重要特性是绘图和读图的依据。

利用 AutoCAD 2014 绘制三视图，用户可以应用系统提供的一些命令绘制辅助线，或利用一些辅助工具，保证三视图之间的三等关系。

3.1　物体的三视图

如图 3-1 所示物体的结构，可从三个不同的方向来作正投影，形成三视图，这是工程制图的理论基础，也是本课程的核心。三视图的形成、三视图间的对应关系有其严密的几何原理，下面就来一一讨论。

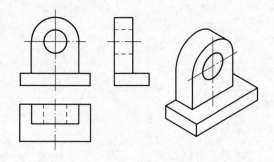

3.1.1　三投影面体系和三视图的形成

1．三投影面体系的建立

设立三个投影面并使两两互相垂直，就形成三投影面体系。正立投影面 V（简称正面）、

图 3-1　物体及其三视图

水平投影面 H（简称水平面）、侧立投影面 W（简称侧面）。三个投影面中两两面的交线 OX、OY、OZ 称为投影轴，分别代表物体的长、宽、高三个方向。对物体向三个不同的投影面作正投影，就得到三面投影图，可理解成视线代替了投影线所以称视图，如图 3-2 所示。

由前向后投影获得的图形即物体的正面投影称为——主视图；

由上向下投影获得的图形即物体的水平投影称为——俯视图；

由左向右投影获得的图形即物体的侧面投影称为——左视图。

2．三投影面体系的展开

图 3-2 中的三个视图还在空间的三个投影面上，为了画图看图方便，需将三投影面体系展开到同一平面上。规则是：沿 OY 轴剪开，H 面绕 OX 轴向下旋转 90°，与 V 面摊平，W 面绕 OZ 轴向右旋转 90°，与 V 面摊平，如图 3-3a 所示。于是，得到在同一平面上的三个视图，完成了"空间到平面"的转换，如图 3-3b 所示。画图时不必画出投影面的边框，最后得到如图 3-3c 所示的三视图。

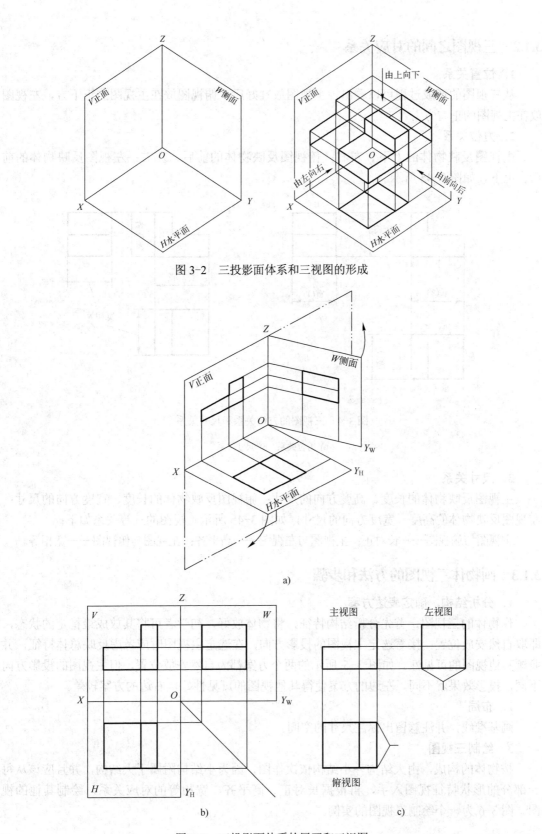

图 3-2　三投影面体系和三视图的形成

a)

b)

c)

图 3-3　三投影面体系的展开和三视图

3.1.2 三视图之间的对应关系

1. 位置关系

从三视图的形成过程可以看出，主视图放置好后，俯视图放在主视图的正下方，左视图放在主视图的正右方。

2. 方位关系

主视图反映物体的上下、左右；俯视图反映物体的前后、左右；左视图反映物体的前后、上下。如图 3-4a 所示。

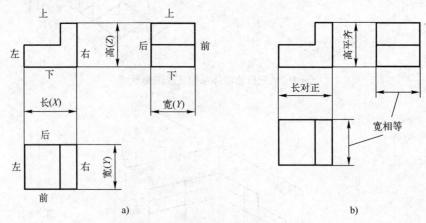

图 3-4　三视图的方位关系和尺寸关系

a) 方位关系　b) 尺寸关系

3. 尺寸关系

主视图反映物体的长度、高度方向的尺寸；俯视图反映物体的长度、宽度方向的尺寸；左视图反映物体的高度、宽度方向的尺寸，如图 3-4b 所示。视图的三等关系如下：

主视图与俯视图——长对正；主视图与左视图——高平齐；左视图与俯视图——宽相等。

3.1.3 画物体三视图的方法和步骤

1. 分析结构，确定表达方案

作物体的三视图，首先分析结构特征，将物体放好，初学者可将其放成最稳定的状态，即取自然安放位置；接着选定主视图的投影方向，在选定主视图时应考虑反映总体特征，并兼顾其他视图的可见性。如图 3-5 所示的两个方案都为自然安放位置，但主视图的投影方向不同，投影效果就不同。左边的方案使得其他视图的可见性好，右边的方案较差。

2. 布局

画基准线，并注意留出标注尺寸的空间。

3. 绘制三视图

按物体的构成，由大结构→小结构依次作图，因为小结构附属于大结构，并且应该从每一部分的形状特征视图入手，再根据长对正、高平齐、宽相等的对应关系，绘制其他的视图。图 3-6 为一个绘制三视图的实例。

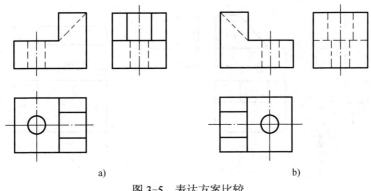

a)   b)

图 3-5　表达方案比较

a) 好　b) 不好

4. 检查、整理、描深

检查投影是否正确，有没有漏线、多线；线型是否符合国标要求等。

5. 物体的尺寸标注

按物体的组成，分部分地标注各部分的尺寸，包括定位尺寸（长宽高）和定形尺寸（长宽高）。

实例 1：画如图 3-6a 所示物体的三视图。

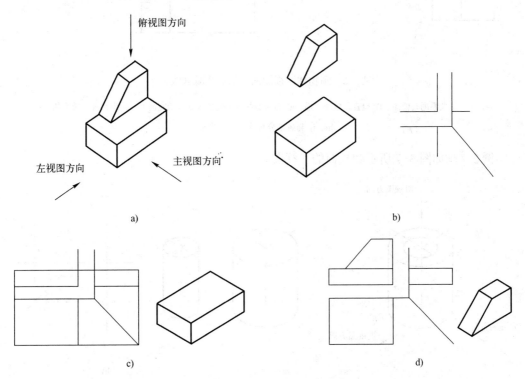

图 3-6　画物体三视图的方法和步骤

a) 分析物体的构成，选择主视图方向　b) 画基准线　c) 先画大结构，并且先画其特征视图

d) 再画小结构，并且先画其特征视图

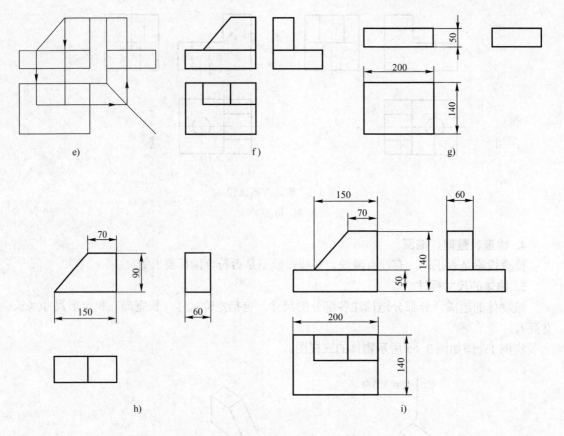

图 3-6　画物体三视图的方法和步骤（续）

e) 由等量关系画其他图　f) 检查、整理、描　g) 分部分标注其定位尺寸（长宽高）、定形尺寸（长宽高）

h)、i) 将各部分尺寸合并、整理

实例2：画如图 3-7 所示圆柱筒的三视图。

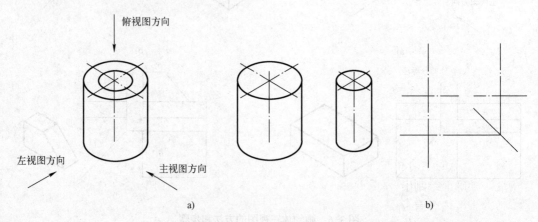

图 3-7　画圆柱筒三视图的方法和步骤

a) 分析物体的构成，选择主视图方向　b) 画基准线

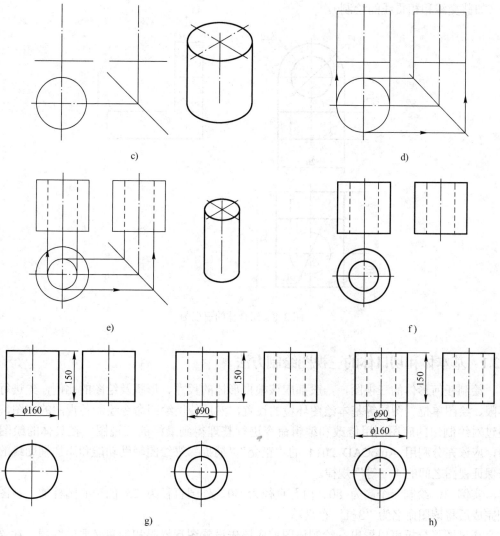

图 3-7 画圆柱筒三视图的方法和步骤（续）

c) 先画大结构：从特征视图入手 d) 再画其他视图 e) 再画小结构 f) 检查、整理、描深

g) 分部分标注定位尺寸（长宽高）、定形尺寸（长宽高） h) 将各部分尺寸合并、整理

3.2 三视图的绘制

通过 3.1 节的学习和实际训练，要求读者能够熟练掌握特殊图形的绘制和编辑修改命令，快速、准确地绘制出建筑形体和机械零件的三视图，为绘制工程图打下良好的基础。

本节的主要内容有 AutoCAD 2014 中特殊图形对象的绘制和编辑修改命令、绘制基本体和组合体的三视图的步骤和方法。

图 3-8 所示为常见组合体的三视图。利用 AutoCAD 2014 绘制这些三视图，要保证绘出的三视图符合视图之间的"三等"规律，另外还需要熟练掌握特殊图形的绘制和编辑修改方

法（如截交线和相贯线的绘制）。

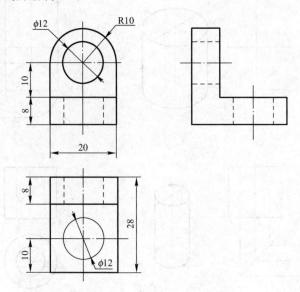

图 3-8　组合体的三视图

3.2.1　基本体和切口体的三视图绘制方法

绘制任何形体的三视图，一般都应该根据形体的尺寸、形状及绘图的比例，先进行图形界限、绘图单位、图层等基本绘图环境的设置，然后使用绘图命令绘制各视图的底图，最后通过对绘制出的底图利用修改和编辑命令进行整理得到最终的三视图。在具体的绘图过程中，应该充分利用 AutoCAD 2014 的"正交""捕捉"等绘图辅助功能和添加辅助线的方法来保证视图之间的"三等"规律。

实例 3：绘制一个高为 80、内孔直径为 50、外圆直径为 25 的空心圆柱的三视图。绘制完成后将该图命名为"3-1"存盘。

通过图形分析可以看出：绘制该图前应该先设置图形界限和创建必要的图层。在绘制图形的过程中为了作图简便，遵循三视图的"三等"规律，在绘制三个视图的定位基准线时，可以将主视图和俯视图的左右对称线、主视图和左视图的上下基准线同时绘制出，然后同时偏移出需要的轮廓线，最后再通过"打断"和"特性匹配"命令修改编辑出需要的图形。

下面结合图 3-9 来说明该空心圆柱三视图的绘制过程和方法。

1）建立新的图形文件，并根据圆柱的尺寸、视图线型和绘图比例来设置图形界限、创建图层。

2）确定作图的基准，输入"直线"命令，绘制出圆柱各视图垂直方向的对称线和水平方向的基准线，如图 3-9a 所示。

3）通过"打断"命令将主视图和俯视图连在一起的垂直方向的线断开，如图 3-9b 所示。

4）通过"圆"命令绘制出圆柱俯视图的两个圆（ϕ50、ϕ25)，如图 3-9c 所示。

5）通过"偏移"命令，根据给定的尺寸偏移复制出圆柱主视图和左视图的轮廓线，如

图 3-9d 所示。

6）通过"修剪"命令将视图多余的线修剪掉，对于太长和太短的线段，利用"打断"和"延伸"命令将其调整到适当长度，如图 3-9e 所示。

对于线段长度的调整除可以用"打断"和"延伸"命令方法外，还可以用夹点编辑的方法，此方法将在后面进行介绍。

7）利用图层管理的办法将圆柱三个视图中的各段线段的线型、线宽等特性按要求进行调整，便得到圆柱的三视图，如图 3-9f 所示。

8）将绘制完成的图形命名为"3-1"存盘。

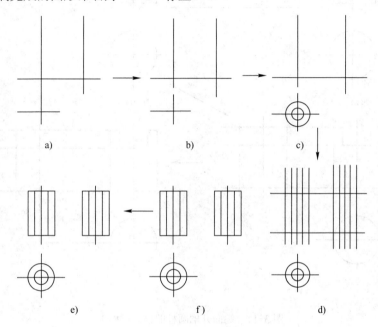

图 3-9　空心圆柱三视图的绘制过程

实例 4：根据图 3-10 给定的条件绘制出开槽圆柱的三视图，绘制完成后将该图命名为"3-2"存盘。

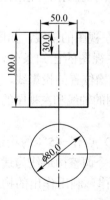

图 3-10　端面有开槽的圆柱

从图 3-10 中可以看出：该开槽圆柱的主视图和部分俯视图已经给出，现要根据已知条件补全俯视图并绘制左视图。在绘制图形的过程中为了作图简便，遵循三视图的"三等"规律，打开"正交"功能来保证主视图和左视图间的"高平齐"，通过延长俯视图和左视图的前后对称中心线使其交于一点，然后过交点作-45°构造线，用该构造线保证绘制俯视图和左视图之间的"宽相等"。下面结合图 3-11 和图 3-12 来说明该三视图的绘制方法。

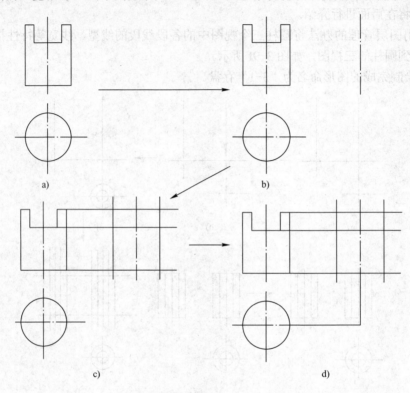

图 3-11　端面开槽圆柱的绘制过程 1

1）建立新的图形文件，并根据开槽圆柱的尺寸、视图线型需要和绘图比例来设置图形界限、创建图层。

2）根据给定条件按照图 3-10 所示绘制出开槽圆柱的主视图和部分俯视图，如图 3-11a 所示。

3）通过"直线"命令，绘制出左视图的轴线，如图 3-11b 所示。

4）通过"直线"命令，利用主视图的已知条件，按照三视图的投影规律，打开"正交"功能，投影出俯视图和左视图开槽位置的投影线，如图 3-11c 所示。

5）通过"延伸"命令，使俯视图的轴线和左视图的轴线同时延伸交于 O 点，如图 3-11d 所示。

6）通过"构造线"命令，过 O 点作-45°的构造线作为俯视图和左视图联系的辅助线，然后利用"打断"和"删除"命令调整构造线为适当长度，如图 3-12a 所示。

7）根据三视图的"宽相等"规律，利用作出的构造线，从俯视图出发把左视图开槽的宽度位置确定，如图 3-12b 所示。

8）通过"修剪"命令，修剪掉多余的线段，并删除作为辅助线的构造线和多余图线，如图 3-12c 所示。

9）利用图层管理的方法将开槽圆柱的俯视图和左视图中的各线段的线型、线宽等特性按要求进行调整，便得到开槽圆柱的完整三视图，如图 3-12d 所示。

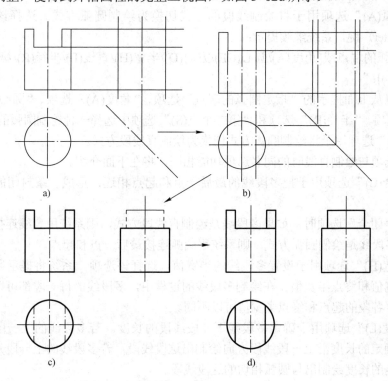

图 3-12　端面开槽圆柱的绘制过程 2

10）将该图命名为"3-2"存盘。

3.2.2　特殊的绘制和修改编辑命令

AutoCAD 2014 不仅向用户提供了基本的绘制和修改编辑命令，而且还提供了一些特殊的绘制和编辑命令，掌握了这些命令的使用方法，就可以快速地绘制和编辑工程图，提高绘图效率。

1. 多段线的绘制及编辑

多段线由多段图线组成，它可以包括直线和圆弧，多段线中各段图线可以设置不同的线宽，并且无论包含多少条直线和圆弧，只要是在同一次命令中绘制的多段线都是一个整体图形对象，可以统一对其进行编辑，这对绘图而言是非常方便的。

（1）多段线的绘制

选择"绘图"→"多段线"命令或单击"绘图"工具栏中的"多段线"按钮，系统提示："指定起点："，在该提示下，确定多段线的起点，系统接着提示：

"当前线宽为 0.0000"

"指定下一个点或[圆弧(A)/半宽(H)/长度(L)/放弃(U)/宽度(W)]："

下面详细介绍上述提示中各选项的含义和操作过程。

1）"指定下一个点"选项是系统的默认选项。选择该选项，直接输入一点，系统将从起点到该点绘制一段线段，并继续提示：

"指定下一点或[圆弧(A)/闭合(C)/半宽(H)/长度(L)/放弃(U)/宽度(W)]:"

2）"圆弧(A)"选项用于将绘制线段的方式切换为绘制圆弧方式。选择该选项，输入"A"，按〈Enter〉键，系统继续提示：

"指定圆弧的端点或[角度(A)/圆心(CE)/方向(D)/半宽(H)/直线(L)/半径(R)/第二个点(S)/放弃(U)/宽度(W)]:"

用户可以从上面提示的"指定圆弧的端点"选项、"角度(A)"选项、"圆心(CE)"选项、"方向(D)"选项、"半径(R)"选项和"第二个点(S)"选项中选择一种绘制圆弧的方法。

"直线(L)"选项用于将绘制圆弧方式切换为绘制直线段方式。

其他各选项与绘制直线时的同名选项功能相同，将在下面介绍。

3）"闭合(C)"选项用于把多段线的最后一点和起点相连，形成一条封闭的多段线，并结束该命令。

在选择"闭合"选项时，如果多段线是绘制直线段方式，则系统用直线连接最后一点和起点；如果多段线是绘制圆弧方式，则系统用圆弧连接最后一点和起点。

4）"半宽(H)"选项用于设置多段线的半宽值。选择该选项，系统将提示用户输入多段线的起点半宽值和终点半宽值。在绘制多段线的过程中，多段线的每一段都可以重新设置半宽值。另外，各段的起点和终点半宽值可以不同。

5）"长度(L)"选项用于确定多段线下一段线段的长度。若多段线的上一段是线段，系统将以用户确定的长度沿上一段线段方向绘制出这段线段；若多段线的上一段是圆弧，系统将以用户确定的长度绘制出与圆弧相切的这段线段。

6）"放弃(U)"选项用于取消绘制的最后一段图线。

7）"宽度(W)"选项用于设置多段线的宽度值。

系统默认的多段线宽度值为 0。设置了多段线的宽度值后，下一次再绘制多段线时，起点的宽度值将以上一次设置的宽度值为默认值，而终点的宽度值则以本次起点的宽度值为默认值。

（2）多段线的编辑

选择"修改"→"对象"→"多段线"命令，系统提示：

"选择多段线或[多条(M)]:"，在该提示下可以选择一条或多条多段线，如果选择的对象不是多段线，系统将提示：

"输入选项[闭合(C)/合并(J)/宽度(W)/编辑顶点(E)/拟合(F)/样条曲线(S)/非曲线化(D)/线型生成(L)/反转(R)/放弃(U)]"

在上述提示下如果按〈Enter〉键，则结束多段线编辑命令，其他各选项的含义和操作过程介绍如下。

1）"闭合(C)"选项用于封闭多段线。选择该选项，输入"C"，按〈Enter〉键，系统将选取的多段线首尾相连，形成一条封闭的多段线。如果选取的多段线是封闭的，则该选项变为"打开(O)"。

2）"合并(J)"选项用于将直线、圆弧或者多段线连接到指定的非闭合多段线上。选择该选项，输入"J"，按〈Enter〉键，如果编辑的是多个多段线，系统将提示用户输入合并多段线的允许距离；如果编辑的是单个多段线，系统将把用户选取的首尾连接的直线、圆弧等对象连成一条多段线。

执行该选项的操作时，要连接的各相邻对象必须在形式上彼此首尾相连。

3）"宽度(W)"选项用于重新设置所编辑的多段线的宽度。选择该选项，输入"W"，按〈Enter〉键，在系统提示下输入新的线宽后，所选择的多段线线宽均变成该线宽。

4）"编辑顶点(E)"选项用于编辑多段线的顶点。

5）"拟合(F)"选项用于将选择的多段线拟合成一条光滑曲线。选择该选项，输入"F"，按〈Enter〉键，系统将通过多段线的每个顶点绘制出一条光滑的曲线。

6）"样条曲线(S)"选项用于将选择的多段线拟合成一条样条曲线。选择该选项，输入"S"，按〈Enter〉键，系统将以多段线的各顶点为控制点（一般只通过多段线的起点和终点）绘制出一条样条曲线。

7）"非曲线化(D)"选项用于将拟合或样条曲线化的多段线恢复到原状。

8）"线型生成(L)"选项用于设置非连续线型多段线在各顶点处的绘制方法。

9）"放弃(U)"选项用于取消多段线编辑命令的上一次操作。

2. 创建边界和面域

（1）多段线的创建

在 AutoCAD 2014 中，用户在已有的图形对象中，可用相邻的或重叠的图形对象生成一条多段线边界。进行这样的操作时，重叠对象的边必须形成完全封闭的区域，即使边界间有很小的间隙，操作也将失败。

选择"绘图"→"边界"命令或者在命令行输入 BOUNDARY，按〈Enter〉键，系统弹出如图 3-13 所示的"边界创建"对话框，下面对该对话框有关的选项进行介绍。

1）"拾取点"按钮用于通过选点的方式生成多段线边界。单击该按钮，"边界创建"对话框暂时消失，系统返回绘图窗口，并出现如下提示："拾取内部点："，在该提示下，在绘图窗口中要生成多段线边界的区域内部拾取点，系统将会按用户的设置自动生成多段线边界，同时，所生成的多段线边界以虚线形式呈高亮度显示。

如果用户选择的区域没有完全封闭，系统会弹出图 3-14 所示的提示信息。

图 3-13 "边界创建"对话框

图 3-14 信息提示框

2）选中"孤岛检测"复选框表示在创建多段线边界时要检查设置孤岛情况。孤岛是指封闭区域内部的图形对象。

3）"边界保留"选项区用于指定是否将边界保留为对象，并确定应用于这些对象的对象类型。

4）"边界集"选项区用于指定进行边界分析的范围，其默认选项是当前视口，即在定义边界时，系统分析范围为当前视口中的所有对象。

用户也可以单击"新建"按钮旁边的按钮回到绘图窗口，通过选择要分析的对象来构造一个新的选择集。

（2）面域的创建

面域是封闭区域所形成的二维实体对象，可以将它看成是一个平面实心区域。虽然 AutoCAD 2014 中有许多命令可以生成封闭区域（如圆、正多边形、矩形等），但面域和这些封闭区域有本质的不同。面域不仅包含边的信息，而且还包含整个面的信息。AutoCAD 2014 可以利用这些信息计算工程属性，如面积、质心和惯性矩等。

用户可以用前面介绍过的"边界创建"对话框创建面域，只需将"对象类型"设置为"面域"即可，如图 3-15 所示。其他操作和创建多段线边界的操作一样，在此不再重述。下面介绍另外一种创建面域的方法。

图 3-15 "边界创建"对话框

选择"绘图"→"面域"命令或者在命令行输入 REGION，按〈Enter〉键，系统提示："选择对象："。

在上述提示下，可以选取用来创建面域的平面闭合环边界，选择完毕后按〈Enter〉键，此时，系统将结束该命令，并在命令行出现下面的提示：

"已提取 1 个环。已创建 1 个面域。"

REGION 命令只能通过平面闭合环来创建面域，即组成面域边界的图形对象必须是自行封闭的或经修剪而封闭的。如果是由图形对象内部相交而构成的封闭区域，则不能通过 REGION 命令创建面域，但可以通过 BOUNDAY 命令来创建面域。

（3）面域的布尔运算

布尔运算是一种数学逻辑运算。在 AutoCAD 2014 中，可以对共面的面域和三维实体进行布尔运算，从而提高绘图效率。

面域可以进行"并集""差集"和"交集"三种布尔运算，其运算的结果如图3-16所示。

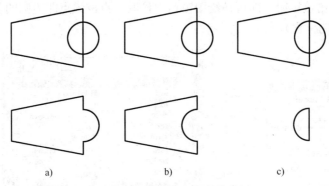

图3-16　面域的布尔运算的结果

a)"并集"运算　b)"差集"运算　c)"交集"运算

1）"并集"运算。并集运算是指将两个或多个面域合并为一个单独的面域。并集运算可以通过选择"修改"→"实体编辑"→"并集"命令来进行，此时需要连续选择要合并的面域对象，然后按〈Enter〉键，系统即完成并集运算并结束该命令。

2）"差集"运算。差集运算是指从一个面域中减去另一个面域。差集运算可以通过选择"修改"→"实体编辑"→"差集"命令来进行，此时需要先选择求差的源面域按〈Enter〉键，再选择要被减掉的面域按〈Enter〉键，系统即完成差集运算并结束该命令。

3）"交集"运算。交集运算是指从两个或多个面域中抽取其重叠部分而形成一个独立的面域。交集运算可以通过选择"修改"→"实体编辑"→"交集"命令来进行，此时需要连续选择参加运算的面域对象，然后按〈Enter〉键，系统即完成交集运算并结束该命令。

在上述三种布尔运算中，如果用户选择的面域实际并未相交，则运算的结果是：通过并集运算，所选的面域被合并成一个单独的面域；通过差集运算，将删除被减掉的面域；通过交集运算，则删除所有选择的面域。

3. 图形对象的特性编辑

用户绘制的每个图形对象都有自己的特性，这些特性包括图形对象的基本属性（如图层、颜色、线型、线宽等）和图形对象的几何特性（如尺寸、位置等）。利用单独的命令可以修改图形对象的特性，例如：选择"格式"→"颜色"命令可以修改颜色；选择"修改"→"缩放"命令可以改变图形对象的尺寸。但是，这些命令修改的内容单一，不能综合修改图形对象的特性，而利用 AutoCAD 2014 的图形对象特性编辑命令就可以对图形对象进行综合的编辑修改。

选择"修改"→"特性"命令，系统将打开如图 3-17 所示的"特性"窗口。此时，如果选中某个图形对象（图形对象显示夹点），"特性"窗口将显示所选图形对象的有关特性，如图 3-18 所示。用户在该窗口中可以对选中图形对象的特性进行综合修改。

无论一次修改一个还是多个图形对象，也无论是修改哪一种图形对象，用"特性"窗口修改图形对象特性的操作都可以归纳为以下两种情况。

（1）修改数值选项

1）用拾取点的方法修改。该方法的操作过程如图 3-19 所示，图中选择的修改对象为圆，单击需要修改的选项行（图中选择的是圆心的坐标），该选项行最右边会显示一个"拾取点"按钮 ，单击该按钮，即可在绘图窗口中拾取一点，该点即为圆的新圆心位置（此时圆也随之移到了新的位置）。

图 3-17　"特性"窗口

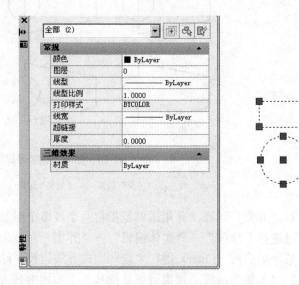

图 3-18　选中图形对象的"特性"窗口

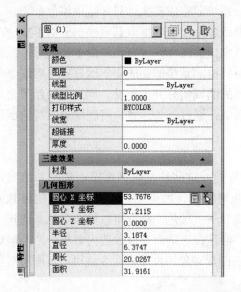

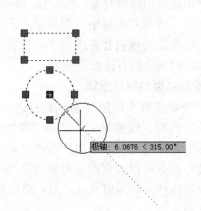

图 3-19　用选取点方法修改

2）用输入一个新值的方法修改。该方法的操作过程如图 3-20 所示，图中选择的修改对象为圆，单击需要修改的选项行（图中选择的是圆的半径），再双击其数值，然后输入一个新值来代替原来的数值，最后按〈Enter〉键确定，即可改变圆的半径。

要结束对图形对象的特性修改，可按〈Esc〉键，然后可再选择其他的图形对象进行修改或单击"特性"窗口左上方的"关闭"按钮来关闭该窗口，退出图形对象的特性编辑命令。

打开"特性"窗口，在没有选择图形对象时，窗口显示整个绘图窗口的特性及它们的当前设置，如图 3-17 所示。打开"特性"窗口不影响用户在绘图窗口中的各种操作。利用"特性"窗口可以方便地对后面章节介绍的文本对象、尺寸标注、图块等对象进行编辑修改。

（2）修改有下拉列表框的选项

下面以一个实例来说明修改方法。

将图 3-21a 所示的虚线层上的圆利用"特性"窗口修改到如图 3-21c 所示的粗实线层上。具体操作步骤和方法如下。

1）输入图形对象特性编辑命令，打开"特性"窗口。

2）选择要修改的图形对象，如图 3-21b 所示，单击要修改的选项行，即"特性"窗口中的"图层"选项行。

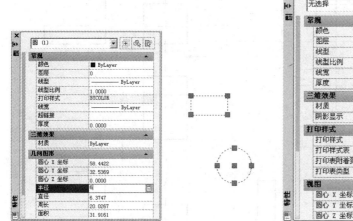

图 3-20　用输入一新值方法修改

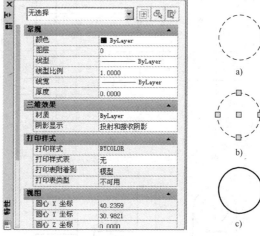

图 3-21　修改有下拉列表框的选项

3）单击"图层"选项行右边的小三角按钮，打开"图层"下拉列表，从中选择需要的图层，即"粗实线"层。

4）按〈Esc〉键，结束该命令。

通过以上的操作，图中的虚线圆即被修改为粗实线圆，如图 3-21c 所示。

3.2.3　组合体三视图的绘制方法

组合体三视图的绘制方法与 3.2.1 节中介绍的绘制基本体和切口三视图的方法基本相同，只是组合体相对复杂一些。为了避免因图线太多造成图面混乱，在具体画图过程中应该先将组合体分成几个部分，然后一部分一部分地画出并及时整理，保证图面的清晰。下面结合实例介绍组合体三视图的绘制方法。

实例 5：按照图 3-8 所示，画该组合体的三视图（比例为 1∶1，线型按标准自定，不标注尺寸），绘制完成后将该图命名为"3-3"存盘。

通过图形分析可以看出：绘制该图前应该先设置图形界限和创建必要的图层。在绘制图形的过程中为了作图简便，遵循三视图的"三等"规律，在绘制三个视图的定位基准线时，可以将主视图和俯视图的左右对称线、主视图和左视图的上下基准线同时绘制出，然后同时偏移出需要的轮廓线，最后再通过"打断"和"特性匹配"命令修改编辑出需要的图线。对于槽、孔等内部结构，可以先将反映出形状特征的视图绘制出来，然后打开"正交"功能从反映形状特征的视图出发，绘制出其在另外两个视图的轮廓线，最后再通过"修剪"和"特性匹配"命令修改编辑出需要的图线。下面结合图 3-23 和图 3-24 来说明该组合体三视图的绘制过程和方法。

1）建立新的图形文件，并根据组合体的尺寸、视图线型需要和绘图比例来设置图形界限、创建图层。

2）确定作图的基准。输入"直线"命令，绘制出组合体各视图的作图基准线，如图 3-22a所示。

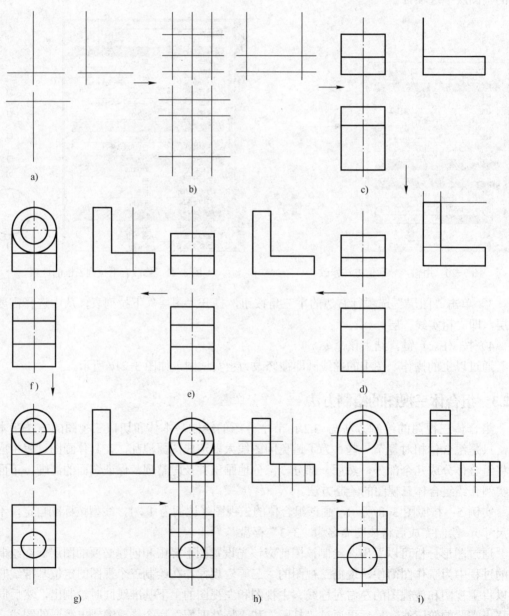

图 3-22　组合体的三视图绘制过程

3）绘制底板的三面视图。输入"偏移"命令，利用作出的作图基准线，把底板的三个视图的轮廓线偏移复制出来，如图 3-22b 所示。然后输入"修剪"命令，将图中多余的线修剪掉，以使图面保持清晰，如图 3-22c 所示。

4）绘制竖板的三面视图。输入"偏移"命令，把底板的三个视图的轮廓线偏移复制出来，如图 3-22d 所示。然后输入"修剪"命令，将图中多余的线修剪掉，如图 3-22e 所示。

5）通过"圆"命令，在主视图上绘制半径为 10 和直径为 12 的圆，如图 3-22f 所示。

6）绘制底板上的圆孔，如图 3-22g 所示。

7）通过"偏移"命令，按照相应尺寸偏移相关的直线，将圆孔的各视图的中心线位置确定，然后输入"直线"命令，打开"正交"功能，利用捕捉功能从俯视图出发绘制出圆孔在主视图上的投影轮廓线，如图 3-22h 所示。最后通过"修剪"命令，将图中多余的线修剪掉，如图 3-22i 所示。

8）利用图层管理的方法将组合体三个视图中的各线段的线型、线宽等特性按要求进行调整，便得到该组合体的三视图，如图 3-23 所示。

9）将绘制完成的图命名为"3-3"存盘。

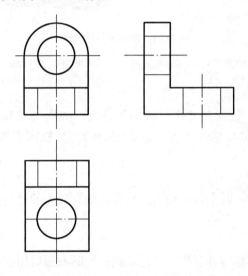

图 3-23　组合体的三视图绘制

3.3 轴类零件的绘制

3.3.1 轴套类零件

1. 常见零件的分类

机器是由零件装配而成的。零件的结构千变万化，但可根据其几何特征分成四大类：轴套类零件、盘盖轮类零件、叉架类零件和箱壳类零件，如图 3-24 所示。大类又可细分，而每一个细类及细类中的各个零件的作用、结构细节是有明显差异的。不管它们的差异如何，同类零件在其视图表达、尺寸、技术要求甚至加工工艺流程上是有许多共性的，所以零件分类有利于设计工程师设计示意图，也有利于工艺设计师制作工艺文件。

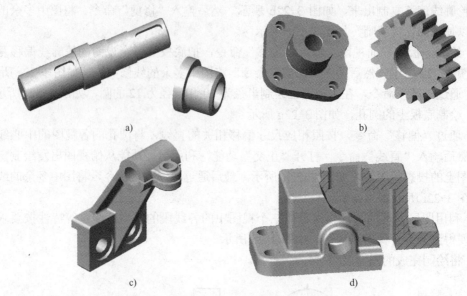

图 3-24　常见零件的分类

a) 轴套类零件　b) 盘盖轮类零件　c) 叉架类零件　d) 箱壳类零件

（1）轴套类零件

主体为回转类结构，径向尺寸小，轴向尺寸大，如图 3-24a 所示。轴是机器某一部件的回转核心零件，以实心零件居多，也有空心轴，如机床主轴常常是空心零件；而套是空心零件。

（2）盘盖轮类零件

主体结构为扁平形状。若主体结构为回转体，则有较大的径向尺寸和较小的轴向尺寸，如图 3-24b 所示。

（3）叉架类零件

叉是操纵件，操纵其他零件变位，其运动就像晾晒衣服时用衣叉操纵衣架的移动一样；架是支撑件，用以支持其他零件。两者的共同点是结构较复杂或不规则：叉由圆柱筒结构（与轴相连获得动力）、叉口、连接结构组成；架由支持底部结构、支持面（点）、连接结构组成，如图 3-24c 所示。

（4）箱壳类零件

此类零件有一大容腔，可安装其他零件，一般由底板、箱壁、箱孔、凸台等结构组成，如图 3-24d。底板起支撑作用，使机箱能平稳放置；箱壁形成容腔；箱体孔用来直接装入零件，如轴承、油板、螺塞等等；箱壁内外有一些凸台，以加宽安装零件的支撑宽度。

2. 轴套类零件的零件图

（1）零件图视图表达的原则

零件的表达方案是指能完整、清晰表达零件结构形状的视图方案，机械制图国家标准中规定的方法都可用，关键是如何组合出一个最佳方案。表达一个零件的视图方案常常有若干种，可比较后确定出一个最佳方案，即清晰、简洁的方案，既便于看图，且作图又相对简单。视图方案中零件安放应遵循的以下原则：

1）加工位置原则。

加工位置是零件加工时在机床上的装夹位置。因为零件图的一个重要作用是指导零件加工制作，为了避免在加工中因误读而产生废、次品，所以首先要考虑加工位置安放。

按零件的主体结构形状，可将零件分为回转体和非回转体两类。回转体类零件的大部分工序装夹位置都是轴线水平放置，所以此类零件的安放都取轴线水平放置，如图 3-25 所示。

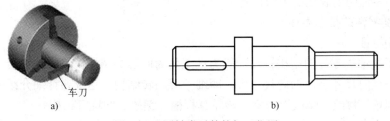

图 3-25　回转类零件的加工位置

a) 加工位置　b) 主视图

2）工作位置原则。

工作位置指零件在机器工作状态时的位置。若零件在加工中装夹位置经常变化，可考虑采用工作位置原则，如图 3-26 所示。

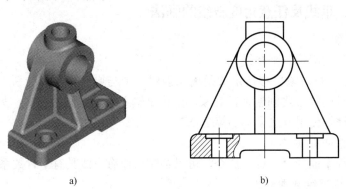

图 3-26　轴承座的工作位置

a) 立体图　b) 主视图

3）自然安放位置原则。

对于箱壳类、座体、支座等非回转类零件，应考虑取放置平稳的自然安放位置来作图。

4）重要几何要素水平、垂直安放原则。

在机器中常有一些不规则零件，如支架、叉等，这些零件的加工位置可能会变化，工作位置也可能会变化，或无法自然安放，这时可将其重要的轴线、平面等几何要素水平或垂直放置。如挂轮架取手柄轴线垂直放置。

（2）确定主视图的投影方向

选择投影方向时，应使主视图最能反映零件的形状特征，即在主视图上尽量多地反映出零件内外结构形状及它们之间的相对位置关系。

（3）其他视图的选择

主视图确定后，还要选择适当数量的其他视图和恰当的表达方法，把零件的内外结构形状表达清楚。选择视图的数目要恰当，避免重复表达零件的某些结构形状；选择的表达方法应正确、合理，每个视图和表达方法的目的明确。

综上所述，一个好的表达方案，应该是表达正确、完整，图形简明、清晰。由于表达方法选择的灵活性较大，初学者应首先致力于表达得正确、完整，并在看、画图的不断实践中，逐步提高零件图的表达能力与技巧。

3. 轴套类零件的视图表达

（1）结构特征

前面介绍过轴类零件的结构特点一般为：主体为回转类结构，且常常由若干个同轴回转体组合而成，径向尺寸小，轴向尺寸大，即细长类回转结构。这里要详细介绍轴上一些局部小结构，如倒角、螺纹、螺纹退刀槽、砂轮越程槽、键槽、凹坑等结构。

（2）表达方案

在考虑视图表达方案时不去教条地应用三视图，而是用主视图表达主体结构，用断面图、局部放大图、局部剖视等方法处理局部结构的表达。零件的放置遵循加工位置原则，零件的主要加工工序为车削加工，轴线水平放置，大端在左小端在右，这样便于操作者看图，少出或不出废品。

3.3.2 平行线、垂线及任意角度斜线的画法

1. 绘制平行线

（1）通过偏移功能绘制平行线

"偏移"命令可将对象平移指定的距离，创建一个与原对象类似的新对象。使用该命令时，用户可以通过两种方式创建平行对象，一种是输入平行线间的距离，另一种是指定新平行线通过的点，详细使用方法见本书第 2 章。

（2）利用对象捕捉（平行）

利用对象捕捉里面的"平行"命令，可以绘制与原有直线具有平行关系的直线。

2. 利用垂足捕捉绘制垂直线

若是过线段外的一点 A 作已知线段 BC 的垂线 AD，则可使用 LINE 命令并结合垂足捕捉绘制该垂线，如图 3-27 所示。

3. 利用角度覆盖方式画垂线和倾斜直线

如果要沿某一方向画任意长度的线段，用户可在 AutoCAD 2014 提示输入点时，输入一个"<"号及角度值，该角度表明了画线的方向。AutoCAD 将把光标锁定在此方向上，移动光标，线段的长度就发生变化，获取适当长度后，单击鼠标左键结束，这种画线方式称为角度覆盖，如图 3-28 所示。

4. 用 XLINE 命令画水平、竖直及倾斜直线

XLINE（构造线）命令可以画无限长的构造线，利用它能直接画出水平方向、竖直方向、倾斜方向及平行关系的线段，作图过程中采用此命令画定位线或绘图辅助线是很方便的。

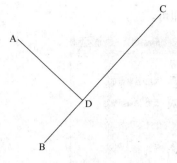

图 3-27 绘制垂直线

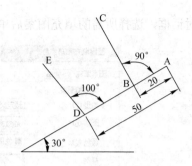

图 3-28 绘制垂直线和倾斜线

5. 调整线段的长度——拉长 LENGTHEN

LENGTHEN 命令可以改变线段、圆弧、椭圆弧及样条曲线等的长度。使用此命令时，经常采用的选项是"动态"，即直观地拖动对象来改变其长度。如图 3-29 所示，用 LENGTHEN 命令将左图修改为右图。

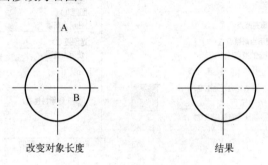

改变对象长度   结果

图 3-29 调整线段的长度

3.3.3 图案填充的方法及应用

图案填充是一种以指定的图案或颜色来充满定义封闭边界（例如工程图中的剖面）的操作。在 AutoCAD 2014 中不仅可以创建图案填充和渐变色填充，还可以对填充后的图案进行编辑。

选择"绘图"→"图案填充"命令或单击"绘图"工具栏中的"图案填充"按钮，系统弹出如图 3-32 所示的"图案填充和渐变色"对话框，该对话框中包括"图案填充"和"渐变色"两个选项卡。下面分别介绍这两个选项卡的具体内容。

1. "图案填充"选项卡

"图案填充和渐变色"对话框中的"图案填充"选项卡如图 3-30 所示，该选项卡用于设置和进行图案填充，其中各选项的含义和功能如下所述。

（1）"类型和图案"选项区

该选项区用于设置填充图案的类型和图案。

1）"类型"下拉列表用于设置填充图案的类型，包括"预定义""用户定义""自定义"三个选项。选择不同的选项，"图案"和"样例"选项也会发生相应的变化。

2）"图案"下拉列表用于设置填充的图案，用户可以从该下拉列表中根据图案名称来选择填充图案，也可以单击其右边的██按钮，系统弹出的如图 3-31 所示的"填充图案选项板"对话框，选择所需的填充图案后单击"确定"按钮即可。

图 3-30 "图案填充和渐变色"对话框

3)"样例"预览窗口用于预览当前选中的图案，单击窗口中的样例，系统也同样弹出"填充图案选项板"对话框。

4)"自定义图案"下拉列表。只有当填充的图案类型选择为"自定义"选项时，该选项才可用。用户可以在该下拉列表中根据图案名称来选择填充图案，也可以单击其右边的 ⋯ 按钮，在弹出的"填充图案选项板"对话框中选择图案，如图 3-31 所示。

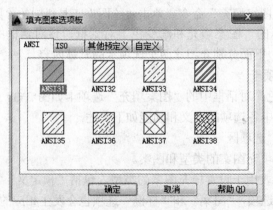

图 3-31 "填充图案选项板"对话框

（2）"角度和比例"选项区

该选项区用于指定选定填充图案的角度和比例。

1）"角度"下拉列表用于确定填充图案相对于当前坐标系 X 轴的转角，用户可以从该下拉列表中选取角度，也可以直接在文本框中输入角度。

2）"比例"下拉列表用于设置填充图案的缩放比例系数，用户可以从该下拉列表中选取比例，也可以直接在文本框中输入比例系数。

3）选中"相对图纸空间"复选框表示要相对图纸空间单位缩放填充图案，该选项只有在"布局"中填充才有效。

4）"间距"文本框用于确定用户定义的简单填充图案中平行线的间距，该选项只有在填充图案为"用户定义"类型时才有效。

5）"ISO 笔宽"下拉列表用于设置笔的宽度，该选项只有在填充图案为"预定义"类型，并选择了"ISO"填充图案时才有效。

（3）"图案填充原点"选项区

该选项区用于设置填充图案生成的起始位置。选中"使用当前原点"单选按钮，默认情况下，填充图案生成的起始位置为（0，0）；选中"指定的原点"单选按钮，可以指定新的填充图案生成的起始位置。

（4）"边界"选项区

该选项区用于选择和查看图案填充的边界。

1）单击"添加：拾取点"按钮将用点选的方式定义填充边界。单击该按钮，对话框暂时消失，系统返回绘图窗口。移动光标在需要填充的封闭区域内单击，系统会自动选择出包围该点的封闭填充边界，同时以虚线形式呈高亮度显示该填充边界，用点选的方式可以一次性选择多个填充区域。

2）单击"添加：选择对象"按钮将用选择对象的方式定义填充边界。单击该按钮，对话框暂时消失，系统返回绘图窗口。可以用单选或默认窗口的方式选择填充边界对象。

3）单击"删除边界"按钮用于删除前面定义的填充边界。单击该按钮，对话框暂时消失，系统返回绘图窗口。可以用单选的方式删除前面选择的填充边界对象。

4）单击"重新创建边界"按钮可以围绕选定的图案填充或图案填充对象创建多段线或面域。

5）单击"查看选择集"按钮，对话框暂时消失，系统返回绘图窗口，用户可以查看已经选择的边界对象。

（5）"选项"选项区

该选项区用于设置填充的图案与填充边界的关系。

1）选中"关联"单选按钮表示填充图案和填充边界相关联，即完成填充后，如果填充边界发生变化，填充图案自动随填充边界的变化而更新。

2）选中"创建独立的图案填充"复选框，表示当选择了多个闭合边界时，每个闭合边界的图案填充是独立的。

3）"绘图次序"下拉列表用于为图案填充指定绘图次序，可以将图案填充置于所有其他对象之前或之后，也可以将图案填充置于图案填充边界之前或之后。

（6）"继承特性"按钮

单击"继承特性"按钮可以将选中的、图中已有的填充图案作为当前的填充图案。

2. "渐变色"选项卡

"图案填充和渐变色"对话框中的"渐变色"选项卡，如图 3-32 所示。该选项卡用于使用渐变色代替填充图案进行填充，其中各选项的含义和功能如下。

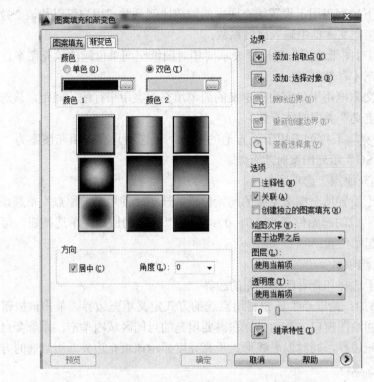

图 3-32 "图案填充和渐变色"对话框

（1）"单色"单选按钮

选中该单选按钮，系统将使用由一种颜色产生的渐变色来填充选定的填充区。双击其右边的颜色条或单击按钮，系统将弹出"选择颜色"对话框。在该对话框中，可以选择渐变色的颜色。用户还可以通过拖动"着色/渐浅"滑块来调整渐变色的变化程度。

（2）"双色"单选按钮

选中该单选按钮，系统将使用由两种颜色产生的渐变色来填充选定的填充区。

（3）"渐变色图案"预览列表

该列表显示了当前设置的渐变色图案的九种效果以供用户选用。

（4）"居中"复选框

选中该复选框，创建的渐变色图案显示为对称渐变。

（5）"角度"下拉列表

该下拉列表用于设置渐变色的角度。

（6）"预览"按钮

该按钮用于预览填充效果。单击该按钮，对话框暂时消失，系统返回绘图窗口，并显示当前的填充效果，以便用户调整图案填充的各项设置和所选择的填充区域，用户可按

〈Esc〉键返回对话框进行调整，也可以按〈Enter〉键进行图案填充并结束该命令。

3. 控制孤岛填充

在进行图案填充时，通常将位于一个已定义好的填充区域内的封闭区域称为孤岛。单击"图案填充和渐变色"对话框右下方的 ⊙ 按钮，将"图案填充和渐变色"对话框展开，将显示更多选项，如图 3-33 所示，可以对孤岛和边界进行设置，其中各选项的含义和功能如下。

图 3-33 "图案填充和渐变色"对话框

（1）"孤岛检测"复选框

该复选框用于设置是否把内部边界中的对象也包含为边界对象，选中该复选框将激活下面的"孤岛显示样式"栏。

（2）"孤岛显示样式"栏

该栏用于设置孤岛的填充方式。当拾取点被多重区域包含时，"普通"式样为从最外层的边界向内每隔一层填充一次；"外部"样式将只填充从最外层边界向内第一层边界之间的区域；"忽略"样式忽略内边界，填充最外层边界的内部。

（3）"保留边界"复选框

该复选框用于控制是否保留边界，默认为不选中的复选框，即填充区域后删除边界。如果选择该复选框，则可在下方的下拉列表框中选择将边界创建后面域或是多段线。

（4）"边界集"下拉列表选框

该下拉列表框指定使用当前视口中的对象还是使用现在选择集中的对象作为边界集，单击其右侧的 ⊡ 按钮可返回绘图区重新选择作为边界集的对象。

（5）"允许的间隙"栏

该栏将近似封闭区域的一组对象视为一个闭合的图案填充边界。公差的默认值为"0"，即该区域必须没有任何间隙才能填充，如果加大该值，则接近封闭的区域也可以被填充。

3.3.4 剖视图的绘制方法（断裂线和图案填充命令）

绘制机械零件的剖视图，应该先选择剖切方法和剖切位置，然后将剖视图中的剖面轮廓线和可见的其他轮廓线绘制出来，最后将剖面进行图案填充（绘制剖面符号），即可得到剖视图。下面给出两个绘制剖面图的实例。

实例 6：打开第 3 章存盘的"3-3"图形文件，对该组合体进行适当的剖切并绘制出剖视图，完成后将剖视图命名为"3-4"存盘。

分析：该组合体可以在左视图中对两个圆孔进行两处局部剖视（也可以有其他剖切方法）。在绘制局部剖视的左视图的过程中，用样条曲线将局部剖视图的断裂线绘出，然后将剖切到的轮廓线按需要进行特性匹配，最后利用"图案填充"命令将剖切到的面绘制出断面符号。

1）打开"3-3"图形文件，如图 3-34 所示，对该组合体进行分析，选择剖视方案。该组合体底板上的两个圆孔在左视图不可见，投影为虚线。为了看到这些结构，可以在左视图上选择全剖视或局部剖视，本例中选择的是局部剖视。

2）绘制局部剖视的边界线。通过"样条曲线"命令，绘制出局部剖视的边界线，如图 3-35 所示。

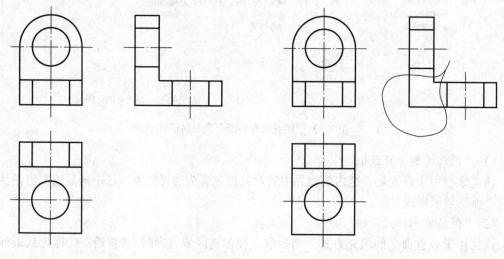

图 3-34　实例 6 图　　　　　　　　　　　图 3-35　绘制局部剖视的边界线

3）修剪样条线，通过"修剪"命令，修剪步骤 2）绘制的样条线，结果如图 3-36 所示。

4）通过分析修改剖视图中轮廓线，从中得到剖面轮廓线。在分析的基础上，按剖视绘制左视图中的各条轮廓线，对因采用剖视方法后而改变长短和特性（如虚线变为粗实线）的轮廓线进行修改和编辑，如图 3-37 所示。

5）填充剖面线。选择"绘图"→"图案填充"命令或单击"绘图"工具栏中的"图案填充"按钮，系统弹出如图 3-30 所示的"图案填充和渐变色"对话框，单击对话框中的按钮，系统返回到绘图界面，选取如图 3-38 所示的图形区域。按下〈Enter〉键，系统返回到"图案填充和渐变色"对话框，确定"样例"方式，单击"确定"按钮，最终结果如图 3-39 所示。

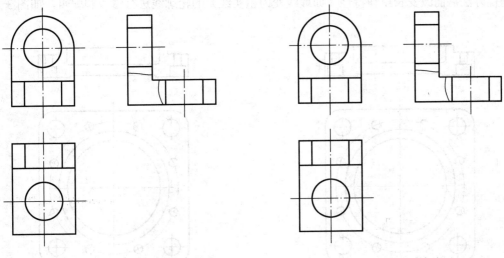

图 3-36　修剪样条线后　　　　　　　　　　图 3-37　修改轮廓线后

6）将该图命名为"3-4"存盘。

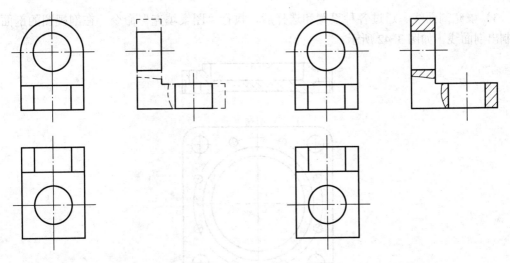

图 3-38　选取的填充区域　　　　　　　　　图 3-39　最终的结果

实例 7：打开第 3 章存盘的"3-5"图形文件，对该组合体进行适当的剖切并绘制出剖视图，完成后将剖视图命名为"3-6"存盘。

通过图形分析可以看出：该组合体可以在俯视图中通过对称面进行旋转剖视（也可以用其他剖切方法）。在绘制左视图中的全剖视图过程中，先对俯视图进行分析，将剖视后不需要的线删除，再将剖切到的轮廓线按需要进行特性匹配，最后利用"图案填充"命令将剖切到的面绘制出断面符号。

1）打开"3-5"图形文件，如图 3-40 所示，对该组合体进行分析，选择剖视方案。该组合体所有孔的俯视图均不可见，投影为虚线。

2）通过分析，修改剖视图中轮廓线，从中得到剖面轮廓线。在分析的基础上，对因采用剖视方法后而改变长短和特性（如虚线变为粗实线）的轮廓线进行修改和编辑，如图 3-41 所示。

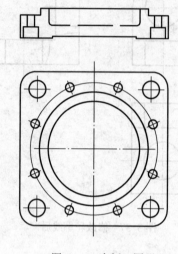

图 3-40　实例二图形

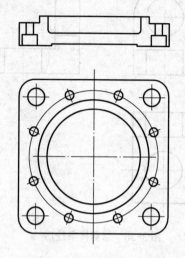

图 3-41　修改剖视图中轮廓线

3）填充剖面线。通过各种设置和选择后，执行"图案填充"命令，在剖视图的剖面上绘制出剖面线，如图 3-42 所示。

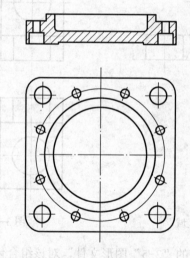

图 3-42　修改剖视图中轮廓线

4）将该图命名为"3-6"存盘。

3.3.5　断面图的绘制方法

绘制机械零件的断面图，应该先根据已有的视图分析清楚零件的形状，选择要表达零件断面的剖切位置，然后确定断面图的位置并将断面图的轮廓绘制出，最后将断面进行图案填充，即可得到断面图。下面给出绘制断面图的实例。

实例 8：绘制如图 3-43 所示轴的两面视图，打开"练习 3-7"图形文件，绘制完成后将该图形另存为文件名"3-8"。

通过图形分析可以看出：轴上有通孔和键槽两处需要表达断面的形状。在绘制断面图过程中，先确定出剖切位置断面图的位置，然后绘制出各断面的形状，再将剖切到的轮廓线按需要进行特性匹配，最后利用"图案填充"命令在剖切到的面上绘制出断面符号。

1）建立新的图形文件，并根据轴的尺寸、视图线型需要和绘图比例来设置图形界限、创建图层。

2）根据给定条件绘制出如图 3-43 所示的轴的主视图。

3）通过"直线"命令，先绘制出表达断面图剖切位置的图线，然后绘制出断面图的作图基准线，结果如图 3-44 所示。

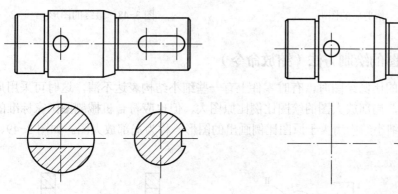

图 3-43　轴的视图和两个断面视图　　　　图 3-44　绘制基准线

4）绘制两个圆，通过"圆"命令，在步骤 3）绘制的基准线的两个交点上绘制两个圆，半径分别为 25 和 20，结果如图 3-45 所示。

5）通过"偏移"命令，将两个圆上的水平中心线分别向上和向下偏移 6，再将右边的圆的垂直中心线向右偏移 16，然后改变偏移得到的直线所在的层，结果如图 3-46 所示。

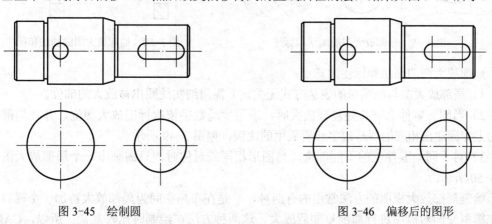

图 3-45　绘制圆　　　　图 3-46　偏移后的图形

6）修剪图形。通过"修剪"命令，将如图 3-46 所示的图形修剪为如图 3-47 所示的图形。

7）填充剖面线。通过各种设置和选择后，执行"图案填充"命令，在断面图上绘制出剖面线，如图 3-48 所示。

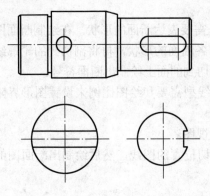 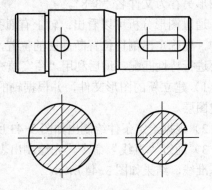

图 3-47　修剪后的图形　　　　　　　　图 3-48　最终的图形

3.3.6　局部放大图的绘制方法（缩放命令）

当选择好合适的比例绘图时，有时零件上有一些细小结构表达不清，这时可采用局部放大图的方法来绘制，局部放大图的绘图比例比原图大，但也应符合机械制图国家标准的比例规定，这种将局部细小结构用大于原图比例画出的图形，称为局部放大图。如图 3-49、3-50所示。

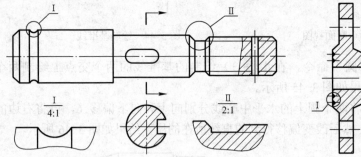 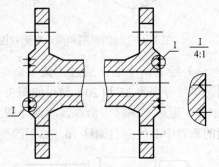

图 3-49　局部放大图的画法和标注　　　　图 3-50　局部放大图的画法和标注

局部放大图的画法和标注注意点：

1）局部放大图与原图形的表达方式无关，并需用细实线圈出被放大的部位。

2）当同一零件上有几处需要放大时，需用罗马数字依次标明放大部位，并在局部放大图的上方标注出相应的罗马数字和所采用的比例，如图 3-49 所示。

3）对于同一零件上的不同部位，当图形相同或对称时，只需画出一个局部放大图，如图 3-50 所示。

绘制局部放大视图的方法常用的有两种，一是在布局空间为局部放大特加一个视口；二是在模型空间对原图进行局部复制后放大。这两种方法在绘制时比较复杂。所以，CAD 软件一般将局部放大做成工具，启用工具依提示即可智能截图并标注。

绘制局部放大视图的步骤如下：

1）定边界。先设置当前图层为细实线层，线型线宽随层细实线，再启动画圆或矩形命令，在原图中绘制圆或矩形框，以示放大区域，在如图 3-43 所示的轴类图中绘制一个圆，如图 3-51 所示。

2）复制。启动修改中的"复制"命令，从右下向左上方拉框，选中圆内或矩形框内的所有图素，将其复制到空白区域。

3）修剪。以圆或矩形为边界，将边界外对象全部修剪掉，修剪后的结果如图 3-52 所示。

4）放大

放大比例参照图形比例与局部放大比例进行计算，如 k 倍，通过"缩放"命令将图 3-52 所示的视图放大 5 倍，结果如图 3-53 所示。

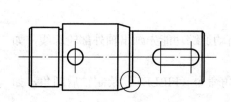

图 3-51　局部放大图的画法和标注

图 3-52　修剪后的视图

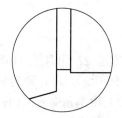

图 3-53　放大 5 倍后的视图

3.3.7　轴类零件绘制的实例

绘制如图 3-54 所示的零件图。

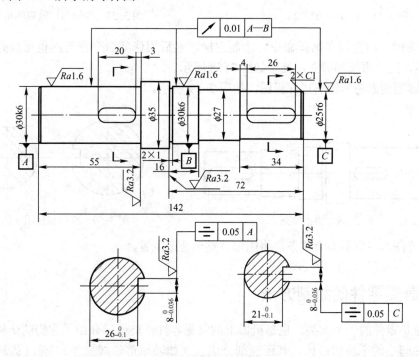

图 3-54　轴类零件图

绘图前应先分析图形，设计好绘图顺序，合理布置图形，在绘图过程中要充分利用缩放、对象捕捉、极轴追踪等辅助绘图工具，并注意切换图层。

1）绘制主视图。

轴的零件图具有一对称轴，且整个图形沿轴线方向排列，大部分线条与轴线平行或垂直。根据图形这一特点，可先画出轴的上半部分，然后用镜像命令复制出轴的下半部分。

方法 1：用偏移（OFFSET）、修剪（TRIM）命令绘图。根据各段轴径和长度，平移轴线和左端面垂线，然后修剪多余线条绘制各轴段，如图 3-55 所示。

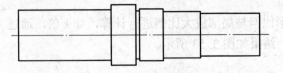

图 3-55　绘制轴方法 1

方法 2：用直线（LINE）命令，结合极轴追踪、自动追踪功能先画出轴外部轮廓线，如图 3-56 所示，再补画其余线条。

2）用倒角命令（CHAMFER）绘轴端倒角，用圆角命令（FILLET）绘制轴肩圆角，如图 3-57 所示。

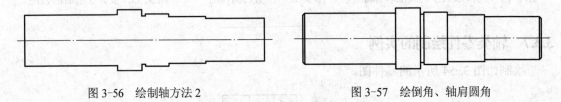

图 3-56　绘制轴方法 2　　　　　　　　　图 3-57　绘倒角、轴肩圆角

3）绘键槽。用直线和圆弧命令，绘制键槽，然后用修剪命令修剪；也可以先用偏置命令生成直线，然后再绘制圆弧，结果如图 3-58 所示。

4）绘键槽剖面图和轴肩局部视图，如图 3-59 所示。

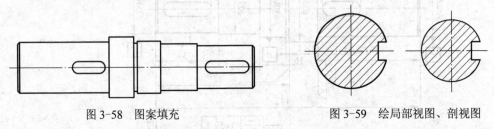

图 3-58　图案填充　　　　　　　　　　图 3-59　绘局部视图、剖视图

5）整理图形，修剪多余线条，将图形调整至合适位置。

3.4　盘盖类零件的绘制方法

盘盖轮是零件的一个大类，也是机器上的常见零件，前面已介绍了它们的结构特征，即径向大，轴向小的平扁状结构，其还能细分成盖（如轴承盖、端盖等）、轮（齿轮、手轮、带轮等）、盘（法兰盘、托盘等）。

盘（盖）类零件和轴（套）类零件同为机械零件中最基本的零件，在熟练掌握了绘制轴零件图的技巧后，绘制盘类零件图也就很容易了，下面绘制如图 3-60 所示盘类零件图。

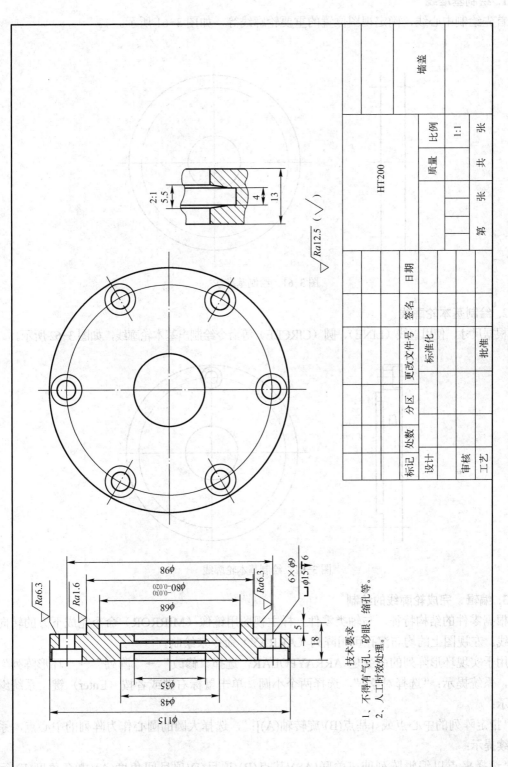

		HT200						墙盖

技术要求

1、不得有气孔、砂眼、缩孔等。
2、人工时效处理。

1. 绘制基准线

首先绘制中心线，确定视图位置的重要轮廓线等，如图 3-61 所示。

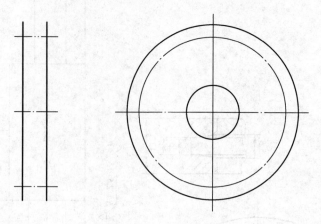

图 3-61　绘制基准线

2. 绘制基本轮廓线

根据尺寸，使用直线（LINE）、圆（CIRCLE）等命令绘制出基本轮廓线，如图 3-62 所示。

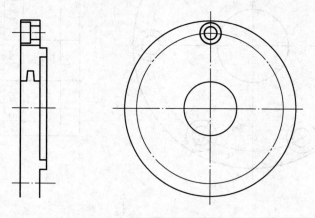

图 3-62　绘制基本轮廓线

3. 编辑、完成轮廓线的绘制

根据零件的结构特征，与轴类零件一样主视图用镜像（MIRROR）命令完成下方的转向轮廓线。左视图上的均布沉孔可用阵列（ARRAY）命令来绘制。

用于实现环形阵列的命令是 ARRAYPOLAR，选择"修改"→"阵列"→"环形阵列"命令，系统提示："选择对象:"，选择两个小圆，单击鼠标右键或者按〈Enter〉键。系统继续提示：

"指定阵列的中心点或 [基点(B)/旋转轴(A)]:"，选择大圆的圆心作为阵列的中心点，系统继续提示：

"选择夹点以编辑阵列或 [关联(AS)/基点(B)/项目(I)/项目间角度(A)/填充角度(F)/行(ROW)/层(L)/旋转项目(ROT)/退出(X)] <退出>:"，输入"I"，单击鼠标右键或者按

〈Enter〉键；然后输入"6"，单击鼠标右键或者按〈Enter〉键；再输入"F"，单击鼠标右键或者按〈Enter〉键；最后输入"360"，单击鼠标右键或者按〈Enter〉键，结果如图 3-63 所示。

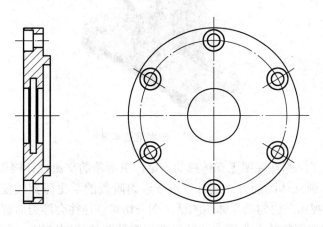

图 3-63 编辑、完成轮廓线的绘制

4. 绘制局部放大图、剖面线

绘制局部放大图的主要过程仍然是先用复制（COPY）命令把相关结构从主视图中复制到外面，经过修剪处理后使用缩放（SCALE）命令将其放大到指定的比例。剖面线用图案填充（HATCH）命令绘制，如图 3-64 所示。

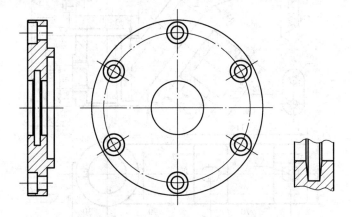

图 3-64 绘制局部放大图、打剖面线

3.5 叉架类零件的绘制

叉架类零件也是零件的一个大类，从图 3-65 中可看出叉架类零件的结构形状，总的特征是由三部分组成，即工作部分（图中的上端圆柱筒）、支承（或安装）部分（图中的下端底板）及连接部分（中间部分的两块板）组成，其上常有光孔、螺纹孔、肋板、槽等结构，连接部分的断面形状通常为"＋""Ｔ""∟""—""⊔""工"型。

图 3-65　轴承座立体图

　　在工程上，为了能弥补视图无立体感的不足，更形象的交流设计构思，表示机器或零件形状时，经常以勾画立体图的方式进行。对于学习阶段的学生碰到较复杂难以想象的零件图，如果能一边看视图一边勾画立体图的话，则一切难点往往会迎刃而解。

　　下面以托脚零件图的绘制为例来介绍叉架类零件图的绘制过程，托脚零件图如图 3-66 所示。

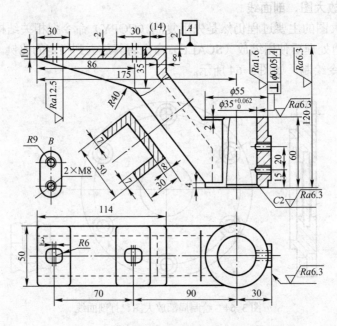

图 3-66　托脚零件图

1. 分析零件图

　　托脚属于叉架类零件，叉架类零件由支承轴的轴孔、用于固定在其他零件上的板以及起加强、支承作用的肋板和支承板组成。本节所绘制的托脚由四个图形组成，分别为主视图、俯视图、移除断面图和 B 向局部视图。零件图的顶部为带有两个孔的安装板，下部为安装轴的带孔圆柱，在圆柱的右侧，有一个长圆形的凸台，凸台上横向加工出两个螺孔。圆柱与安装板之间，用断面形状类似于槽钢的连接板连接。

2. 新建文件

新建图形文件，保存文件命名"托脚"。设置图层，选择"格式"→"图层"（命令：Layer），或单击"图层"工具栏中的"图层特性管理器"按钮，系统弹出"图层特性管理器"对话框，新建十三个图层，如图 3-67 所示。

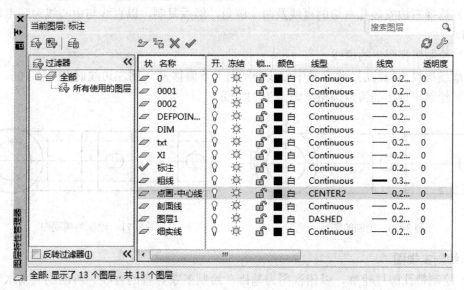

图 3-67 "图层特性管理器"对话框

3. 绘制俯视图

1）绘制中心线，将"点画-中心线"层设置为当前层，水平中心线长 212，垂直中心线长 65。

2）绘制圆，将"粗线"层设置为当前层，绘制直径 55 和 35 两个圆，如图 3-68 所示。

3）绘制圆柱右侧凸台俯视图。垂直中心线向右偏移 30，水平中心线上下偏移 9，修剪图形。

4）绘制支架板和连接板在俯视图中的投影。将垂直中心线向左偏移 175，将水平中心线向上下偏移 25，修剪图形。

5）通过"修改"工具栏中的"圆角"功能，倒圆角半径 3，如图 3-69 所示。

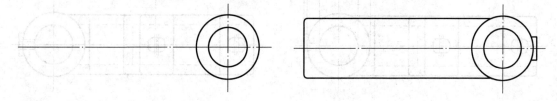

图 3-68 绘制中心线和两个圆   图 3-69 绘制的图形

6）绘制安装孔的中心线

通过"修改"工具栏中的"偏移"功能将垂直中心线分别向左偏移 90、160、89、91、159 和 161。

7）绘制安装孔

绘制半径 6 的圆和直线，然后修剪，修剪后镜像。

8）镜像最左边的直线和两个倒圆。

9）将步骤 7）和 8）复制左边对象，如图 3-70 所示。

10）选择右边安装孔右边的直线及两个圆角，然后复制，以直线与中心线为基点，向右移动 14。

11）绘制俯视图中的虚线

将虚线层设为当前层，将水平中心线分别向上下偏移 17，将左边线向右偏移 106。

12）绘制半径 3 的铸造圆角，如图 3-71 所示。

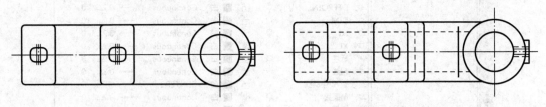

图 3-70　绘制的图形　　　　　图 3-71　绘制的俯视图

4. 绘制主视图

1）绘制带孔圆柱轮廓，以俯视图为基础，绘制多条竖直的直线。再绘制一条水平线，以这条水平线为基础，分别偏移 6、44、60 生成其他三条水平直线，如图 3-72 所示。

2）通过"修改"工具栏中的"修剪"功能修剪图形，并删除多余的线条，如图 3-73 所示。

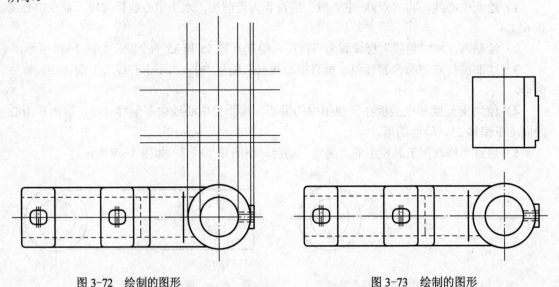

图 3-72　绘制的图形　　　　　图 3-73　绘制的图形

3）绘制螺纹孔，将如图 3-73 所示的主视图下的水平线偏移 15 产生一条新的直线，分别选择该直线两个端点调整直线的长度，然后将该直线层属性改成"点画-中心线"层，然后再将该中心线偏移 20，结果如图 3-74 所示。

螺纹孔中心线分别向上、下偏移 3.325，然后将该直线层属性改成"粗线"层，将螺纹孔中心线分别向上、下偏移 4，然后将该直线层属性改成"细实线"层，通过"修改"工具栏中的"修剪"功能修剪图形，并删除多余的线条，如图 3-75 所示。

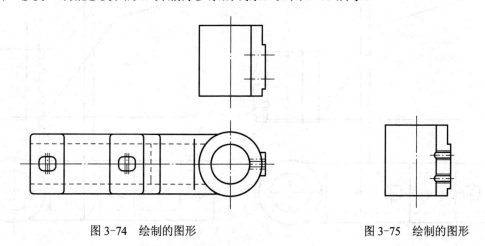

图 3-74　绘制的图形　　　　　　　　图 3-75　绘制的图形

4）绘制安装板，将"粗线"层设为当前层，将圆柱底边线分别向上偏移 110 和 120，分别选择这两条直线左端点，将这两条直线往左延长。再绘制三条与俯视图对应的垂直构造线，剪切并删除多余线条，如图 3-76 所示。

5）利用主、俯视图长对正的关系绘制安装板上的两个孔的中心线和剖视轮廓。偏移、圆角，整理图形，完成安装板轮廓的绘制，如图 3-77 所示。

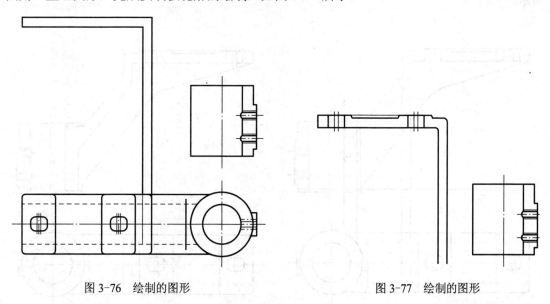

图 3-76　绘制的图形　　　　　　　　图 3-77　绘制的图形

6）绘制连接板，先绘制连接板与圆柱的交线。将"粗线"层设为当前层，画直线，第一点（连接板左下角点），第二点（@86,-25），第三点（圆柱下部粗实线与细实线的交点），如图 3-78 所示。

7）将第二段斜线向右上方偏移 30，在虚线层将此段斜线向右上方偏移 22，如图 3-79 所示。

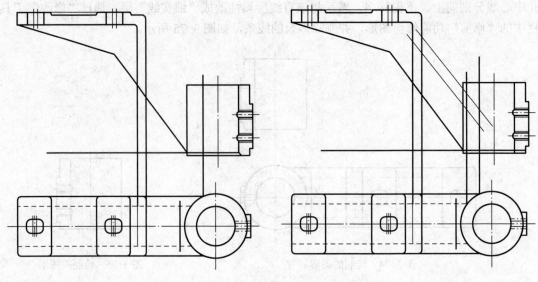

图 3-78 绘制的图形　　　　　　　　　　图 3-79 绘制的图形

8）绘制过度圆角，并整理图形，将圆柱上边线向下偏移 2。绘制铸造圆角，通过"修改"工具栏中的"圆角"功能倒 R40 圆角，倒圆过程中选择"不修剪"，如图 3-80 所示。

9）通过"修改"工具栏中的"修剪"功能修剪图形，并删除多余的线条，如图 3-81 所示。

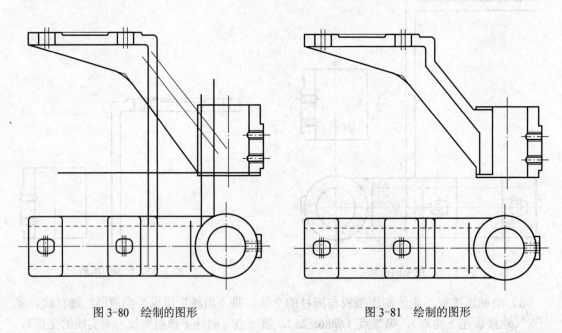

图 3-80 绘制的图形　　　　　　　　　　图 3-81 绘制的图形

10）用样条曲线命令绘制波浪线。将倾斜的虚线在虚线与波浪线的交点处打断，并将打断后的上段虚线连同圆角改成粗实线。用直线命令绘制带孔圆柱的内倒角，整理图形，如图 3-82 所示。

5. 绘制断面图

将中心线层设为当前层，绘制一条与斜线垂直的直线。将粗实线层设为当前层，将第二段斜线向左下方偏移 20，依次将刚偏移的构造线向左下方偏移 8、30。把刚绘制斜线的垂线向左上、右下方依次偏移 25、17，如图 3-83 所示。通过"修改"工具栏中的"修剪"功能修剪图形，并删除多余的线条，如图 3-84 所示。

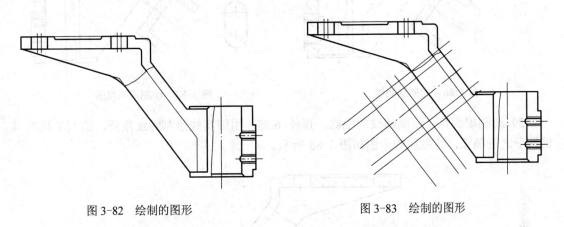

图 3-82　绘制的图形　　　　　　　　　　图 3-83　绘制的图形

通过"修改"工具栏中的"圆角"功能倒 R2 圆角，六个角都要倒圆角。

6. 绘制剖面线

绘制主视图中的剖面线，将"剖面线"层设置为当前层，选择"绘图"→"图案填充"命令或单击"绘图"工具栏中的"图案填充"按钮，系统弹出"图案填充和渐变色"对话框，单击对话框中的按钮，系统返回到绘图界面，选取如图 3-85 所示的图形区域。按下〈Enter〉键，系统返回到"图案填充和渐变色"对话框，选择好"样例"方式，单击"确定"按钮，结果如图 3-86 所示。

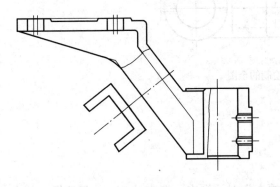

图 3-84　绘制的图形

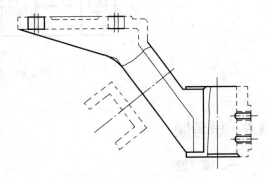

图 3-85　选取的图形区域

7. 绘制局部视图

1）绘制局部视图的外形轮廓，将"细线-中心线层"设为当前层，使用直线命令，在合适的位置绘制中心线。将"粗线"层设为当前层，用绘制"圆"及"直线"命令绘制外部轮廓，用修剪命令整理图形，如图 3-87 所示。

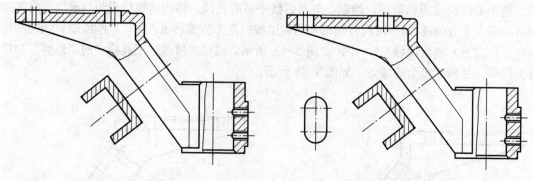

图 3-86　绘制剖面线　　　　　　　　　　　图 3-87　绘制局部视图

2）绘制螺纹孔，绘制螺纹的底圆，直径 6.65，用细实线绘制螺纹顶圆，绘制半径为 4 的四分之三圆弧，绘制后的全图如图 3-88 所示。

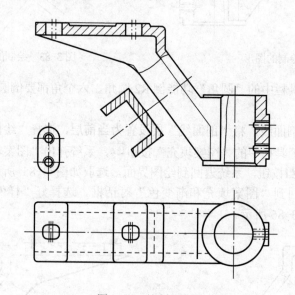

图 3-88　绘制的全图

3.6　思考题

一、填空题

（1）当选择了多个闭合边界时，在"图案填充"对话框中，选中_____复选框，每个闭合边界的图案填充是独立的。

（2）在 AutoCAD 2014 中，使用"图案填充"对话框中的_____选项卡，可以对封闭区域进行渐变色填充。

二、简答题和操作题

（1）如何创建图案填充？

（2）如果在填充剖面线后发现剖面线之间的距离太大或太小应该怎么办？

（3）绘制如图 3-89 所示的图形，并添加的剖面线。

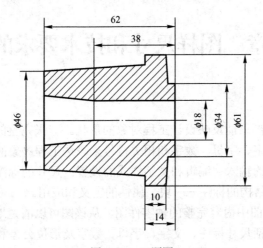

图 3-89 习题图

第4章 图样尺寸和技术要求的标注

在图样设计中，图形只能反映设计工程对象的形状。一张完整的图样还需要尺寸表达工程对象的大小，需要文字、字母、数字和相关符号来表达工程对象的技术要求和其他相关信息。本章详细讲解文字的输入、编辑和文字样式的设置；尺寸的标注、修改和尺寸样式的设置；形位公差的标注和结构的标注——块、属性的定义和应用。

图 4-1 为机械工程图中内容完整的轴零件图。从该图可以清楚地看出，内容完整的零件图除了视图外，还应包括尺寸标注、文字、字母、数字及形位公差和结构等其他内容，用以完整地表达该零件。通过本章的学习和训练，希望读者能熟练掌握工程图样中文字、尺寸和相关技术要求等的标注和修改技巧。

4.1 文字标注

文字常用于填写标题栏和明细栏以表达零部件的相关信息，也用于绘图区域以表达一定的加工要求和技术要求。尺寸标注和技术要求的标注中用到的汉字、字母和数字也是文字的范畴。

文字的输入和编辑都很简单，正确标注相关文字的关键在于文字样式（或格式）的设置。

4.1.1 字体

1. 一般规定

GB/T 14691—2008、GB/T 14665—2008 对字体有以下要求。

1）图样中的文字必须做到字体工整、笔画清楚、间隔均匀、排列整齐。

2）汉字应写成长仿宋体，并应采用国家正式公布推行的简化字。汉字的高度不应小于 3.5mm，其字宽一般为 $h/\sqrt{2}$（h 表示字高）。

3）字号即字的高度，其公称尺寸系列为 1.8mm、2.5mm、3.5mm、5mm、7mm、10mm、14mm、20mm。如需书写更大的字，其字高应按 $\sqrt{2}$ 的比率递增。

4）字母和数字分为 A 型和 B 型。A 型字的笔画宽度 d 为字高 h 的十四分之一；B 型字的笔画宽度 d 为字高 h 的十分之一。同一图样上，只允许使用一种字型。

5）字母和数字可写成斜体或正体。斜体字字头向右倾斜，与水平基准线成 75° 角。

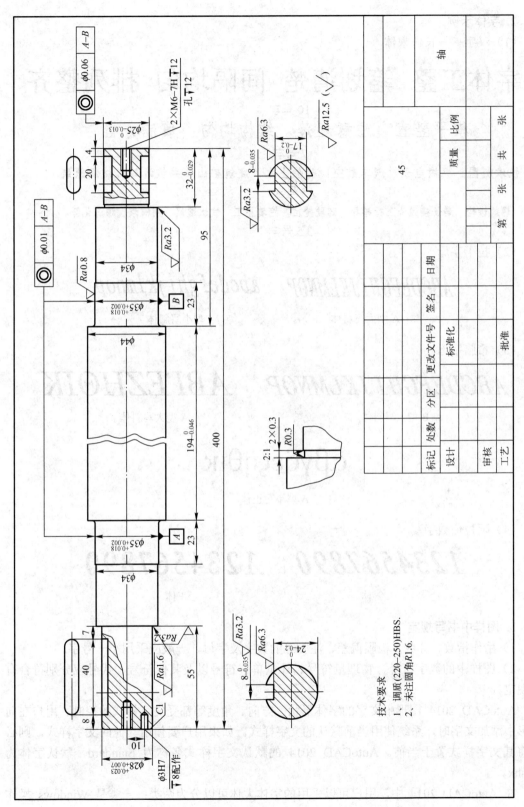

图4-1 轴零件图

2. 字体示例

（1）汉字——长仿宋体

字体工整 笔划清楚 间隔均匀 排列整齐

10 号字

横平竖直 注意起落 结构均匀 填满方格

7 号字

技术制图 机械电子 汽车航空 船舶土木 建筑矿山 井坑港口 纺织服装

5 号字

螺纹齿轮 端子接线 飞行指导 驾驶舱位 挖填施工 饮水通风 阀阀坝 棉麻化纤

3.5 号字

（2）拉丁字母

ABCDEFGHIJKLMNOP　　　　*abcdefghijklmnop*

A 型大写斜体　　　　　　　　　　A 型小写斜体

（3）希腊字母

ABCDEFGHIJKLMNOP　　　*ΑΒΓΕΖΗΘΙΚ*

B 型大写斜体　　　　　　　　　　A 型大写斜体

αβγδεζηθικ

A 型小写正体

（4）阿拉伯数字

1234567890　　　1234567890

斜体　　　　　　　　　　　正体

3. 图样中书写规定

1）用作指数、分数、极限偏差、注脚等的数字及字母，一般应采用小一号字。

2）图样中的数字符号、物理量符号、计量单位符号以及其他符号、代号应分别符合有关规定。

AutoCAD 2014 图形中文字的字体形状、方向、角度等都受文字样式的控制。用户在向图形中添加文字时，系统使用当前默认的文字样式。如果用户要使用其他的文字样式，则必须将其文字样式置于当前。AutoCAD 2014 的默认文字样式名称为 Standard，默认字体为 txt.shx。

在 AutoCAD 2014 中，用户可以采用的字体大体可以分为两类：一类是 Windows 操作系统自带的 True Type 字体，该字体比较光滑，文字有线宽；另一类是 AutoCAD 2014 本身特有的形 shx 字体，该字体是 AutoCAD 2014 本身编译的形文件字体，文字没有线宽。

在工程图中进行各种文字的书写时，应该按照国家标准的推荐选择字体。最新的国家标准推荐：工程图中的中文汉字应采用仿宋 GB 2312 字体或矢量字体 gbenor.shx 或 gbeitc.shx（此时需要选中"使用大字体"复选框并选择大字体中的 gbcbig）；工程图中直体的英文、数字应采用 gbenor.shx 字体；工程图中斜体的英文、数字应采用 gbeitc.shx 字体。

4.1.2 文字样式

1. 设置文字样式

选择"格式"→"文字样式"命令或单击"样式"工具栏中的"文字样式"按钮 ，系统弹出如图 4-2 所示的"文字样式"对话框，在该对话框中，用户可以创建新的文字样式、修改已有的文字样式或选择当前的文字样式，以下详细介绍该对话框中各选项的含义和功能。

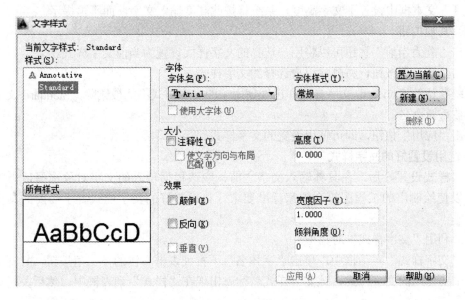

图 4-2 "文字样式"对话框

（1）"样式"列表区

"样式"列表区主要用于显示用户设置的文字样式，用户在"样式"列表框内选择好一种样式时，下边的预览框内将显示出用户所选择文字样式的字体预览。

（2）"新建"按钮

单击该按钮，系统将弹出如图 4-3 所示的"新建文字样式"对话框，在该对话框的"样式名"文本框中输入新的文字样式名，然后单击"确定"按钮，该对话框消失，系统返回到"新建文字样式"对话框，新输入的文字样式名即出现在如图 4-3 所示对话框的"样式"列表框中，此时就可以进行创建新文字样式的下一步操作。

（3）"字体"选项区

该选项区用于设置当前文字样式的字体。"字体名"下拉列表列出了供用户选用的所有 True Type 字体和形 shx 字体，如图 4-4 所示。

图 4-3 "新建文字样式"对话框 　　　　　　　　　　　图 4-4 "字体名"下拉列表框

（4）"大小"选项区

"大小"选项区用于设置文字的高度。

选中"注释性"复选框用于设置图形在图纸空间中文字的高度。

"高度"文本框用于模型空间中设置文字的高度，系统默认的高度值为 0。若选用系统的默认高度值（0），则在每次输入文字的操作过程中，系统将提示用户指定文字高度；如果在"高度"文本框中设置了文字高度，系统将按此高度输入文字，而不再提示。

（5）其他按钮

单击"置为当前"按钮可以将用户选择的文字样式设置为当前文字样式。

单击"删除"按钮，将删除用户选择的文字样式。

系统默认的 Standard 文字样式和已经使用了的文字样式不能被删除，Standard 文字样式也不能被重新命名。

单击"应用"按钮，即可使用设置的文字样式。

2. 选用设置好的文字样式

文字样式设置好后，在具体输入文字之前，应该根据输入的文字对象选择适当的文字样式，以使绘制出的工程图符合国家标准要求。将设置好的文字样式置于当前的具体操作如下。

（1）利用"文字样式"对话框

在"文字样式"对话框中，单击"字体名"下拉列表框右侧的下三角按钮，打开下拉列表，选中要使用的文字样式，该文字样式名称就出现在"样式"列表框中，然后关闭对话框即可。

（2）利用"样式"工具栏

如图 4-5 所示为"样式"工具栏的各项内容。用户可以单击"文字样式"下拉列表框的下三角按钮，在下拉列表中选中要使用的文字样式，即可将该文字样式置于当前。关于当前文字样式的切换，在执行文字输入命令的过程中也可以进行。

图 4-5 "样式"工具栏

4.1.3 文字的输入和编辑

1. 输入单行文字

单行文字是指在创建的多行段落文字中，每一行文字都是独立的对象，可以单独对各行文字进行编辑。

选择"绘图"→"文字"→"单行文字"命令，系统提示：

"当前文字样式："Standard"文字高度：2.5000　注释性：否 对正：　左"

"指定文字的起点或[对正(J)/样式(S)]："

以上提示中，第一行说明了当前的文字样式和文字高度。下面介绍第二行中的各选项。

（1）"指定文字的起点"选项

该选项是系统的默认选项，表示要由基线的起点（文字行的左下角点为起点）确定文字的位置。选择该选项，可以在绘图窗口中直接输入一点。系统继续提示：

"指定高度<3.5000>："，该提示要求确定文字高度，在该提示下，可以输入文字的高度值，然后按〈Enter〉键，也可以直接按〈Enter〉键接受系统的默认值。系统继续提示：

"指定文字的旋转角度<0>："，该提示要求用户输入文字的旋转角度。文字的旋转角度是指文字行排列方向与水平线的夹角，系统默认的旋转角度是 0，可以在此输入角度。在该提示下输入文字的旋转角度后按〈Enter〉键或直接按〈Enter〉键，系统将在绘图窗口出现一个带方框的"I"形标记，该标记用于显示图中文字的开始位置。此时，便可开始以当前的文字样式输入文字。在输入文字的过程中，绘图窗口将显示输入的文字内容，同时动态地显示将要输入文字的位置。

在输入文字的过程中按一次〈Enter〉键，系统将在绘图窗口进行文字的换行；连续两次按〈Enter〉键，则结束单行文字输入命令。

用输入单行文字命令输入的同一行文字是一个整体对象，不能对单个文字进行编辑，也不能用分解命令进行分解，但用户每次按〈Enter〉键后又输入的文字则是一个独立的实体对象。

如果用户需要在图形的多处输入相同文字样式的文字，可以用输入单行文字命令先在第一处输入文字，然后只要移动光标至需要输入文字的第二处单击来重新定位文字起点，即可在该处继续输入文字，依此类推，就可以完成多处的文字输入。而且每次用移动光标重新定位文字起点后输入的文字为一个独立的整体，可以进行编辑。

（2）"对正(J)"选项

该选项用于确定文字的排列定位形式。选择该选项，输入"J"，按〈Enter〉键，系统继续提示：

"输入选项 [对齐(A)/布满(F)/居中(C)/中间(M)/右对齐(R)/左上(TL)/中上(TC)/右上(TR)/左中(ML)/正中(MC)/右中(MR)/左下(BL)/中下(BC)/右下(BR)]："

上述提示中的各选项都是用来确定文字的排列定位形式的。在 AutoCAD 2014 输入的文字中，确定文字行的位置需要借助四条线，分别是文字行的顶线、中线、基线和底线。下面分别介绍上述提示中各选项的含义。

"对齐(A)"选项表示要确定文字行基线的起点和终点位置，系统将根据文字行字符的多少自动计算文字的高度和宽度，使文字恰好充满用户指定的起点和终点之间的区域。

"调整(F)"选项表示要确定文字行基线的起点和终点位置以及文字的高度，系统将根据文字行字符的多少自动计算和调整文字的宽度，使文字恰好充满用户指定的起点和终点之间的区域。

"中间(M)"选项，系统要求用户确定一点，系统将把该点作为文字行的中心点。

（3）"样式(S)"选项

该选项用于选择用户已设置的文字样式。选择该选项，输入"S"，按〈Enter〉键。系统继续提示：

"输入样式名或[?]<Standard>："

"输入样式名"选项为系统的默认选项，在上述提示下直接输入已设置的文字样式名称后按〈Enter〉键，该文字样式即被置为当前文字样式。

"？"选项用于查看某个文字样式或所有文字样式的设置情况，选择该选项，输入"？"，按〈Enter〉键。系统继续提示：

"输入要列出的文字样式<*>："，在该提示下，若用户输入某个文字样式名称，系统将在打开的文本窗口中显示该文字样式的设置情况；如果用户在该提示下直接按〈Enter〉键，系统将在打开的文本窗口中显示当前图形文件中所有文字样式的设置情况。

2. 输入多行文字

多行文字又称段落文字，由两行及两行以上的文字组成，而且各行文字都是作为一个整体进行处理的。多行文字与单行文字相比更容易管理。常用于创建比较复杂的图形说明、文字说明以及图框注释等。

选择"绘图"→"文字"→"多行文字"命令或单击"绘图"工具栏中的"多行文字"按钮 **A**，系统提示：

"当前文字样式："Standard"文字高度：2.5 注释性：否"

"指定第一角点："

该提示说明了当前的文字样式及文字高度，并要求用户在绘图窗口需要输入文字的地方指定一个用来输入多行文字的矩形区域的第一角点，在该提示下确定矩形区域的第一角点，系统继续提示：

"指定对角点或 [高度(H)/对正(J)/行距(L)/旋转(R)/样式(S)/宽度(W)/栏(C)]："

下面介绍以上提示中各选项的含义及操作过程。

（1）"指定对角点"选项

该选项是系统的默认选项。选择该选项，可以直接在绘图窗口中确定用来输入多行文字的矩形区域的对角点，矩形区域的宽度就是所输入的文字行宽度，系统将自动把用户输入的第一个角点作为多行文字第一文字行顶线的起点。确定对角点后，系统将打开如图 4-6 所示的输入多行文字的"文字格式"工具栏和"文字输入"窗口，此时即可在"文字输入"窗口中输入文字。在文字输入的过程中系统将根据用户输入的字符数、文字宽度及矩形区域的宽度自动进行换行，也可以用〈Enter〉键随时换行。输入多行文字后，单击"文字格式"工具栏中的"确定"按钮，输入的多行文字即可显示在用户在绘图窗口中确定的矩形区域内，且文字行的宽度为矩形区域的宽度。

图 4-6 "文字格式"工具栏和"文字输入"窗口

（2）"高度(H)"选项

该选项用于设置文字的高度。选择该选项，输入"H"，按〈Enter〉键。系统继续提示：

"指定高度<2.5>："，在该提示下，可以输入文字的高度值后按〈Enter〉键或直接按〈Enter〉键接受系统的默认值，系统将返回提示：

"指定对角点或[高度(H)/对正(J)/行距(L)/旋转(R)/样式(S)/宽度(W)]："

（3）"宽度(W)"选项

该选项用于设置文字行的宽度。选择该选项，输入"W"，按〈Enter〉键。系统继续提示：

"指定宽度："，在该提示下，可以输入文字行的宽度数值，也可以用光标直接在绘图窗口中拾取点，系统将把矩形区域的第一角点和该点的连线的距离值作为文字行的宽度。设置完文字行的宽度后，系统将打开如图 4-6 所示的输入多行文字的"文字格式"工具栏和"文字输入"窗口。多行文字的"文字格式"工具栏和"文字输入"窗口是输入多行文字的重要工具。

（4）多行文字的"文字格式"工具栏

该工具栏用于控制多行文字的样式及文字的显示效果。

1）"文字格式"下拉列表用于选择多行文字的文字样式。

2）"文字字体"下拉列表用于选择多行文字的字体。

3）"文字高度"下拉列表用于设置多行文字的字高。

4）单击"堆叠"按钮，可以创建堆叠文字（堆叠文字是一种垂直对齐的文字或分数）。在创建堆叠文字时，需要分别输入分子和分母，其间使用"^""#"或"/"分隔，然后用光标选中这一部分文字，单击"堆叠"按钮即可。

5）"颜色"下拉列表用于设置多行文字的颜色。

6）"标尺"按钮用于控制"窗口标尺"的打开和关闭。

7）单击"确定"按钮，系统将用户输入的多行文字显示在绘图窗口中，同时结束多行文字输入命令。

8）"选项"按钮用于打开多行文字输入时的下拉菜单，单击该按钮，系统将打开图 4-7 所示的下拉菜单，可以从中选择需要的操作项目。

9）"宽度比例"文本框用于加宽或变窄选定的字符。可以使用宽度比例 2 使字符的宽度加倍，也可以使用宽度比例 0.5 使宽度减半。

10）"追踪"文本框用于减小或增大选定字符之间的间隔。可以将其设置为大于 1.0 来增大间隔或设置为小于 1.0 来减小间隔。

11）"倾斜角度"文本框用于决定文字是向前还是向后倾斜。可以输入正倾斜角度使文字向右倾斜，也可以输入负倾斜角度使文字向左倾斜。

图 4-7 下拉菜单

12）单击"插入字段"按钮，系统将打开"字段"对话框，可以从该对话框中选取要插入到多行文字中的字段。

（5）"文字输入"窗口

"文字输入"窗口由窗口标尺和多行文字输入显示窗口组成。

窗口标尺可以设置文字的缩进和多行文字的宽度，拖动首行缩进标记可以调整多行文字的首行缩进量；拖动段落缩进标记可以调整多行文字的段落缩进量；拖动窗口标尺右侧的"标尺控制"按钮可以方便地改变多行文字的宽度。

3. 常用特殊字符的输入

在工程制图中，经常需要标注一些特殊的符号，如表示直径的代号"ϕ"、表示角度单位的"°"等，但这些常用的特殊符号不能用键盘直接输入。为解决常用特殊符号的输入问题，AutoCAD 2014 提供了一些简洁的控制码，通过从键盘直接输入这些控制码，就可以达到输入特殊符号的目的。

AutoCAD 2014 提供的控制码均由两个百分号（%%）和一个字母组成，具体控制码与其所对应输入的符号情况见表 4-1。

表 4-1　控制码与其所对应输入的符号情况

输入的控制码	实际输入的符号或功能
%%C	ϕ
%%D	°
%%P	±
%%U	打开或关闭文字的下划线
%%O	打开或关闭文字的上划线

%%U 和%%P 是两个切换开关，在文字中第一次输入该控制码时，表示打开下划线或上画线，第二次输入该控制码时，则表示关闭下划线或上画线；AutoCAD 2014 提供的控制码只能在 shx 字体中使用，如果在 True Type 字体中使用，则无法显示相应的特殊符号，而只能显示一些乱码或问号。

4. 编辑文字

AutoCAD 2014 向用户提供了文字编辑功能，利用这些功能可以对已书写在图形中的文字内容及属性进行编辑和修改。

（1）快速编辑文字内容

选择"修改"→"对象"→"文字"→"编辑"命令，系统提示：

"选择注释对象或 [放弃(U)]："，在该提示下，用光标选择要进行编辑的单行文字，围绕整行文字就出现一个带颜色的方框，整个单行文字全部被选中，此时便可以编辑修改文字。如果要编辑其中的单个文字，可以用光标在该方框中再进行选取，然后就可以对选中的单个文字进行删除、添加、修改等编辑操作。

如果在"选择注释对象或[放弃(U)]："的提示下选择多行文字，系统将弹出"文字格式"工具栏和"文字输入"窗口，可以利用其对多行文字进行编辑。

（2）文字的缩放

选择"修改"→"对象"→"文字"→"比例"命令，系统提示：

"选择对象："，在该提示下，可以选择单行文字或多行文字，选择完毕后按〈Enter〉键。系统继续提示：

"输入缩放的基点选项 [现有(E)/左对齐(L)/居中(C)/中间(M)/右对齐(R)/左上(TL)/中上(TC)/右上(TR)/左中(ML)/正中(MC)/右中(MR)/左下(BL)/中下(BC)/右下(BR)] <现有>："

在上述提示下，选择进行缩放的基准点，选择完毕后，系统继续提示：

"指定新模型高度或[图纸高度(P)/匹配对象(M)/比例因子(S)] <3.5>："

1）"指定新高度"选项。该选项是系统的默认选项。选择该选项，直接输入新的高度值，系统将按用户输入的新高度值重新生成单行或多行文字。

2）"匹配对象(M)"选项。该选项用于指定图形中已存在的单行或多行文字，使用户选择的单行或多行文字的高度与指定的单行或多行文字的高度相同。

3）"缩放比例(S)"选项。该选项用于根据所选单行或多行文字当前的高度进行比例缩放。

4.2 尺寸和几何公差标注

尺寸标注是绘图设计工作中必不可少的部分，因为绘制图形的根本目的是反映对象的形状，而图形中各个对象的真实大小和相互位置只有经过尺寸标注后才能确定。所以，格式准确、完整、清晰地标注出工程对象的尺寸极其重要。

4.2.1 尺寸注法

图样中，除需表达零件的结构形状外，还需标注尺寸，以确定零件的大小。GB 4458.4—2003 中对尺寸标注的基本方法做了一系列规定，必须严格遵守。

1. 基本规定

1）图样中的尺寸，以毫米为单位时，不需注明计量单位代号或名称。若采用其他单位，则必须标注相应计量单位或名称（如35°30′）。

2）图样上所注的尺寸数值是零件的真实大小，与图形大小及绘图的准确度无关。

3）零件的每一尺寸，在图样中一般只标注一次。

4）图样中标注的尺寸是该零件最后完工时的尺寸，否则应另加说明。

2. 尺寸要素

一个完整的尺寸，包含下列五个尺寸要素。

1）尺寸延伸线。尺寸延伸线用细实线绘制，如图 4-8a 所示。尺寸延伸线一般是图形轮廓线、轴线或对称中心线的延伸线，超出箭头约 2～3mm。也可直接用轮廓线、轴线或对称中心线作为尺寸延伸线。

尺寸延伸线一般与尺寸线垂直，必要时允许倾斜。

2）尺寸线。尺寸线用细实线绘制，如图 4-8a 所示。尺寸线必须单独画出，不能用图上任何其他图线代替，也不能与图线重合或在其延长线上（如图 4-8b 中尺寸 3 和 8 的尺寸线），并应尽量避免尺寸线之间及尺寸线与尺寸延伸线之间相交。

标注线性尺寸时，尺寸线必须与所标注的线段平行，相同方向的各尺寸线间距要均匀，间隔应大于5mm。

3）尺寸线终端。尺寸线终端有两种形式：箭头或细斜线，如图 4-9 所示。

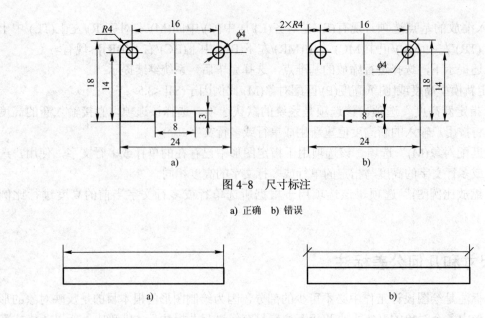

图 4-8　尺寸标注

a) 正确　b) 错误

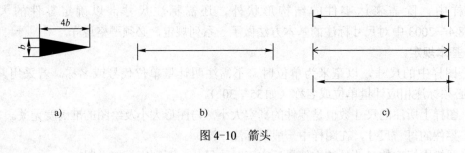

图 4-9　尺寸线终端

箭头适用于各种类型的图形，箭头尖端与尺寸延伸线接触，不得超出也不得有间隙，如图 4-10 所示。

图 4-10　箭头

a) 箭头画法　b) 正确画法　c) 错误画法

当尺寸线终端采用斜线形式时，尺寸线与尺寸延伸线必须相互垂直，并且同一图样中只能采用一种尺寸线终端形式。

当采用箭头作为尺寸线终端时，位置若不够，允许用圆点或细斜线代替箭头。

4）尺寸数字。线性尺寸的数字一般注写在尺寸线上方或尺寸线中断处。同一图样内大小一致，空间不够时可引出标注。

线性尺寸数字方向按图 4-11a 所示方向进行注写，并尽可能避免在图示 30°范围内标注尺寸，当无法避免时，可按图 4-11b 所示标注。

5）符号。图中用符号区分不同类型的尺寸：

ϕ——表示直径。

R——表示半径。

S——表示球面。

δ——表示板状零件厚度（新标准中用 t 表示）。

□——表示正方形。

∠——表示斜度。

◁——表示锥度。

±——表示正负偏差。

×——参数分隔符，如 M10×1，槽宽×槽深等。

-——连字符，如 M10×1-6H 等。

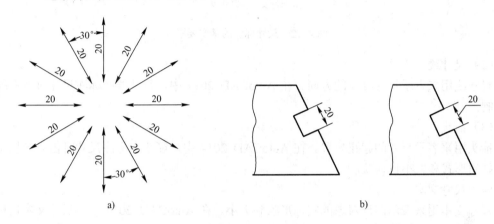

a)   b)

图 4-11 尺寸数字

4.2.2 尺寸标注的基本知识

尺寸是进行工程施工、机械装配和制造的重要依据，它表达了实体的大小，所以尺寸标注是工程图中的重要内容。AutoCAD 2014 向用户提供了方便、快捷的尺寸标注功能，利用这些功能可以快速、准确地标注出工程图中的各类尺寸。

在 AutoCAD 2014 中，对绘制的图形进行尺寸标注时应遵循以下规则。

1）物体的真实大小应以图样上所标注的尺寸数值为依据，与图形的大小及绘图的准确度无关。

2）图样中的尺寸以 mm 为单位时，不需要标注计量单位的代号或名称。

3）图样中所标注的尺寸为该图样所表示的物体的最后完工尺寸，否则应另加说明。

4）尺寸标注要简明，一个尺寸只标注一次，并应标注在反映该结构最清晰的图形上。

5）标注文字中的字体必须按照国家标准规定进行书写。

6）尺寸数值一般写在尺寸线上方，也可以写在尺寸线的中断处，其中尺寸数字的字体高度必须相同。

1. 尺寸标注的基本要素

尺寸标注的类型和外观多种多样，但每一个尺寸标注都是由尺寸界线、尺寸线、箭头和尺寸文本组成的，如图 4-12 所示。

（1）尺寸界线

尺寸界线用来表示所注尺寸的范围。尺寸界线一般要与标注的对象轮廓线垂直，必要时也可以倾斜。在 AutoCAD 2014 中，尺寸界线在标注尺寸时由系统自动绘制或系统自动用轮廓线代替。

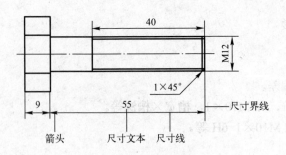

图 4-12　尺寸标注的基本要素

（2）尺寸线

尺寸线用来表示尺寸度量的方向。在 AutoCAD 2014 中，尺寸线在标注尺寸时由系统自动绘制。

（3）箭头

箭头用来表示尺寸的起止位置。在 AutoCAD 2014 中，箭头在标注尺寸时由系统按用户设置好的形式和大小自动绘制。

（4）尺寸文本

尺寸文本用来表示图形对象的实际形状和大小。在 AutoCAD 2014 中，尺寸文本在标注尺寸时由系统自动计算出测量值并进行加注，也可由用户手动加注。

2. 尺寸标注的各种类型

实际工程图中标注的尺寸多种多样。在 AutoCAD 2014 中，根据尺寸标注的需要，对各种尺寸标注进行了分类。尺寸标注可分为线性、对齐、坐标、直径、折弯、半径、角度、基线、连续、引线、尺寸公差、形位公差、圆心标记等类型，还可以对线性标注进行折弯和打断，各类尺寸标注如图 4-13 所示。

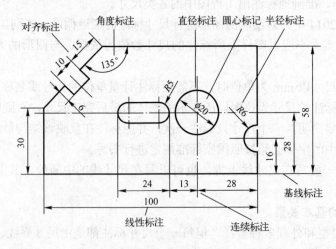

图 4-13　尺寸标注类型

3. "尺寸标注" 工具栏

在对图形进行尺寸标注时，可以将 "尺寸标注" 工具栏调出，并将其放置到绘图窗口的边缘。应用 "尺寸标注" 工具栏可以方便地输入标注尺寸的各种命令。图 4-14 为 "尺寸标注"工具栏及工具栏中的各项内容。

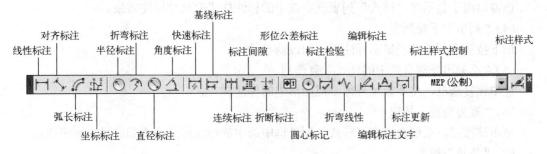

图 4-14 "尺寸标注"工具栏

4.2.3 设置尺寸标注的样式

尺寸标注的格式和外观称为尺寸样式，AutoCAD 2014 根据用户新建图形时所选用的单位，为用户设置了默认的尺寸标注样式。若在新建图形时选用了米制单位，系统的默认标注样式为 ISO—25；如果在新建图形时选用了英制单位，系统的默认标注样式为 Standard。由于系统提供的标注样式与我国的工程制图标准有不一样的地方，所以在进行尺寸标注之前对系统默认的标注样式要进行修改或创建自己需要的，符合工程制图国家标准的标注样式。

1. 新建标注样式或修改已有的标注样式

选择"格式"→"标注样式"命令或单击"样式"工具栏中"标注样式"按钮，系统弹出如图 4-15 所示的"标注样式管理器"对话框。以下介绍该对话框中的各个选项。

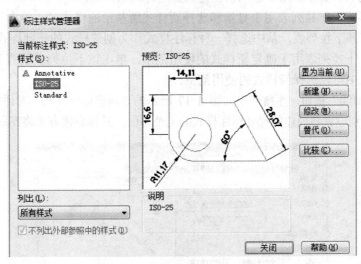

图 4-15 "标注样式管理器"对话框

（1）"当前标注样式"文本区
该文本区用于显示当前使用的尺寸标注样式。
（2）"样式"列表框
该列表框中显示图形文件中已有的标注样式。其中，选中的标注样式以高亮度显示。

（3）"预览"窗口

该窗口用于显示在"样式"列表框中选中的标注样式的尺寸标注效果。

（4）"列出"下拉列表

该下拉列表用于控制显示标注样式的过滤条件。

（5）"不列出外部参照中的样式"复选框

选中该复选框，将不显示外部参照图形中的标注样式。

（6）"置为当前"按钮

单击该按钮，系统会将在"样式"列表框中选中的标注样式置为当前尺寸标注样式。

（7）"新建"按钮

该按钮用于创建一种新的尺寸标注样式。单击该按钮，系统弹出如图 4-16 所示的"创建新标注样式"对话框，该对话框中各选项的含义和功能如下。

图 4-16 "创建新标注样式"对话框

1）"新样式名"文本框用于输入新创建的标注样式名。

2）"基础样式"下拉列表用于显示和选择新样式所基于的样式名，单击该下拉列表框的下三角按钮，打开下拉列表，从中选择一种标注样式作为创建样式的基础样式。

3）"用于"下拉列表用于确定新样式的使用范围，单击该下拉列表框的下三角按钮，打开下拉列表，从中可以选择新样式的使用范围。

4）单击"继续"按钮，系统弹出如图 4-17 所示的"新建标注样式"对话框，该对话框有七个选项卡，分别设置新创建的尺寸标注样式的七个方面，具体设置方法将在后面详细介绍。

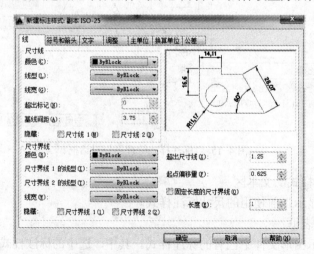

图 4-17 "新建标注样式"对话框

（8）"修改"按钮

该按钮用于修改当前的尺寸标注样式。单击该按钮，系统弹出"修改标注样式：样式1"对话框，该对话框与如图 4-17 所示的"新建标注样式"对话框的具体内容完全相同。其中的各选项将在新创建尺寸标注样式中介绍。

（9）"替代"按钮

该按钮用于替代当前的标注样式。单击该按钮，系统弹出一个"替代当前样式"对话框，该对话框与图 4-17 所示的"新建标注样式"对话框的具体内容完全相同。其中的各选项将在新创建尺寸标注样式中进行介绍。

（10）"比较"按钮

该按钮用于比较两种尺寸标注样式之间的差别。单击该按钮，系统将弹出如图 4-18 所示的"比较标注样式"对话框。在该对话框中，系统将详细列出当前的标注样式与用户选择的标注样式之间的不同处。

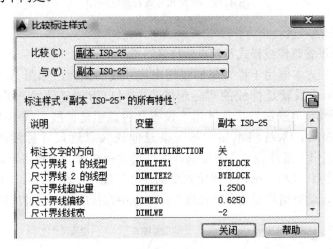

图 4-18 "比较标注样式"对话框

无论是新创建标注样式，还是对已有的标注样式进行修改或替代，其实质都是对尺寸标注样式的七个方面进行设置，设置所用的对话框虽然名称不同，但对话框的内容却完全相同。下面以新创建尺寸标注样式的操作为例，详细介绍对尺寸标注样式的七个方面进行设置的具体过程。

2. 设置尺寸线和尺寸界线

前面已介绍过"创建新标注样式"对话框，单击该对话框中的"继续"按钮，系统将弹出"新建标注样式"对话框，选择该对话框中的"线"选项卡，如图 4-17 所示，就可在此对尺寸界线和尺寸线进行设置。

（1）"尺寸线"选项区

该选项区用于设置尺寸线样式及基线间距。

"颜色"下拉列表用于显示和确定尺寸线的颜色。"线宽"下拉列表用于显示和确定尺寸线的线宽。"超出标记"文本框用于设置尺寸线超出尺寸界线的距离，如图 4-19a 所示。"基线间距"文本框用于设置基线标注时尺寸线之间的距离，如图 4-19b 所示。"隐藏"选项区用于设置是否显示尺寸线。选中"尺寸线 1"复选框，进行尺寸标注时，将不显示第一条尺寸线靠近尺寸标注的起点一段，如图 4-19c 所示。选中"尺寸线 2"复选框，进行尺寸标注时，将不显示第二条尺寸线靠近尺寸标注的终点一段。

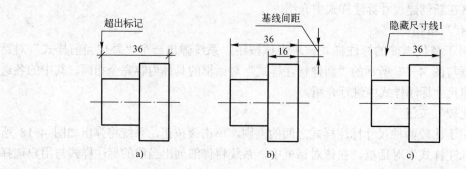

图 4-19　设置尺寸线及基线间距

（2）"延伸线"选项区

该选项区用于设置延伸线样式及起点偏移量。

"超出尺寸线"文本框用于设置延伸线超出尺寸线的距离，如图 4-20a 所示。"起点偏移量"文本框用于设置延伸线的实际起始点与用户指定延伸线起始点之间的偏移距离，如图 4-20b 所示。"隐藏"选项区用于设置是否显示延伸线。选中"延伸线 1"复选框，进行尺寸标注时，系统将不显示第一条延伸线（靠近尺寸标注的起点一段），如图 4-20c 所示。选中"延伸线 2"复选框，进行尺寸标注时，系统将不显示第二条延伸线（靠近尺寸标注的终点一段）。选中"固定长度的尺寸界线"复选框，标注尺寸时用户将自己确定延伸线的长度，此时用户需要在"长度"文本框中选择或输入延伸线的长度。

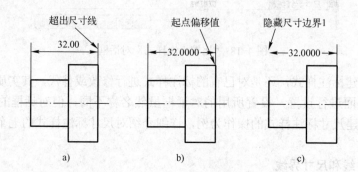

图 4-20　设置尺寸界限及起点偏移量

3. 设置箭头和符号

单击如图 4-17 所示对话框中的"符号和箭头"标签，打开"符号和箭头"选项卡，如图 4-21 所示。利用该选项卡可以对箭头、圆心标记、弧长符号和折弯标注样式进行设置。

（1）"箭头"选项区

该选项区用于设置尺寸标注箭头的样式和大小。

（2）"圆心标记"选项区

该选项区用于设置圆或圆弧的圆心标记的类型和大小。

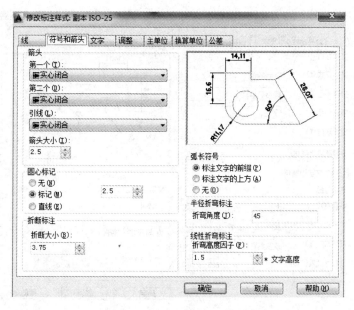

图 4-21 "符号和箭头"选项卡

圆心类型有三种：无、标记和直线。选择"无"单选按钮表示圆心不标注标记，如图 4-22a 所示；选择"标记"单选按钮表示圆心用十字线标记，如图 4-22b 所示；选择"直线"单选按钮表示圆心用中心线标记，如图 4-22c 所示。"大小"文本框用于设置圆心标记的尺寸。

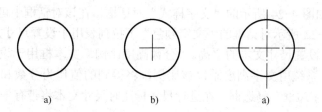

       a)   b)   a)

图 4-22　圆心标记类型

（3）"折断标注"选项区

该选项区用于选择使用折断标注时折断尺寸的大小。

（4）"弧长符号"选项区

该选项区用于选择标注圆弧长度时的圆弧符号。

（5）"半径标注折弯"选项区

该选项区用于设置标注大尺寸圆弧或圆的半径时折线之间的角度。

（6）"线性折弯标注"选项区

该选项区用于设置线性折弯标注时折弯的高度。

4. 设置尺寸文本

单击如图 4-17 所示对话框中的"文字"标签，打开"文字"选项卡，如图 4-23 所示。利用该选项卡可以对尺寸文本样式进行设置。

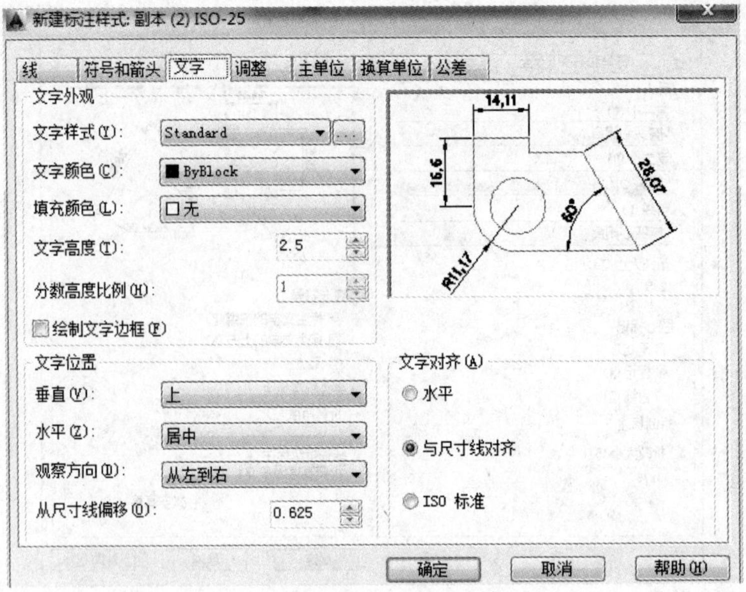

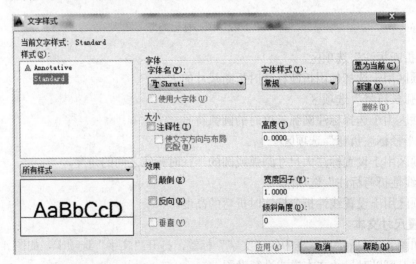

图 4-23 "文字"选项卡

(1)"文字外观"选项区

该选项区用于设置尺寸文本的外观样式。

"文字样式"下拉列表用于设置尺寸文本的文字样式。单击该下拉列表框的下三角按钮，打开下拉列表，列表中列出已设置的文字样式供用户选择使用。单击其右边的按钮，系统将弹出如图 4-24 所示的"文字样式"对话框，在该对话框中可以设置尺寸文本的文字样式。在图 4-22 所示对话框的"文字颜色"下拉列表用于设置尺寸文本的颜色。"文字高度"文本框用于设置尺寸文本的字高。"分数高度比例"文本框用于设置标注分数和尺寸公差的文本高度，系统用文字高度乘以该比例，将得到的值作为分数和尺寸公差的文本高度。选中"绘制文字边框"复选框，在进行尺寸标注时尺寸文本将带有一个矩形外框。

图 4-24 "文字样式"对话框

（2）"文字位置"选项区

该选项区用于设置尺寸文本相对于尺寸线和尺寸界线的放置位置。

"垂直"下拉列表用于设置尺寸文本相对于尺寸线垂直方向的位置，该下拉列表有四个选项。选择"居中"选项表示将尺寸文本放置在尺寸线的中间；选择"上方"选项表示将尺寸文本放置在尺寸线的上方；选择"外部"选项表示将尺寸文本放置在远离图形对象的一边；选择"JIS"选项表示将尺寸文本按 JIS 标准放置。

"水平"下拉列表用于设置尺寸文本在尺寸线水平方向上相对于尺寸界线的位置。该下拉列表有五个选项。选择"居中"选项表示将尺寸文本放置在尺寸界线的中间；选择"第一条尺寸界线"选项表示将尺寸文本放置在靠近第一条尺寸界线的位置；选择"第二条尺寸界线"选项表示将尺寸文本放置在靠近第二条尺寸界线的位置；选择"第一条尺寸界线上方"选项表示将尺寸文本放置在第一条尺寸界线上方的位置；选择"第二条尺寸界线上方"选项表示将尺寸文本放置在第二条尺寸界线上方的位置。

"从尺寸线偏移"文本框用于设置尺寸文本与尺寸线之间的距离。

（3）"文字对齐"选项区

该选项区用于设置尺寸文本的放置方向。选中"水平"单选按钮表示尺寸文本将水平放置，如图 4-25a 所示。选中"与尺寸线对齐"单选按钮表示尺寸文本沿尺寸线方向放置，如图 4-25b 所示。选中"ISO 标准"单选按钮表示尺寸文本按 ISO 标准放置，当尺寸文本在尺寸界线之内时，尺寸文本与尺寸线对齐；当尺寸文本在尺寸界线之外时，尺寸文本则水平放置，如图 4-25c 所示。

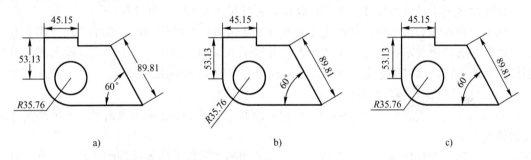

a)   b)   c)

图 4-25   文字对齐的三种结果

5. 调整尺寸文本、尺寸线和箭头

单击如图 4-16 所示对话框中的"调整"标签，打开"调整"选项卡，如图 4-26 所示。利用该选项卡可以进一步调整尺寸文本、尺寸线、尺寸箭头和引线等。

（1）"调整选项"选项区

该选项区用于确定当尺寸界线之间的距离太小，且没有足够的空间同时放置尺寸文本和尺寸箭头时，首先从尺寸界线移出的对象。

选中"文字或箭头（最佳效果）"单选按钮表示由系统按最佳效果选择移出的文字或箭头，该选项是系统的默认选项。选中"箭头"单选按钮表示首先将箭头移出。选中"文字"单选按钮表示首先将文字移出。选中"文字和箭头"单选按钮表示将文字和箭头同时移出。选中"文字始终保持在尺寸界线之间"单选按钮表示无论是否能放置下，都要将尺寸文本放置在尺寸界线之间。选中"若箭头不能放在尺寸界线内，则将其消除"复选框表示如果尺寸界线之间的距离太小，则可以隐藏箭头。

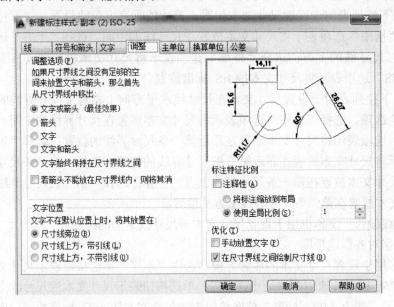

图 4-26 "调整"选项卡

（2）"文字位置"选项区

该选项区用于设置当尺寸文本不在默认位置时尺寸文本的放置位置。

选中"尺寸线旁边"单选按钮表示将尺寸文本放置在尺寸线旁边。选中"尺寸线上方，带引线"单选按钮表示将尺寸文本放置在尺寸线上方且加注引线。选中"尺寸线上方，不带引线"单选按钮表示将尺寸文本放置在尺寸线上方，但不加注引线。

（3）"标注特征比例"选项区

该选项区用于设置标注尺寸的特征比例，即通过设置全局比例因子来增大或缩小尺寸标注的外观大小。

选中"使用全局比例"单选按钮，并在其右边的文本框中输入比例因子数值，可以对全部尺寸标注进行缩放，如图 4-27 所示。使用全局比例对尺寸标注进行缩放，只是对尺寸标注的外观大小进行了缩放，而不改变尺寸的测量值（即尺寸文本的数值大小不变）。

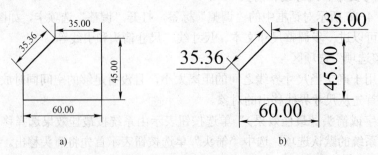

图 4-27　使用全局比例控制尺寸标注的外形大小的结果

a) 全局比例为 1 时　b) 全局比例为 2 时

为了保证输出的图形与尺寸标注的外观大小相匹配，可以将全局比例系数设置为图形输出比例的倒数。例如：在一个准备按 2：1 放大输出的图形中，如果箭头的尺寸和文本高度被定义为 2.5，且要求输出图形中的箭头和文本高度也为 2.5，那么必须将全局比例系数设置为 0.5，这样一来，在标注尺寸时系统自动把尺寸文本和箭头等缩小到 1.25，用绘图仪（或打印机）输出该图时，高度为 1.25 的尺寸文本和长为 1.25 的箭头又分别放大到了 2.5。

选中"将标注缩放到布局"单选按钮，系统将会自动根据当前模型空间和图纸空间的比例设置比例因子。

（4）"优化"选项区

该选项区用于对尺寸文本和尺寸线进行细微调整。

选中"手动放置文字"复选框，系统将忽略尺寸文本的水平位置，在标注时用户可以根据需要将尺寸文本放置在指定位置。选中"在尺寸界线之间绘制尺寸线"复选框，即使尺寸箭头放置在尺寸界线之外，在尺寸界线之间也将绘制尺寸线。

6. 设置尺寸文本主单位的格式

单击如图 4-17 所示对话框中的"主单位"标签，打开"主单位"选项卡，如图 4-28 所示。利用该选项卡可以设置尺寸文本的单位类型、精度、前缀和后缀等。

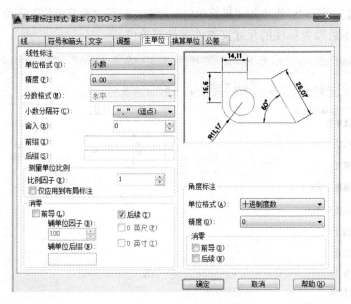

图 4-28 "主单位"选项卡

（1）"线性标注"选项区

该选项区用于设置线性标注的格式和精度。

"单位格式"下拉列表用于设置除角度标注外，其余各标注类型的尺寸单位格式。"精度"下拉列表用于设置除角度标注外，其余各标注类型尺寸单位的精度。"分数格式"下拉列表用于设置采用分数单位标注尺寸时的分数形式。用户可以在该下拉列表中显示的"水平""对角"和"非堆叠"三种形式中选择一种。"小数分隔符"下拉列表用于设置小数的分隔符。用户可以在该下拉列表中显示的"逗号""句号"和"空格"三种形式中选择一种。"舍入"文本框用于设置尺寸文本的舍入精度，即将尺寸测量值舍入到指定值。"前缀"文本框用于设置尺寸文本的前缀。"后缀"文本框用于设置尺寸文本的后缀。

（2）"测量单位比例"选项区

该选项区用于设置比例因子以及该比例因子是否仅用于布局标注。

"比例因子"文本框用于设置除角度标注外所有标注测量值的比例因子。系统实际标注的尺寸数值为测量值与比例因子的积。选中"仅应用到布局标注"复选框，表示在"比例因子"文本框中设置的比例只用在布局尺寸中。

为保证图中尺寸标注的尺寸数值与实物相符，应该将比例因子设置为绘图比例的倒数，例如：在一个准备按 1∶2 绘制的图形中，比例因子应该设置为 2，如果实物的长为 100，绘制在图中的长则只有 50，系统的测量值即为 50，在标注尺寸时，系统用测量值（50）乘以比例因子（2）作为尺寸文本数值（100）进行标注。

（3）"消零"选项区

该选项区用于设置是否显示尺寸文本中的"前导"和"后续"零。

（4）"角度标注"选项区

该选项区用于设置角度标注尺寸的单位格式和精度。

7. 添加换算单位标注

单击如图 4-17 所示对话框中的"换算单位"标签，打开"换算单位"选项卡，如图 4-29 所示。利用该选项卡可以为标注的尺寸文本添加换算单位。

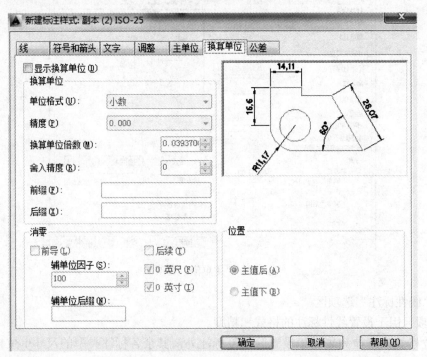

图 4-29 "换算单位"选项卡

（1）"显示换算单位"复选框

选中该复选框，系统将同时显示主单位（一般为毫米）和换算单位（一般为英寸）两个尺寸文本（换算单位的尺寸文本位于方括号内）。

148

（2）"换算单位"选项区

该选项区用于设置线性标注时换算单位的格式和精度。该选项区中的各选项与主单位选项卡中"线性标注"选项区中的各选项含义相同，只是多了一个"换算单位倍数"选项。

"换算单位倍数"文本框用于设置主单位与换算单位之间的比例，换算单位尺寸值为主单位与所设置的比例之乘积。

（3）"消零"选项区

该选项区用于设置是否显示换算单位尺寸文本中的"前导"和"后续"零。

（4）"位置"选项区

该选项区用于设置换算单位尺寸文本相对于主单位尺寸文本的放置位置。

8. 添加和设置尺寸公差

单击如图 4-17 所示对话框中的"公差"标签，打开"公差"选项卡，如图 4-30 所示。利用该选项卡可以为尺寸标注添加和设置尺寸公差。

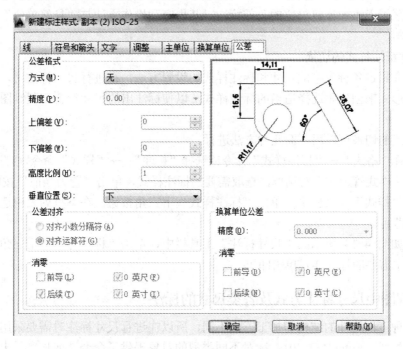

图 4-30 "公差"选项卡

（1）"公差格式"选项区

该选项区用于设置尺寸公差的标注内容和标注格式。

"方式"下拉列表用于设置尺寸公差的标注形式，在打开的下拉列表中有五种标注形式供用户选择。选择"无"选项表示不注尺寸公差；选择"对称"选项表示要标注对称的尺寸公差；选择"极限偏差"选项表示要标注尺寸公差的上下偏差；选择"极限尺寸"选项表示要用标注最大和最小极限尺寸的方式来标注尺寸公差；选择"基本尺寸"选项表示只标注带方框的基本尺寸。

"精度"下拉列表用于设置尺寸公差的标注精度。

"上偏差"文本框用于设置尺寸公差的上偏差。

"下偏差"文本框用于设置尺寸公差的下偏差。

"高度比例"文本框用于设置尺寸公差的文本高度与基本尺寸文本高度的比例。

"垂直位置"下拉列表用于设置尺寸公差的文本与基本尺寸文本的相对位置，在打开的下拉列表中有三种形式供用户选择。选择"下"选项表示尺寸公差的文本与基本尺寸文本以底线对齐；选择"中"选项表示尺寸公差的文本与基本尺寸文本以中线对齐；选择"上"选项表示尺寸公差的文本与基本尺寸文本以顶线对齐。

（2）"公差对齐"选项区

该选项区用于设置尺寸公差的上下偏差数字的对齐方式。

（3）"消零"选项区

该选项区用于设置尺寸公差的零抑制，其内容和操作方法与"主单位"选项卡中的对应选项相同。

（4）"换算单位公差"选项区

该选项区用于添加换算单位的公差标注，其内容和操作方法与"换算单位"选项卡中的有关选项相同。

9．尺寸标注样式的切换

前面已介绍过各种类型的尺寸和标注样式的设置方法，在进行尺寸标注时，应根据尺寸类型和标注形式来创建和选择适当的标注样式，以使标注出的尺寸符合工程制图规定的国家标准。

标注样式的切换可以用下面几种方法进行。

（1）选择"格式"→"标注样式"命令或选择"标注"→"样式"命令，打开如图 4-15 所示的"标注样式管理器"对话框，选取需要的标注样式，单击"置为当前"按钮。

（2）在"样式"工具栏中，单击"标注样式"下三角按钮，在下拉列表中选中需要的标注样式单击即可。

（3）在如图 4-14 所示的"尺寸标注"工具栏中，单击"标注样式"下三角按钮，在下拉列表中选中需要的标注样式单击即可。

4.2.4　工程图中尺寸标注方式及各类尺寸的标注

由于各种工程构件的结构和加工方法不同，所以在进行尺寸标注时需要采用不同的标注方式和标注类型。AutoCAD 2014 针对不同类型的对象提供了命令，如长度、半径、直径、坐标和角度等。进行尺寸标注时应根据具体构件来选择，从而使标注的尺寸符合设计要求，方便加工和测量。

1．线性标注

线性标注用于标注两点间的水平或垂直距离。

选择"标注"→"线性"命令或单击"标注"工具栏中的"线性"按钮，系统提示：

"指定第一个尺寸界线原点或 <选择对象>："

（1）"指定第一个尺寸界线原点"选项

该选项为系统的默认选项。选择该选项，直接指定第一条尺寸界线的原点，系统继续提示：

"指定第二条延伸线原点:",在该提示下,确定第二条尺寸界线原点,系统继续提示:

"指定尺寸线位置或 [多行文字(M)/文字(T)/角度(A)/水平(H)/垂直(V)/旋转(R)]:"

选择"指定尺寸线位置"选项,可以直接在绘图窗口中用鼠标动态地控制尺寸线的位置,单击鼠标确定尺寸线的合适位置后,系统将自动测量并标注出两个原点间水平或垂直方向上的尺寸数值。选择"多行文字(M)"选项,系统将进入多行文字编辑模式,用户可以使用"文字格式"工具栏和"文字输入"窗口设置并输入尺寸文本,其中,"文字输入"窗口中尖括号里的数值是系统的测量值。选择"文字(T)"选项表示用户将通过命令行自行输入尺寸文本。选择"角度(A)"选项表示将尺寸文本旋转一定的角度,此时,系统将提示用户输入尺寸文本的旋转角度。选择"水平(H)"选项表示要标注水平方向的尺寸。选择"垂直(V)"选项表示要标注垂直方向的尺寸。选择"旋转(R)"选项表示要将尺寸线进行旋转,此时,系统将提示用户输入尺寸线的旋转角度。

(2)"选择对象"选项

在"指定第一条延伸线原点或<选择对象>:"的提示下直接按〈Enter〉键,系统将提示:

"选择标注对象:",在该提示下,可以直接选择要标注线性尺寸的某一条线段,系统自动把该线段的两个端点作为尺寸界线的两个原点,并继续提示:

"指定尺寸线位置或[多行文字(M)/文字(T)/角度(A)/水平(H)/垂直(V)/旋转(R)]:"

2. 对齐标注

对齐标注又称平行标注,因为标注的尺寸线始终与标注点的连线平行,因此,可以标注任意方向上两点间的距离。

选择"标注"→"对齐"命令或单击"标注"工具栏中的"对齐"按钮,系统提示:

"指定第一个尺寸界线原点或<选择对象>:"

(1)"指定第一个尺寸界线原点"选项

该选项为系统的默认选项。选择该选项,直接指定第一条尺寸界线的原点。系统继续提示:

"指定第二条尺寸界线原点:",在该提示下,确定第二条尺寸界线原点。系统继续提示:

"指定尺寸线位置或[多行文字(M)/文字(T)/角度(A)]:"

"指定尺寸线位置""多行文字(M)""文字(T)"和"角度(A)"等选项与线性标注中同名选项的含义和操作方法基本相同,此处不再赘述。

(2)"选择对象"选项

该选项与线性标注中"选择对象"选项的含义和操作方法基本相同,不同之处在于选择标注对象时,该选项要求用户选择某一条倾斜的线段,选择后系统重复提示:"指定尺寸线位置或[多行文字(M)/文字(T)/角度(A)]:"。

3. 弧长标注

弧长标注用于标注圆弧或弧线段的长度。

选择"标注"→"弧长"命令或单击"标注"工具栏中的"弧长"按钮,系统提示:

"选择弧线段或多段线圆弧:",选择需要标注的弧线段,系统继续提示:

"指定弧长标注位置或 [多行文字(M)/文字(T)/角度(A)/部分(P)/引线(L)]:"

4. 坐标标注

坐标标注分为 X 坐标标注和 Y 坐标标注，用户如果要绘制坐标标注，可通过坐标和引线端点的坐标差来确定。

选择"标注"→"坐标"命令或单击"标注"工具栏中的"坐标"按钮，系统提示："指定点坐标："，选择需要指定坐标的点。系统继续提示：

"指定引线端的或 [X 基准(X)/多行文字(M)/文字(T)/角度(A)]："

5. 半径标注

半径标注用于标注圆或圆弧的半径尺寸。

选择"标注"→"半径"命令或单击"标注"工具栏中的"半径"按钮，系统提示：

"选择圆弧或圆："，在该提示下，选取要进行标注的圆或圆弧。系统继续提示：

"指定尺寸线位置或 [多行文字(M)/文字(T)/角度(A)]："

"指定尺寸线的位置"选项为系统的默认选项。选择该选项，直接选取一点来确定尺寸线的位置，系统将自动测量并注出圆或圆弧的半径尺寸，并在半径尺寸前自动加注半径代号"R"。

"多行文字(M)""文字(T)"及"角度(A)"等选项的含义和操作过程与前面介绍的同名选项相同。

通过多行文字或命令行输入半径尺寸时，必须在输入的半径值前加前缀"R"，否则半径尺寸前没有半径代号"R"。

6. 折弯标注

折弯标注用于标注当圆或圆弧的中心位于布局外且无法显示实际位置的圆弧和圆的半径尺寸。

选择"标注"→"折弯"命令或单击"标注"工具栏中的"折弯"按钮，系统提示：

"选择圆弧或圆："，在该提示下，选取要进行标注的圆或圆弧。系统继续提示：

"指定图示中心位置："，在该提示下，选取要进行标注的圆或圆弧的替代中心，系统继续提示：

"指定尺寸线位置或 [多行文字(M)/文字(T)/角度(A)]："

"指定尺寸线的位置"选项为系统的默认选项。选择该选项，直接选取一点来确定尺寸线的位置。系统将继续提示：

"指定折弯位置："，在该提示下，用户移动光标选取折线的位置，系统自动测量并注出圆或圆弧的半径尺寸。

"多行文字(M)""文字(T)"及"角度(A)"等选项的含义和操作过程与前面介绍的同名选项相同。

7. 直径标注

直径标注用于标注圆或圆弧的直径尺寸。

选择"标注"→"直径"命令或单击"标注"工具栏中的"直径"按钮，系统提示：

"选择圆弧或圆："，在该提示下，用户选取要进行标注的圆或圆弧。系统继续提示：

"指定尺寸线位置或 [多行文字(M)/文字(T)/角度(A)]："

"指定尺寸线位置"选项为系统的默认选项。选择该选项，直接选取一点来确定尺寸线的位置，系统将自动测量并注出圆或圆弧的直径尺寸，并在直径尺寸前自动加注直径代号"ϕ"。

"多行文字(M)""文字(T)"及"角度(A)"等选项的含义和操作过程与前面介绍的同名选项相同。

通过多行文字或命令行输入直径尺寸时，必须在输入的直径值前加前缀"%%C"，否则直径尺寸前没有直径的代号"ϕ"。

8. 角度标注

角度标注命令可以精确测量并标注被测对象之间的夹角度数。

选择"标注"→"角度"命令或单击"标注"工具栏中的"角度"按钮△，系统提示："选择圆弧、圆、直线或 <指定顶点>："。

（1）"选择圆弧"选项

该选项用于标注圆弧的圆心角。选择该选项，直接选择圆弧。系统继续提示：

"指定标注弧线位置或 [多行文字(M)/文字(T)/角度(A)/象限点(Q)]："

"指定标注弧线位置"选项是系统的默认选项。选择该选项，直接选取一点来确定尺寸弧线的位置，系统将按实际测量值标注出角度，并在角度值后自动加注角度单位"°"。

"象限点(Q)"选项用于确定标注哪个角度。

"多行文字(M)""文字(T)"及"角度(A)"等选项的含义和操作过程与前面介绍的同名选项相同。

通过多行文字或命令行输入角度时，必须在输入的角度值后加后缀"%%D"，否则角度尺寸后没有角度单位的代号"°"。

（2）"选择圆"选项

该选项用于标注以圆心为顶角、以选择的另外两点为端点的圆弧角度。选择该选项，选择圆上一点，系统将该点作为要标注角度的圆弧起始点，并提示：

"指定角的第二个端点："，在该提示下，确定另一点作为角的第二个端点。系统继续提示：

"指定标注弧线位置或 [多行文字(M)/文字(T)/角度(A)/象限点(Q)]："

（3）"选择直线"选项

该选项用于标注两条不平行直线间的夹角。选择该选项，直接选择一条直线。系统继续提示：

"选择第二条直线："，在该提示下，选择第二条直线。系统继续提示：

"指定标注弧线位置或 [多行文字(M)/文字(T)/角度(A)/象限点(Q)]："

（4）"指定顶点"选项

该选项用于根据三个点标注角度，选择该选项以后直接按〈Enter〉键，系统将提示：

"指定角的顶点："，在该提示下，指定一点作为角的顶点。系统继续提示：

"指定角的第一个端点："，在该提示下，确定一点作为角的第一个端点。系统继续提示：

"指定角的第二个端点："，在该提示下，再确定一点作为角的第二端点。系统继续提示：

"指定标注弧线位置或 [多行文字(M)/文字(T)/角度(A)/象限点(Q)]："

9. 快速标注

快速标注是一种智能化的标注，它可以快速创建出多种形式的标注，如基线标注、连续标注、半径标注和直径标注等。

选择"标注"→"快速标注"命令或单击"标注"工具栏中的"快速标注"按钮，系统提示：

"关联标注优先级=端点 选择要标注的几何图形："，选择要标注的图形对象，单击鼠标右键或者按下〈Enter〉键。系统继续提示：

"指定尺寸线位置或[连续(C)/并列(S)/基线(B)/坐标(O)/半径(R)/直径(D)/基准点(P)/编辑(E)/设置(T)]<连续>："

确定选择图形对象后，系统将根据所选对象的类型自动采用一种最适合的标注方式进行尺寸标注，用户也可以根据需要选择其他选项创建标注。各项选项的含义如下。

（1）"连续"选项

该选项用于创建一系列连续标注，与 DIMCONTINUE 命令的功能相同，但它不需要在已有的线性标注基础之上进行。

（2）"并列"选项

该选项用于创建一系列并列标注尺寸，用于标注对称性的尺寸。

（3）"基线"选项

该选项用于创建一系列的基线标注。

（4）"坐标"选项

该选项用于以某一点为基准，标注其他端点相对于该基点的相对坐标。

（5）"半径"选项

该选项用于创建一系列半径标注。

（6）"直径"选项

该选项用于创建一系列直径标注。

（7）"基准点"选项

该选项用于为基线标注和坐标标注设置基准点。

（8）"编辑"选项

该选项用于增加或减少尺寸标注中尺寸界线原点的数目。

（9）"设置"选项

该选项用于指定尺寸界线原点设置默认的对象捕捉模式。

10. 基线标注

基线标注必须是在已经进行线性、对齐或角度标注基础上，再对其他的图形对象进行基准标注。

选择"标注"→"基线"命令或单击"标注"工具栏中的"基线"按钮，系统提示：

"指定第二条延伸线原点或 [放弃(U)/选择(S)] <选择>："

（1）"指定第二条延伸线原点"选项

该选项是系统的默认选项。用户第一次进行标注后，选择基线标注命令，在上述提示下直接确定第二次尺寸标注的第二条尺寸界线原点（第一条尺寸界线与第一次尺寸标注的第一条尺寸界线重合），系统将自动标注出尺寸。此后，系统将反复出现上述提示，直到按〈Esc〉键结束该命令。

（2）"放弃(U)"选项

该选项用于取消上一次的基线标注操作。

（3）"选择(S)"选项

该选项用于选择基线标注的基准。选择该选项，输入"S"，按〈Enter〉键或直接按〈Enter〉键。系统继续提示：

"选择基准标注："，在该提示下选择基线标注的基准，系统返回提示：

"指定第二条尺寸界线原点或[放弃(U)/选择(S)] <选择>："

下面以图 4-31 为例来说明基线标注的具体操作过程。

选择"标注"→"线性"命令，在"指定第一条延伸线原点或 <选择对象>："的提示下，选择图中的 A 点。

在"指定第二条延伸线原点："的提示下，选择图中的 B 点。

在"指定尺寸线位置或 [多行文字(M)/文字(T)/角度(A)/水平(H)/垂直(V)/旋转(R)]"的提示下，移动光标至适当位置单击，系统将标注出尺寸 40。

选择"标注"→"基线"命令，在"指定第二条延伸线原点或[放弃(U)/选择(S)]<选择>："的提示下，选择图中的 C 点，系统将标注出尺寸 80。

在"指定第二条尺寸界线原点或[放弃(U)/选择(S)]<选择>："的重复提示下选择图中的 D 点，系统将标注出尺寸 110。

在"指定第二条延伸线原点或[放弃(U)/选择(S)] <选择>："的重复提示下，按〈Esc〉键结束基线标注命令。

以上操作过程的结果如图 4-31b 所示。

用基线标注命令标注尺寸必须先创建（或选择）一个线性、对齐或角度标注作为基准；基线标注是以某一条尺寸界线（即基线）作为基准进行标注的，AutoCAD 2014 默认把最后标注的尺寸的第一条尺寸界线作为基准。

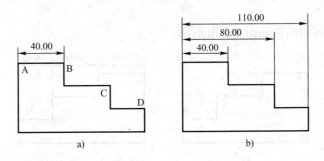

图 4-31 基线标注实例

11. 连续标注

连续标注用于标注同一方向上的连续线性尺寸和角度尺寸，它可以保证每个尺寸的精度。

选择"标注"→"连续"命令或单击"标注"工具栏中的"连续"按钮 ，系统提示：

"指定第二条尺寸界线原点或 [放弃(U)/选择(S)] <选择>："

（1）"指定第二条延伸线原点"选项

该选项是系统的默认选项。第一次进行标注后，选择连续标注命令，在上述提示下直接确定第二次尺寸标注的第一条延伸线的原点（第一条延伸线与第一次尺寸标注的第二条延伸线重合），系统将自动标注出尺寸。此后，系统将反复出现上述提示，直到按〈Esc〉键结束该命令。

（2）"放弃(U)"选项

该选项用于取消上一次的连续标注操作。

（3）"选择(S)"选项

该选项用于选择连续标注的基准。选择该选项，输入 S，按〈Enter〉键或直接按〈Enter〉键。系统继续提示：

"选择连续标注："，在该提示下选择连续标注的基准（即延伸线），系统返回提示：

"指定第二条尺寸界线原点或 [放弃(U)/选择(S)] <选择>："

下面以图 4-32 为例来说明线性标注的具体操作过程。

选择"标注"→"线性"命令，在"指定第一条延伸线原点或<选择对象>："的提示下，选择图中的 A 点。

在"指定第二条尺寸界线原点："的提示下，选择图中的 B 点。

在"指定尺寸线位置或[多行文字(M)/文字(T)/角度(A)/水平(H)/垂直(V)/旋转(R)]："的提示下，移动光标至适当位置单击，系统将标注出尺寸 40。

选择"标注"→"连续"命令，在"指定第二条延伸线原点或 [放弃(U)/选择(S)]<选择>："的提示下，选择图中的 C 点，系统将标注出尺寸 40。

在"指定第二条尺寸界线原点或 [放弃(U)/选择(S)]<选择>："的重复提示下，选择图中的 D 点，系统将标注出尺寸 30。

在"指定第二条尺寸界线原点或 [放弃(U)/选择(S)]<选择>："的重复提示下，按〈Esc〉键结束连续标注命令。

以上的操作过程的结果如图 4-32b 所示。

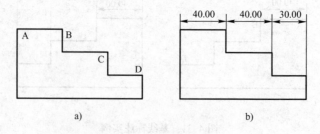

图 4-32　连续标注实例

用连续标注命令标注尺寸同样要求先创建（或选择）一个线性、对齐或角度标注作为基准；连续标注是以某一条延伸线（即基线）作为基准进行标注的，AutoCAD 2014 默认把最后标注尺寸的第二条延伸线作为基准。

4.2.5 几何公差的创建

公差标注是机械绘图特有的标注，用于说明机械零件允许的误差范围，是加工生产和装配零件时必须有的标注，也是保证零件具有通用性的手段。形位公差是指机械零件的表面形状和有关部位的相对位置允许变动的范围，是指导生产、检验生产和控制质量的技术依据。

选择“标注”→“公差”命令或单击“标注”工具栏中的“公差”按钮，系统弹出如图 4-33 所示的“形位[⊖]公差”对话框，在该对话框中可对形位公差进行设置，设置完毕后单击“确定”按钮返回绘图区，并指定形位公差的标注位置即可插入形位公差。下面对该对话框中的内容进行介绍。

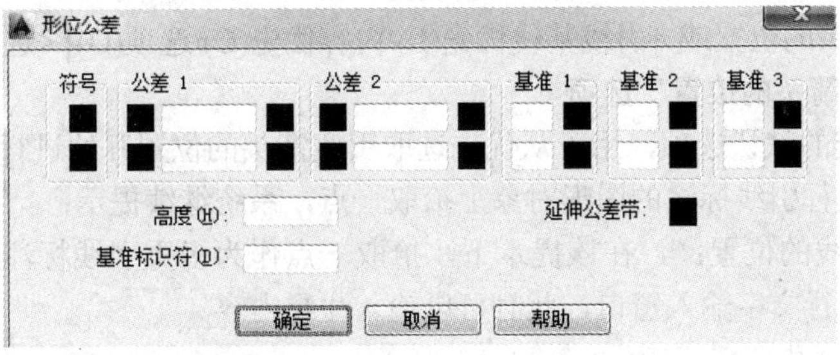

图 4-33 “形位公差”对话框

1.“符号”选项

该选项用于选取形位公差的项目。单击“符号”下的方框，系统将弹出如图 4-34 所示的“特征符号”对话框，在该对话框中选取形位公差项目（可以同时选两项形位公差）后，系统将返回“形位公差”对话框。

2.“公差”选项

该选项用于设置形位公差的公差带符号、公差值及包容条件。“公差”项最前面的方框用来设置公差带的符号“ϕ”（单击方框）；“公差”项的中间文本框用来输入形位公差值；“公差”项的后面方框用来设置形位公差的附加符号。单击该方框，系统将弹出如图 4-35 所示的“附加符号”对话框，在该对话框中选择某个符号，系统将在“形位公差”对话框中显示该符号。

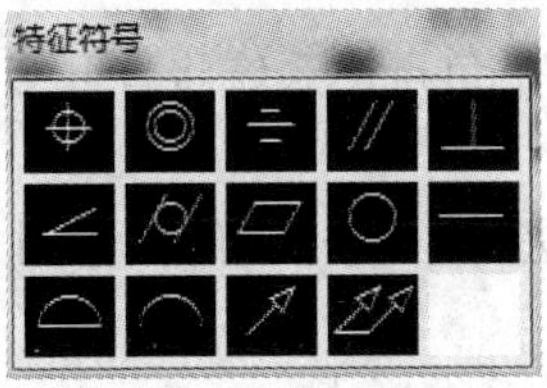

图 4-34 “特征符号”对话框

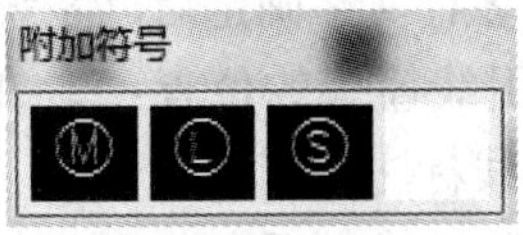

图 4-35 “附加符号”对话框

3.“基准”选项

该选项用于设置形位公差的基准代号。用户可以同时设置三个基准，“基准”项的左端文本框用来输入基准代号；“基准”项的右端方框用来设置基准的附加符号，单击该方框，

⊖ 按照国家标准 GB/T 1182—2008 应为“几何公差”，AutoCAD 2014 中文版软件中写作“形位公差”，二者所表示含意完全一致。

系统也将弹出如图 4-35 所示的"附加符号"对话框，在该对话框中选择某个符号，系统将在"形位公差"对话框中显示该符号。

4.2.6 多重引线标注

多重引线常用于对图形中的某些特定对象进行说明，使图形表达得更清楚。引线是连接图形对象和图形注释内容的线，文字是最常见的图形注释内容，在 AutoCAD 2014 中，图形注释内容也可以是图块等对象，这种用引线连接图形对象和图形注释的标注方法称为多重引线标注。

选择"标注"→"多重引线"命令，系统提示：

"指定引线箭头的位置或 [引线基线优先(L)/内容优先(C)/选项(O)] <选项>："

1."指定引线箭头的位置"选项

该选项是系统的默认选项，用于从优先选取引线箭头的位置开始进行引线标注。选择该选项，直接在要进行引线标注的图形对象上拾取一点，系统继续提示：

"指定引线基线的位置："，在该提示下，拾取一点作为多重引线标注的注释内容的基线位置，系统打开多行文字输入窗口，此时可以输入注释内容。

2."引线基线优先(L)"选项

该选项用于从优先选取引线基线的位置开始进行引线标注。选择该选项，输入"L"，系统继续提示：

"指定引线基线的位置或 [引线箭头优先(H)/内容优先(C)/选项(O)] <引线箭头优先>："，在该提示下，拾取一点作为多重引线标注的注释内容的基线位置。系统继续提示：

"指定引线箭头的位置："，在该提示下，直接在要进行引线标注的图形对象上拾取一点，系统打开多行文字输入窗口，此时可以输入注释内容。

3."内容优先(C)"选项

该选项用于在多重引线标注时从优先选取多行文字的位置开始进行引线标注。选择该选项，在"指定引线箭头的位置或 [引线基线优先(L)/内容优先(C)/选项(O)] <选项>："的提示下输入 C，按下〈Enter〉键。系统继续提示：

"指定文字的第一个角点或[引线箭头优先(H)/引线基线优先(L)/选项(O)]<选项>："，在该提示下，确定多行文字的一个角点。系统继续提示：

"指定对角点："，在该提示下，确定多行文字的另一个角点，系统将打开多行文字输入窗口。输入多行文字确定后，系统继续提示：

"指定引线箭头的位置："，在该提示下，直接在要进行引线标注的图形对象上拾取一点，多重引线标注完毕。

4."选项(O)"选项

该选项用于进行多重引线标注前的引线标注形式的设置。选择该选项，在"指定引线箭头的位置或[引线基线优先(L)/内容优先(C)/选项(O)]<选项>："的提示下输入"O"，按下〈Enter〉键。系统继续提示：

"输入选项 [引线类型(L)/引线基线(A)/内容类型(C)/最大节点数(M)/第一个角度(F)/第二个角度(S)/退出选项(X)] <退出选项>："，下面介绍该提示中各选项的含义。

1)"引线类型(L)"选项用于选择引线的类型。选择该选项，输入"L"。系统继续提示：

"选择引线类型[直线(S)/样条曲线(P)/无(N)]<无>：",在该提示下,输入"S"表示选择直线作为引线;输入"P"表示选择样条曲线作为引线;输入N表示只有图形注释内容而没有引线。

2)"引线基线(A)"选项用于选择引线基线的类型。选择该选项输入"A",系统继续提示:

"使用基线 [是(Y)/否(N)]<是>：",在该提示下,输入"Y"表示使用基线;输入"N"表示不使用基线。

3)"内容类型(C)"选项用于设置图形注释内容。选择该选项输入"C",系统继续提示:

"选择内容类型 [块(B)/多行文字(M)/无(N)] <多行文字>：",在该提示下,输入"B"表示选择图块作为图形注释内容;输入"M"表示选择多行文字作为图形注释内容;输入"N"表示只创建引线而没有图形注释内容。

4)"最大节点数(M)"选项用于设置引线的段数。选择该选项输入"M",系统继续提示:

"输入引线的最大节点数 <2>：",在该提示下,用户可以输入最大节点数来设置引线的段数。

5)"第一个角度(F)"选项和"第二个角度(S)"选项用于设置引线的角度。选择这两个选项分别输入"F"或"S",系统继续提示用户输入第一个角度或第二个角度,此时多重引线标注中引线的角度即为用户输入的角度。

引线的角度是指引线与 X 轴的夹角,如果用户输入的是 45°,引线与 X 轴的夹角为 45° 或 45° 的倍数。

6)"退出选项(X)"选项用于结束多重引线标注前的引线标注形式的设置。选择该选项,输入"M",系统返回提示:

"指定引线箭头的位置或[引线基线优先(L)/内容优先(C)/选项(O)]<选项>："

4.2.7 尺寸标注的编辑方法

在图形中创建尺寸标注后,根据需要可对尺寸标注进行编辑,如改变标注文字的位置和内容,以及主关联标注等。

1. 编辑尺寸标注

在 AutoCAD 2014 中编辑标注命令可以更改标注文字的内容和延伸线的倾斜角度等。

命令行输入 DIMEDIT,按〈Enter〉键,系统提示:

"输入标注编辑类型 [默认(H)/新建(N)/旋转(R)/倾斜(O)] <默认>："

"默认(H)"选项用于将尺寸文本按尺寸标注样式中所设置的位置、方向重新放置。选择该选项,输入"H",按〈Enter〉键。系统继续提示:

"选择对象：",在该提示下,选取要修改的尺寸标注,系统将对该尺寸标注的尺寸文本进行重新放置。

（1）"新建(N)"选项

该选项用于修改尺寸文本。选择该选项,输入"N",按〈Enter〉键,系统将打开多行文字输入窗口,在该窗口输入新的尺寸文本,输入完毕后按〈Enter〉键,系统将提示:

"选择对象：",在该提示下,选择一个或多个尺寸标注后按〈Enter〉键,则这些尺寸标注的尺寸文本全部变为输入的新文本。

（2）"旋转(R)"选项

该选项用于修改尺寸文本的方向。选择该选项,输入"R",按〈Enter〉键,系统将提示:

"指定标注文字的角度:",在该提示下,输入尺寸文本的旋转角度后按〈Enter〉键,系统继续提示:

"选择对象:",在该提示下,选取要修改的尺寸标注,系统将对该尺寸标注的尺寸文本按输入的角度进行旋转。

(3)"倾斜(O)"选项

该选项用于将尺寸标注的延伸线倾斜一个角度。选择该选项,输入"O",按〈Enter〉键,系统将提示:

"选择对象:",在该提示下,选取要修改的尺寸标注后按〈Enter〉键。系统继续提示:

"输入倾斜角度(按〈Enter〉键表示无):",在该提示下,输入延伸线的倾斜角度后按〈Enter〉键,系统将对用户所选尺寸标注的延伸线按输入的角度进行倾斜。

2. 编辑尺寸文本的位置

该命令用于修改尺寸文本的位置和方向。

在命令行输入 DIMTEDIT,按〈Enter〉键。系统提示:

"选择标注:",在该提示下选择要编辑修改的尺寸标注。系统接着提示:

"指定标注文字的新位置或 [左(L)/右(R)/中心(C)/默认(H)/角度(A)]:"

(1)"指定标注文字的新位置"选项

该选项是系统的默认选项。选择该选项,可以在绘图窗口中直接通过移动光标至适当的位置确定点的方法来确定尺寸文本的新位置。

(2)"左(L)"选项

选择该选项表示将尺寸文本沿尺寸线左对齐。

(3)"右(R)"选项

选择该选项表示将尺寸文本沿尺寸线右对齐。

(4)"中心(C)"选项

选择该选项表示将尺寸文本放置在尺寸线的中间。

(5)"默认(H)"选项

选择该选项表示将尺寸文本按用户在标注样式中设置的位置放置。

(6)"角度(A)"选项

选择该选项表示将尺寸文本按用户指定的角度放置。选择该选项,输入"A",按〈Enter〉键。系统继续提示:

"指定标注文字的角度:",在该提示下,输入尺寸文本的放置角度后按〈Enter〉键,系统将尺寸文本按用户的设置重新放置。

4.3 表面结构的标注

4.3.1 表面结构要求在零件图上的标注

1. 标注总则

表面结构要求对每一表面一般只标注一次,并尽可能注在相应的尺寸及其公差的同一视图上。除非另有说明,所标注的表面结构要求是对完工零件表面的要求。

表面结构标注总的原则是根据 GB/T 4458.4—2003 的规定，使表面结构的注写和读取方向与尺寸的注写和读取方向一致，如图 4-36 所示。

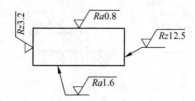

图 4-36　表面结构要求的注写方向

2. 标注要求

表面结构要求可标注在轮廓线上，其符号应从材料外指向并接触表面。必要时，表面结构符号也可用带箭头或黑点的指引线引出标注，或直接标注在延长线上。如图 4-37 和图 4-38 所示。

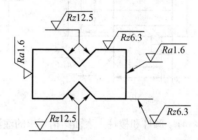

图 4-37　表面结构要求在轮廓线上的标注

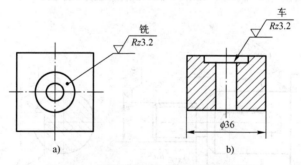

图 4-38　用指引线引出标注表面结构要求

在不至于引起误解时，表面结构要求可以标注在指定的尺寸线上，如图 4-39 所示。

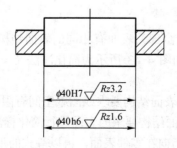

图 4-39　表面结构要求在尺寸线上的标注

表面结构要求可标注在形位公差框格的上方，如图 4-40 所示。

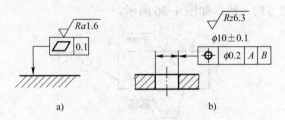

a)　　　　　　　　　　　　　b)

图 4-40　表面结构要求在形位公差框格上方的标注

圆柱和棱柱表面的表面结构要求只标注一次。如每个棱柱表面有不同的表面结构要求，则应分别单独标注，如图 4-41 所示。

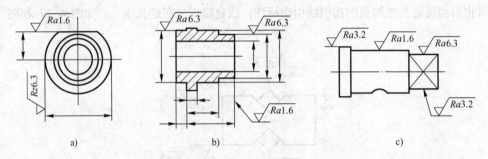

a)　　　　　　　　　　b)　　　　　　　　　c)

图 4-41　圆柱和棱柱上表面结构要求的注法

常见机械结构如圆角、倒角、螺纹、退刀槽、键槽的表面结构要求标注如图 4-42 所示。

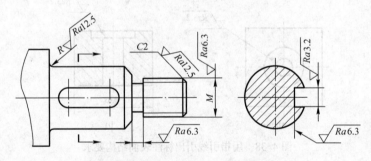

图 4-42　常见机械结构的表面结构要求注法

3. 简化注法

1）如果工件的多数（包括全部）表面有相同的表面结构要求，则其表面结构要求可统一标注在图样的标题栏附近。如图 4-43 所示为简化注法（一），表面结构要求的符号后面应该有两种情况。

2）当多个表面具有相同的表面结构要求或图纸空间有限时可采用简化注法，如图 4-44 为简化注法（二）。对有相同表面结构要求的表面进行简化标注，可用带字母的完整符号指向在零件表面，或表面结构符号指向在零件表面，再以等式的形式在图形或标题栏附近对多个表面相同的表面结构要求进行注写。

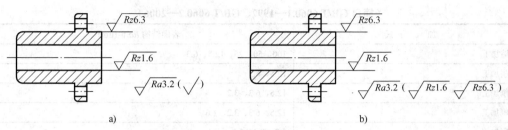

图 4-43　表面结构要求的简化注法（一）

a) 在括号内不做标注　b) 在括号内给出不同的表面结构要求的标注

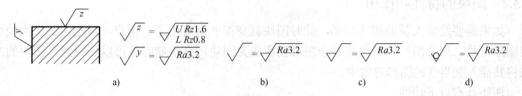

图 4-44　表面结构要求的简化注法(二)

3）由几种不同的工艺方法获得的同一表面，当需要明确每种工艺方法的表面结构要求时，可按图 4-45 进行标注。

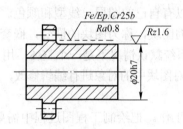

图 4-45　同时给出镀覆前后的表面结构要求的注法

4. 表面结构参数值的选择

零件表面结构数值的选用，应该既要满足零件表面功用要求，又要考虑经济合理性。选用时要注意以下问题。

1）在满足功用的前提下，尽量选用较大的表面结构数值，以降低生产成本。

2）一般情况下，零件的接触表面比非接触表面的结构参数值要小。

3）受循环载荷的表面极易引起应力集中，因此表面结构参数值要小。

4）配合性质相同，零件尺寸小的比尺寸大的表面结构参数值要小；同一公差等级，小尺寸比大尺寸、轴比孔的表面结构参数值要小。

5）运动速度高、单位压力大的摩擦表面比运动速度低，单位压力小的摩擦表面的结构参数值小。

6）要求密封性、耐腐蚀的表面其结构参数值要小。

表 4-2 为表面结构值的常用系列及对应的加工方式。

表 4-2　常用加工方式的表面结构值

（摘自 **GB/T 6060.1—1997、GB/T 6060.2—2006**）

加　工　方　式	表面结构 Ra 值(μm)
铸造加工	100、50、25、12.5、6.3
钻削加工	12.5、6.3
铣削加工	12.5、6.3、3.2
车削加工	12.5、6.3、3.2、1.6
磨削加工	0.8、0.4、0.2
超精磨削加工	0.1、0.05、0.025、0.012

4.3.2　图块的特性和作用

如果需要绘制大量的相同图形，此时图块就变得非常有用了。用户可以把需要多次使用的图形符号、部分图形的对象或整个图形创建成为图块，在绘制时就可以使用插入图块的方法将其插入到当前的图形对象中。

图块具有以下特性。

1）图块是一组图形对象的集合，它可以包括图形和尺寸标注，也可以包括文本，图块中的文本称为块属性。

2）图块包括一组图形对象和一个插入点，图块可以以不同的比例系数和旋转角度插入到图形中的任何位置，插入时以插入点为基准点。

3）组成图块的各个对象可以有自己的图层、线型和颜色。

4）一个图块中可以包含别的图块，称为图块的嵌套，嵌套的级数没有限制。

5）插入到图形中的图块在系统默认情况下是一个整体，用户不能对组成图块的各个对象单独进行修改编辑。如果用户想对图块中的对象进行编辑修改，就必须先对图块进行分解。

图块主要应用在以下几方面。

1）建立图形库，避免重复工作。把绘制工程图过程中需要经常使用的某些图形结构定义成图块并保存在磁盘中，这样就建立起了图形库。在绘制工程图时，可以将需要的图块从图形库中调出，插入到图形中，从而提高工作效率。

2）节省磁盘的存储空间。每个图块在图形文件中只存储一次，在多次插入时，计算机只保留有关的插入信息，不需要把整个图块重复存储，这样就节省了磁盘的存储空间。

3）便于图形修改。当某个图块修改后，所有原先插入图形中的图块全部随之自动更新，这样就使图形的修改更加方便。

4）可以为图块增添属性。有时图块中需要增添一些文字信息，这些图块中的文字信息称为图块的属性。AutoCAD 2014 允许为图块增添属性并可以设置可变的属性值，每次插入图块时不仅可以对属性值进行修改，还可以从图中提取这些属性并将它们传递到数据库中。

4.3.3　图块的创建

选择"绘图"→ "块"→ "创建"命令或单击"绘图"工具栏中的"创建块"按钮，系统弹出如图 4-46 所示的"块定义"对话框，利用该对话框可以进行图块的创建。下面介绍该对话框的各选项含义及操作方法。

图 4-46 "块定义"对话框

1. "名称"下拉列表

该列表用于显示和输入图块的名称。

2. "基点"选项区

该选项区用于确定图块的插入点。

1)单击"拾取点"按钮,系统切换到绘图窗口,用户可以在此窗口中用拾取点的方法确定图块的插入点。

2)"X""Y"和"Z"文本框用于输入插入点的 X、Y 和 Z 坐标。

3. "对象"选项区

该选项区用于设置和选取组成图块的对象。

1)单击"选择对象"按钮,系统切换到绘图窗口,用户可以在此窗口中直接选取要定义图块的图形对象。

2)单击"快速选择"按钮 ,系统将弹出"快速选择"对话框,在该对话框中,可以设置所选择对象的过滤条件。

3)选中"保留"单选按钮表示创建图块后仍保留组成图块的原图形对象。

4)选中"转换为块"单选按钮表示创建图块后仍保留组成图块的原图形对象,并将其转换为图块。

5)选中"删除"单选按钮表示创建图块后将删除组成图块的原图形对象。

4. "设置"选项区

该选项区用于图块创建后进行插入时的设置。

1)"块单位"下拉列表用于设置块插入时的单位。

2)单击"超链接"按钮,系统将弹出"插入超链接"对话框,利用该对话框可以将图块和另外的文件建立链接关系。

3)"说明"文本框用于输入图块的说明文字。

5. "方式"选项区

该选项区用于图块创建后进行插入时的设置。

1)选中"注释性"复选框用于在图纸空间插入块时的设置。

2）选中"按统一比例缩放"复选框表示在图块插入时 X、Y 和 Z 方向将采用同样的缩放比例。

3）选中"允许分解"复选框表示在图块插入后可以进行分解，反之不能分解。

6. "说明"文本框

该文本框用于输入图块的说明文字。

7. "在块编辑器中打开"复选框

选中该复选框，在定义完块后将直接打开块编辑器，用户可以对块进行编辑。

实例 1：块的创建过程，打开第 4 章存盘的图形文件"4-1"，在该图形文件中将机械图中的表面结构符号分别创建为图块。

1）在该图的适当位置绘制符合国标要求的表面结构符号，如 4-47 所示。

图 4-47　绘制的表面结构符号

2）选择"绘图"→ "块"→"创建"命令或单击"绘图"工具栏中的"创建块"按钮，系统弹出如图 4-46 所示的"块定义"对话框。

3）在对话框"名称"下拉列表中输入图块名"结构"，单击"对象"选项区的"选择对象"按钮，系统将切换至绘图窗口。

4）在绘图窗口选择图 4-47 的图形后按〈Enter〉键，系统将返回对话框。

5）单击对话框"基点"选项区的"拾取点"按钮，系统将再次切换至绘图窗口。

6）在绘图窗口捕捉图 4-47 中最下端的交点，系统将返回对话框。

7）单击"块定义"对话框中的"确定"按钮。

4.3.4 在当前图形中插入图块

利用图块插入命令可以在当前图形中插入图块或其他图形文件。

选择"插入"→"块"命令或单击"绘图"工具栏中的"插入块"按钮，系统弹出如图 4-48 所示的"插入"对话框，利用该对话框可以在当前图形中插入图块或其他图形文件。现介绍该对话框中各选项的含义及操作方法。

图 4-48　"插入"对话框

1. "名称"下拉列表

该下拉列表用于选择要插入的图块名称。单击下三角按钮，打开下拉列表（此表列有当前图形已定义的图块），可以在此选择要插入的图块，也可以单击其右边的"浏览"按钮，在系统弹出的"选择图形文件"对话框中选择用户已保存的其他图块或图形文件。

2. "插入点"选项区

该选项区用于确定图块插入点的位置。用户可以选中"在屏幕上指定"复选框，然后在绘图窗口中用拾取点的方法确定图块插入点的位置；也可以通过在"X""Y"和"Z"文本框中分别输入 X、Y 和 Z 坐标的方法来确定插入点的位置。

3. "比例"选项区

该选项区用于确定图块或图形文件插入时的缩放比例。用户可以直接在"X""Y"和"Z"文本框中分别输入图块或图形文件插入时 X、Y 和 Z 这三个方向的缩放比例，也可以选中"统一比例"复选框，使三个方向的插入比例相同，还可以选中"在屏幕上指定"复选框，然后在命令行输入缩放比例。

4. "旋转"选项区

该选项区用于设置图块或图形文件插入时的旋转角度。用户可以直接在"角度"文本框中输入旋转角度，也可以选中"在屏幕上指定"复选框，然后在命令行输入旋转角度。

5. "块单位"选项区

该选项区显示了选择的插入图块的单位和比例。

6. "分解"复选框

选中该复选框，可以将插入的图块分解成组成图块的各独立图形对象。为使读者能够掌握块的插入过程，下面举一个插入图块的实例。

实例 2：打开第 4 章的练习图形文件"4-1"，按如图 4-51 所示的样图，标注图中零件的各表面结构。

1）选择"插入"→"块"命令或单击"绘图"工具栏中的"插入块"按钮 🗗，系统弹出如图 4-48 所示的"插入"对话框。在对话框的"名称"下拉列表中选择"结构"图块；在对话框的"插入点"选项区中选中"在屏幕上指定"复选框；在对话框的"缩放比例"选项区选中"统一比例"复选框并在"X"文本框中输入"1"；在对话框"旋转"选项区的"角度"文本框中输入"0"；单击对话框的"确定"按钮，系统返回绘图窗口。

2）在绘图窗口中移动光标至如图 4-49 所示的 A 处后单击，确定图块的插入点。通过以上的操作，系统即在 A 处标注出了表面结构符号，如图 4-50 所示。

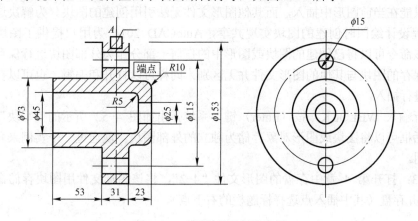

图 4-49　表面结构的标注位置

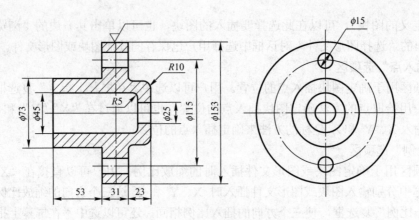

图 4-50　表面结构的标注过程

3）选择"绘图"→"文字"→"单行文字"命令，利用输入单行文字标注出各处的表面结构数值。完成了表面结构标注的图形如图 4-51 所示。

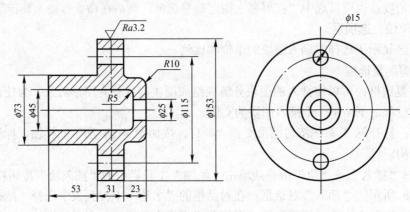

图 4-51　表面结构的标注

4.3.5　图块的存储与外部图块的插入

通过学习图块的创建和插入的内容，读者已基本掌握了图块的应用方法。但是用户创建图块后，只能在当前图形中插入，而其他图形文件无法引用创建的图块。为解决这个问题，使实际工程设计绘图时创建的图块实现共享，AutoCAD 2014 为用户提供了图块的存储命令，通过该命令可以将已创建的图块或图形中的任何一部分作为外部图块进行保存。用图块存储命令保存的图块与其他的图形文件并无区别，同样可以打开和编辑，也可以在其他的图形文件中进行插入。

命令行输入 WBLOCK，按〈Enter〉键，系统弹出如图 4-52 所示的"写块"对话框，利用该对话框可以将图块或图形对象存储为独立的外部图块。现通过一个实例来介绍该功能的具体应用。

实例 3：打开第 4 章中存盘的图形文件"4-2"，将该图形文件用图块存储命令命名为"标题栏"并存盘（其中插入点选择标题栏的右下点）。

图 4-52 "写块"对话框

具体作图过程中需要先将标题栏定义为图块并存储（本题中应用了已经存储好的标题栏图块），下面结合图 4-53 来说明具体的操作方法和步骤。

标记	处数	更改文件号	签字	日期				图样标记		重量	比例
设计		标准审查									
校对		审定						共 页		第 页	
审核		批准									
工艺审查		日期									

图 4-53　图块存储命令应用实例

1）输入"图块存储"命令，在弹出的"写块"对话框的"源"选项区中选中"对象"单选按钮；单击"写块"对话框中的"对象"选项区的"选择对象"按钮，系统切换到绘图窗口。

2）在绘图窗口中选择整个标题栏后按〈Enter〉键，系统返回"写块"对话框。

3）单击"写块"对话框中"基点"选项区的"拾取点"按钮，系统又切换到绘图窗口。

4）在绘图窗口用捕捉方式捕捉标题栏最外轮廓线的右下角点，系统再次返回"写块"对话框。

5）单击"写块"对话框中"文件名和路径"下拉列表右边的按钮，在弹出的"浏览图形文件"对话框中设置外部图块的保存位置和文件名称（标题栏），单击"写块"对话框中的"确定"按钮。

通过以上的五步操作，系统便将如图 4-53 所示的图形，存储为名称为"标题栏"的外部图块。

6）插入标题栏，打开第 4 章中存盘的图形文件"4-2"。

7）选择"插入"→"块"命令或单击"绘图"工具栏中的"插入块"按钮![图标]，系统弹出如图 4-48 所示的"插入"对话框。单击对话框中的"浏览"按钮，系统弹出"选择图形文件"对话框。

8）选择步骤 5）保存的文件名"标题栏"；单击"打开"按钮，系统返回到"插入"对话框。

9）在对话框的"插入点"选项区中选中"在屏幕上指定"复选框；在对话框的"缩放比例"选项区选中"统一比例"复选框，并在"X"文本框中输入"1"；在对话框"旋转"选项区的"角度"文本框中输入"0"；单击对话框的"确定"按钮，系统返回绘图窗口。

10）在绘图窗口中移动光标至图块的插入点后单击。

实际上每个 AutoCAD 2014 图形文件都可以用插入图块的方法插入到当前图形文件中，只是系统将插入的图形文件原点默认为插入点；当用户选择一个外部图块（或图形文件）插入到当前图形文件中后，系统自动在当前图形文件中生成具有相同名称的内部图块。

4.4 创建表格

在创建设计说明的过程中，设计师需要创建各类表格，从而使设计说明更清楚、更完善。AutoCAD 2014 中提供了专门的表格创建命令，在创建表格前，通常还需要设置表格样式和参数特性。

AutoCAD 2014 具有直接绘制表格的功能。用户可以根据自己的需要在图样中方便地绘制各种形式的表格，并且可以像使用 Word 一样处理表格中的文字。

4.4.1 设置表格样式

表格的外观由表格样式控制，用户可以使用默认的表格样式，也可以使用自己创建和设置的表格样式。工程图中的表格样式是多样的，所以在使用表格前必须先创建用户需要的表格样式。

选择"格式"→"表格样式"命令，系统弹出如图 4-54 所示的"表格样式"对话框，利用该对话框用户可以创建自己需要的表格样式。

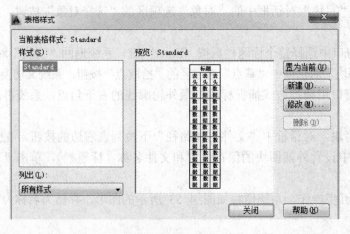

图 4-54 "表格样式"对话框

1）"当前表格样式"标题用于显示当前的表格样式。

2）"样式"列表框用于显示符合列出条件的所有样式。

3）"列出"下拉列表用于设置在"样式"文本框中能够显示出的表格样式的条件。

4）"预览"框用于显示在"样式"列表框中被选中的表格样式的预览。

5）单击"置为当前"按钮，可以将在"样式"列表框中被选中的表格样式置为当前表格样式。

6）"新建"按钮用于创建新的表格样式，单击该按钮，系统将弹出如图 4-55 所示的"创建新的表格样式"对话框。单击对话框中的"继续"按钮，系统将弹出如图 4-56 所示的"新建表格样式"对话框。

图 4-55 "创建新的表格样式"对话框

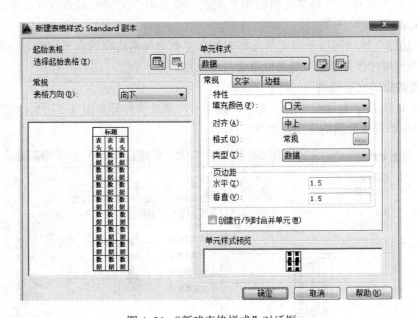

图 4-56 "新建表格样式"对话框

新建一个图形文件时，这个文件中只有一个系统默认的表格样式，样式名称为"Standard"。如果用户需要别的表格样式，可以对其进行修改或创建新的表格样式。

7）"修改"按钮用于修改已有的表格样式，单击该按钮，系统将弹出与图 4-55 所示内容基本相同的（只是对话框的标题不一样）"修改表格样式"对话框。

8）单击"删除"按钮，可以将在"样式"列表框中被选中的表格样式，置为当前表格样式后删除。

无论是创建新的表格样式还是修改已有的表格样式，实质上都是对表格中的标题、表头和数据三个内容进行设置，设置分基本特性、文字特性和边框形式三个方面。下面以这三个方面的设置为例来说明设置表格样式的步骤和方法。

1. 设置数据的基本特性

单击图 4-55 所示对话框中的"继续"按钮，系统将弹出图 4-56 所示的"新建表格样式"对话框。用户可以在该对话框中设置数据的基本特性。

1）"选择起始表格"选项区用于选择新建表格样式的基础表格样式。

2）"常规"选项区用于选择表格中的标题和表头在表格中的位置。如果在下拉列表中选择"向下"选项，标题和表头在表格的顶部；如果在下拉列表中选择"向上"选项，标题和表头在表格的底部。

3）"单元样式"选项区用于选择要进行设置的内容是标题、表头和数据中的哪一项。用户可以通过下拉列表选择要进行设置的内容（该对话框选择的是数据）。

单击下拉列表右边的第一个按钮，将打开"创建新单元样式"对话框，用户可以创建新的单元样式；单击下拉列表右边的第二个按钮，将打开"管理单元样式"对话框，用户可以对单元样式进行管理。

4）"常规"选项卡用于对用户选择的内容（数据）和内容所在的单元格进行基本设置。

"特性"选项区用于选择单元格的填充颜色、单元格中文字的对齐方式、单元格中文字的格式和单元格中文字的类型。

5）"页边距"选项区用于设置单元格中的文字到单元格边框的水平和垂直方向的距离。选中"创建行/列时合并单元"复选框将合并单元格。

2. 设置数据的文字特性

单击图 4-56 所示对话框中的"文字"选项卡，系统将打开如图 4-57 所示的对话框，在该对话框中可以设置数据的文字特性。

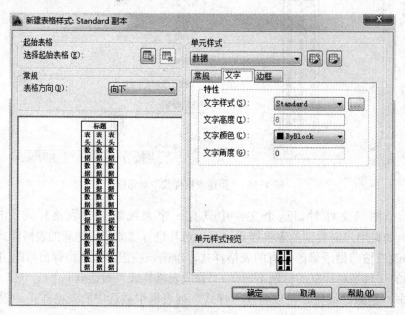

图 4-57 "新建表格样式"对话框——"文字"选项卡

1）"文字样式"下拉列表框用于设置数据的文字样式。用户可以在下拉列表中选用文字样式，也可以单击█按钮打开"文字样式"对话框创建新的文字样式。

2）"文字高度"文本框用于设置单元格中数据文字的高度。

3）"文字颜色"下拉列表框用于设置单元格中数据文字的颜色。

4）"文字角度"文本框用于设置单元格中数据文字的旋转角度。

3．设置数据单元格的边框形式

单击图 4-57 所示对话框中的"边框"选项卡，系统将打开如图 4-58 所示的对话框，在该对话框中可以设置数据单元格的边框形式。

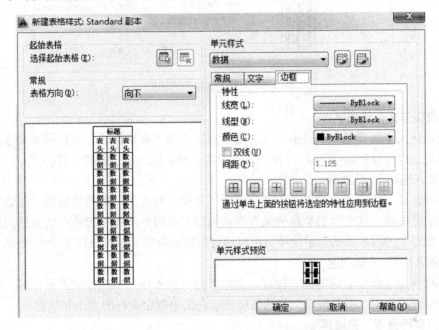

图 4-58 "新建表格样式"对话框——"基本"选项卡

1）"线宽"下拉列表框用于设置数据单元格的边框线的宽度。

2）"线型"下拉列表框用于设置数据单元格的边框线的线型。

3）"颜色"下拉列表框用于设置数据单元格的边框线的颜色。

4）选中"双线"复选框表示数据单元格的边框线将用双线绘制，此时用户可以在"间距"文本框中输入双线间的距离。

5）单击"通过单击上面的按钮将选定的特性应用到边框"上面的图标按钮可以确定表格中边框线的形式。

4.4.2　创建表格

当创建和设置出需要的表格样式后，就可以按需要在工程图中将表格插入。

选择"绘图"→"表格"命令或单击"绘图"工具栏中的"表格"按钮█，系统弹出如图 4-59 所示的"插入表格"对话框，用户可以利用该对话框插入自己需要的表格。

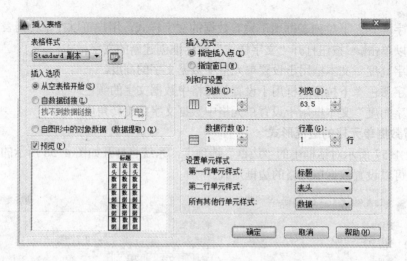

图 4-59 "插入表格"对话框

1. **"表格样式"选项区**

该选项区用于选择插入表格的样式。用户可以单击"表格样式"下拉列表来选择已创建的表格样式，也可以单击 按钮打开"表格样式"对话框，创建新的表格样式。

2. **"插入选项" 选项区**

该选项区用于指定插入表格的方式。选中"从空表格开始"单选按钮表示创建可以手动填充数据的空表格；选中"自数据链接"单选按钮表示用外部电子表格中的数据创建表格；选中"自图形中的对象数据"单选项，可以通过数据提取向导来提取图形中的数据。

3. **"插入方式" 选项区**

该选项区用于指定表格的插入位置。选中"指定插入点"单选按钮表示在图中指定表格左上角的位置；选中"指定窗口"单选按钮表示在图中指定表格的大小和位置。

4. **"列和行设置"选项区**

该选项区用于设置表格列和行的数目和大小。"列"文本框用于指定表格列数，"列宽"文本框用于指定表格列的宽度，"数据行"文本框用于指定表格行数，"行高"文本框用于指定表格的行高。

表格中的行高是指单元格的高度，行高的实际尺寸是通过设置"行"的数量来确定的，每行的高度是系统根据单元格中文本的高度和"页边距"里的"垂直"数值来自动确定的。

5. **"设置单元样式"选项区**

该选项区用于为那些不包含起始表格的表格样式指定新表格中行的单元格式。用户可以在"第一行单元样式"下拉列表中选择在表格中是否设置标题行，默认情况下设置标题行；用户可以在"第二行单元样式"下拉列表中选择在表格中是否设置表头行，默认情况下设置表头行；用户可以在"所有其他行单元样式"下拉列表中指定表格中所有其他行的单元样式，默认情况下使用数据单元样式。

6. **"预览"文本框**

该文本框内用于显示当前表格样式的样例。

下面通过一个实例来说明创建表格的方法和步骤。

实例 4：创建一个如图 4-60 所示的表格，并填写出表格中的内容，完成后将该表格命名为"4-3"并存盘。

1) 按前面所介绍的方法新建表格样式。在新建的样式中要将"新建表格样式：(数据)"对话框中的标题、表头和数据的"常规"选项卡中的"创建行/列时合并单元"复选框关闭，将标题、表头和数据的文字高度都设置为 6，其他选项选择默认值。然后把新建表格样式置为当前。

2) 选择"绘图"→"表格"命令或单击"绘图"工具栏中的"表格"按钮，系统弹出如图 4-59 所示的"插入表格"对话框，此时可以按图 4-60 所示进行该对话框的设置。

① 在对话框中选中"指定插入点"单选按钮。

② 在"列"文本框中输入"3"，"列宽"文本框中输入"20"。

③ "数据行"文本框中输入"6"，"行高"文本框中选择"1"。

④ 在"第一行单元样式"下拉列表、"第二行单元样式"下拉列表和"所有其他行单元样式"下拉列表中都选择"数据"选项。

⑤ 其他选项选用默认值，然后单击"确定"按钮。

此时对话框消失，系统返回绘图窗口，在绘图窗口中表格将随着光标的移动而动态地显示出位置，如图 4-61 所示。用户可以移动光标至合适的位置后，用鼠标单击来确定表格的插入位置。

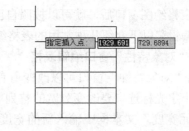

模数		4
齿数 Z		45
压力角		20°
精度等级		7FL
配偶齿轮	件数	02
	齿数	20

图 4-60　实例 4　　　　　　　　　图 4-61　选择插入表格的位置

3) 将有关单元格合并。用十字光标选取最后一行的后两列单元格，系统将弹出一个对表格进行各种操作的"表格"工具栏，单击其中的"合并单元"按钮然后再选择"按行"选项，如图 4-62 所示，合并结果如图 2-63 所示。

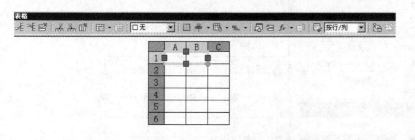

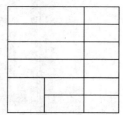

图 4-62　合并单元格　　　　　　　　图 4-63　合并单元格的结果

4) 确定表格位置时，系统自动弹出多行文字的"文字格式"，并且光标将在表格的第一行第一列单元格内闪动，此时用户可以开始在该单元格内输入文本，如图 4-64 所示。输入完毕后，可以用键盘上的光标移动键将光标移至下一个单元格中继续输入文本。

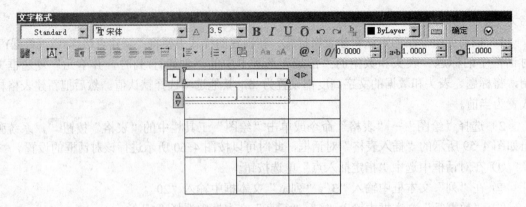

图 4-64　输入表格的内容

5）按照次序输入各单元格文本，直到输入所有文本，单击"确定"按钮，此时的结果如图 4-65 所示。

通过以上的操作过程，完成了如图 4-60 所示表格的创建和表格中内容的填写工作。

模数		4
齿数 Z		45
压力角		20°
精度等级		7FL
配偶齿轮	件数	02
	齿数	20

图 4-65　表格输入文本后的结果

4.4.3　编辑表格及表格单元

创建表格绘图窗口后，就可以按照自己的需要对插入的表格进行编辑。以下介绍几种常用的表格编辑方法。

1. 用"对象特性"窗口编辑表格

1）用"对象特性"窗口可以改变所有单元格的行高和单列的列宽。打开"对象特性"窗口，用十字光标选取要改变列宽的整列单元格，如图 4-66 所示。然后在"对象特性"窗口的"单元宽度"文本框中输入新的宽度值，即可改变所选择列的整列单元格的宽度；在"单元高度"文本框中输入新的高度值，即可改变表格中所有单元格的高度。

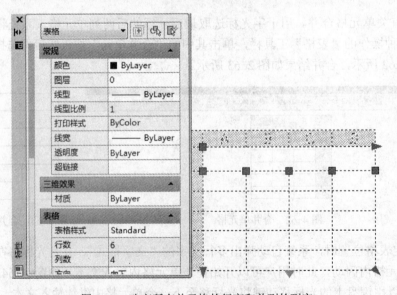

图 4-66　改变所有单元格的行高和单列的列宽

176

2）用"对象特性"窗口可以改变所有单元格的列宽和单行的行高。打开"对象特性"窗口，用十字光标选取要改变行高的整行单元格，然后在"对象特性"窗口的"单元高度"文本框中输入新的高度值，即可改变所选择行的整行单元格的高度；在"单元宽度"文本框中输入新的宽度值，即可改变表格中所有单元格的宽度。

2. 用"表格"工具栏编辑表格

在前面的实例 4 中已经介绍过，当用十字光标选取若干单元格后，系统将弹出一个对表格进行各种操作的"表格"工具栏，该工具栏中的各项内容如图 4-67 所示。

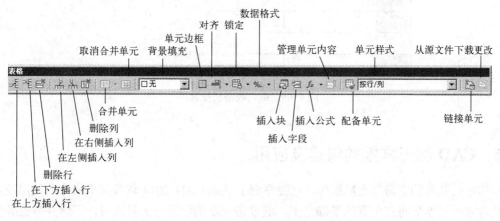

图 4-67 "表格"工具栏

用"表格"工具栏可以对表格中选择的单元格进行多种编辑操作，下面介绍几种常用的操作。

1）合并单元格。用十字光标选取若干单元格后，系统弹出"表格"工具栏，选择"合并单元"中的合并类型即可，

2）添加新的列（或行）。用十字光标选取最后一行最后一列的单元格后，系统弹出"表格"工具栏，单击其中"在右侧插入列"按钮即可在右侧插入列。

3）在单元格中插入图块。用十字光标选取若干单元格后，系统弹出"表格"工具栏，单击其中的"插入块"按钮，系统将弹出如图 4-68 所示的"在表格单元中插入块"对话框。用户在对话框中选择要插入的块后，所选的图块便插入到选取的单元格中。

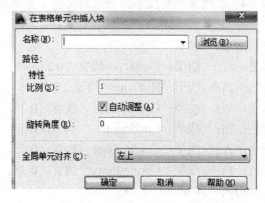

图 4-68 在单元格中插入块

3. 用表格快捷菜单编辑表格

当用十字光标选取若干单元格后，单击鼠标右键，系统将弹出用于编辑表格的一个快捷菜单，如图 4-69 所示。利用该快捷菜单也可以对表格进行多种编辑。

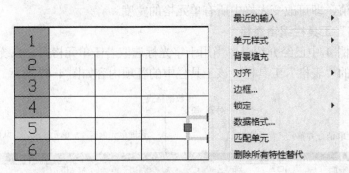

图 4-69 编辑表格快捷菜单

4.5 CAD 图形样板的创建及应用

通过前几章的学习与上机操作，已经掌握了 AutoCAD 2014 软件基本命令的使用及绘图方式与方法，本节将在现有的基础之上，通过进一步的学习与上机练习，了解并掌握各类图形样板文件的制作、轴套类零件、盘盖类零件、叉架类零件及箱体类零件的绘制思路及各自的绘制技巧，顺利完成机械类零件图的绘制。

所谓的图形样板文件就是包含有一定绘图环境和专业参数的设置，但并没有图形对象的空白文件，将此空白文件保存为 ".dwt" 格式后就称为样板文件。

机械制图国家标准规定，图纸分为 A0、A1、A2、A3、A4 五类，而每一类图纸又分为有装订边和无装订边两种，并且图纸还有横放与竖放的区别，所以在实际绘图之前，可以根据需要建立各类图纸的图形样板格式文件，以便在绘图时调用，提高绘图效率。下面以实例的形式讲解 A4 图纸的图形样板文件的建立，其余几类图纸的图形样板文件读者可以用类似方法自己建立。

实例 5：新建一个名为 A4.dwt 的图形样板文件，要求如下：

1）设置绘图界限为 A4、长度单位精度小数点后面保留 2 位数字，角度单位精度小数点后面保留 1 位数字。

2）按照下面要求设置图层、线型。

层名：中心线；　颜色：红；　线型：Center；　线宽：0.25。

层名：虚线；　　颜色：黄；　线型：Hidden；　线宽：0.25。

层名：细实线；　颜色：蓝；　线型：Continuous；　线宽：0.25。

层名：粗实线；　颜色：白；　线型：Continuous；　线宽：0.50。

层名：尺寸线；　颜色：青；　线型：Continuous；　线宽：0.25。

层名：文字；　　颜色：白；　线型：Continuous；　线宽：0.25。

3）设置文字样式（使用大字体 gbcbig.shx）。

样式名：数字；　字体名：Gbeitc.shx；　文字宽度系数：1；　文字倾斜角度：0。

样式名：汉字； 字体名：Gbenor.shx； 文字宽度系数：1； 文字倾斜角度：0。

4）根据图形设置尺寸标注样式。

① 机械样式：建立标注的基础样式，其设置为：

将"基线间距"内的数值改为 7，"超出尺寸线"内的数值改为 2.5，"起点偏移量"内的数值改为 0，"箭头大小"内的数值改为 3，弧长符号选择"标注文字的上方"，将"文字样式"设置为已经建立的"数字"样式，"文字高度"内的数值改为 3.5，将"线性标注"中的"精度"设置为 0，"小数分隔符"设置为"."（句点），其他选用默认选项。

② 角度，其设置为：

建立机械样式的子尺寸，在标注角度时，尺寸数字是水平的。

③ 直径尺寸，其设置为：

建立机械样式的子尺寸，在标注直径尺寸时，尺寸数字都是水平的。

④ 半径尺寸，其设置为：

建立机械样式的子尺寸，在标注半径尺寸时，尺寸数字都是水平的。

⑤ 非圆直径，其设置为：

在机械样式的基础上建立，将在标注任何尺寸时，尺寸数字前都加注符号Φ的父尺寸。

⑥ 标注一半尺寸，其设置为：

在机械样式的基础上建立，将在标注任何尺寸时，只是显示一半尺寸线和尺寸界线的父尺寸，一般用于半剖图形中。

5）标题栏的制作样式如图 4-70 所示，其中"图号""企业名"字高为 17，其余字高为 5，不标注尺寸。

标记	处数	分区	更改文件号	签名	年月日				（企业名）
设计			标准化			阶段标记	重量	比例	
制图									
审核									（图号）
工艺			批准			第　张		共　张	

图 4-70　标题栏样式

6）将表面粗糙度（Ra 数值为属性）符号制作成带属性的内部图块，Ra 字高为 5。如图 4-71 所示。

7）根据以上设置建立一个 A4 样板文件，并保存。

具体操作步骤如下：

1）双击桌面 AutoCAD 快捷方式图标 ，启动 AutoCAD 2014 软件。

2）图形单位的设置：选择下拉菜单"格式"→"单位"，或在命令行输入 units 后按〈Enter〉键，将出现"图形单位"对话框，根据题目要求将长度单位精度选为 3 位有效数字，角度单位精度选为 1 位有效数字。

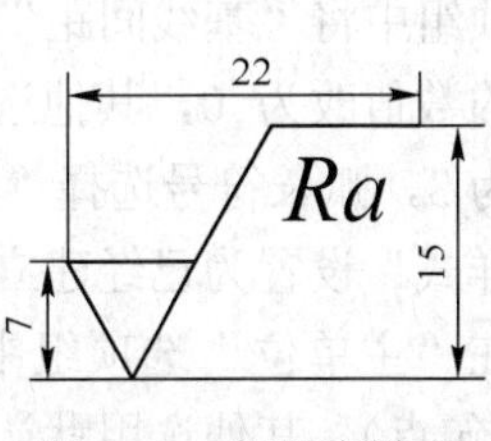

图 4-71　粗糙度样式

3）图形界限为 A4 的设置：选择下拉菜单"格式"→"图形界限"，或在命令行输入 limits 后按〈Enter〉键，根据命令行提示设定 A4 图纸幅面。

命令：_limits   //重新设置模型空间界限
指定左下角点或 [开(ON)关(OFF)]<0.0000,0.0000>：0,0
指定右上角点 <420.0000,297.0000>：210,297

4）单击"视图"→"缩放"→"全部"，将所绘 A4 图纸界限最大化在当前屏幕上。

5）图层设置：选择下拉菜单"格式"→"图层"，系统弹出"图层特性管理器"对话框，单击对话框中的"新建图层"按钮，创建一个名为"中心线"的图层。用同样的操作完成虚线、细实线、粗实线、尺寸线及文字图层的设置。

6）颜色设置：选择"图层特性管理器"对话框中粗实线图层，单击图层上的"颜色"图标 ■ 白，弹出"选择颜色"对话框，在该对话框中选择黑色，单击"确定"按钮即完成粗实线图层颜色的设置，用同样的操作可以分别按照要求完成细实线、虚线、中心线、尺寸线及文字图层颜色的设置。

7）线型的设置：选择"图层特性管理器"对话框中的粗实线图层，单击图层上的"线型"图标 Contin...，弹出"选择线型"对话框，在该对话框中选择需要的线型 Continuous，单击"确定"按钮即完成粗实线图层线型的设置，用同样的操作可以按照要求完成细实线、虚线、中心线、尺寸线及文字图层线型的设置（对于虚线、中心线需要进行加载线型操作来完成，这在前面已经详细说明了，此处不再阐述）。

8）线宽的设置：选择"图层特性管理器"对话框中的粗实线图层，单击图层上的"线宽"图标 —— 默认，弹出"线宽"对话框，在该对话框中选择 0.5，单击"确定"按钮即完成粗实线图层线宽的设置，用同样的操作可以分别按照要求完成细实线、虚线、中心线、尺寸线及文字图层线宽的设置。

9）设置文字样式：选择菜单栏中的"格式"→"文字样式"命令，系统弹出"文字样式"对话框，单击对话框中的"新建"按钮，在弹出的"新建文字样式"对话框中的"样式名"后填写数字，单击"确定"，在弹出的"文字样式"对话框中按照题目的要求进行数字样式的设置。用同样的操作可以完成汉字样式的设置。

10）设置新的标注的机械样式：选择菜单栏中的"格式"→"标注样式"命令，弹出"标注样式管理器"对话框，单击对话框中的"新建"按钮，在弹出的"创建新标注样式"对话框中，设置新样式的名称为"机械样式"，其他参数使用系统的默认设置，。

11）单击"继续"按钮，在打开的"新建标注样式：机械样式"对话框中，在"线"选项组中将"基线间距"内的数值改为 7，"超出尺寸线"内的数值改为 2.5，"起点偏移量"内的数值改为 0，其他选用默认选项；在"符号和箭头"选项组中将"箭头大小"内的数值改为 3，弧长符号选择"标注文字的上方"，其他选用默认选项；在"文字"选项组中将"文字样式"设置为已经建立的"数字"样式，"文字高度"内的数值改为 3.5，其他选用默认选项；在"主单位"选项组中将线性标注中的"精度"设置为 0，"小数分隔符"设置为选择"."（句点），其他选用默认选项。

12）单击"确定"按钮，退回到"标注样式管理器"。单击"新建"按钮，在弹出的"创建新标注样式"对话框中，在"用于"中选择"角度标注"。

13）单击"继续"按钮，在打开的"新建标注样式：机械样式的角度"对话框中的在"文字"选项组中将"文字对齐"设置为水平，其他选用默认选项。

提示： 本例中在进行角度、直径、半径等子尺寸设置时，一定要确保当前的基础标注样式为机械样式，若不是可以选择机械样式为当前样式。

14）设置基于机械样式的非圆直径标注样式：选择机械样式为当前样式，单击对话框中的"新建"按钮，在弹出的"创建新标注样式"对话框中，设置新样式的名称为"非圆直径"，其他参数使用系统的默认设置，单击"继续"按钮，在打开的"新建标注样式：非圆直径"对话框的"主单位"选项组中将"前缀"设置为%%c，其他选用默认选项。

15）设置基于机械样式的标注一半尺寸标注样式：选择机械样式为当前样式，单击对话框中的"新建"按钮，在弹出的"创建新标注样式"对话框中，设置新样式的名称为"标注一半尺寸"，其他参数使用系统的默认设置，单击"继续"按钮，在打开的"新建标注样式：标注一半尺寸"对话框中的"线"选项组中选取尺寸线内"隐藏"处的"尺寸线1(M)"，其他选用默认选项。

16）选择图层工具栏中的下拉按钮，在下拉选择菜单中选择细实线图层，把当前图层设置为细实线图层。

17）选择"工具"→"草图设置"命令，在打开的对话框中勾选"启用极轴追踪"功能。

18）单击"绘图"工具栏上的"直线"按钮，执行绘制直线命令，配合极轴追踪功能，绘制A4图纸的边界。命令提示及操作过程如下：

命令：_line
指定第一点：输入0,0，按〈Enter〉键，
指定下一点或[放弃(U)]：输入210，按〈Enter〉键，光标向右移动，引出极轴追踪虚线，
指定下一点或[放弃(U)]：输入297，按〈Enter〉键，光标向上移动，引出极轴追踪虚线，
指定下一点或[闭合(C)/放弃(U)]：输入210，按〈Enter〉键，光标向左移动，引出极轴追踪虚线，
指定下一点或[闭合(C)/放弃(U)]：输入C，按〈Enter〉键，闭合图形。

19）选择图层工具栏中的下拉按钮，在下拉选择菜单中选择粗实线图层，把当前图层设置为粗实线图层。

20）单击"绘图"工具栏上的"直线"按钮，执行绘制直线命令，配合极轴追踪功能，绘制A4图纸的内图框。操作过程与步骤18）相同。

21）单击修改工具栏中的"偏移"按钮或输入命令"O"，绘制标题栏，标题栏也可以通过插入表格功能创建。

22）如果是通过"偏移"功能绘制标题栏，就需要单击"修改"工具栏中的"修剪"按钮或输入"TR"命令，连续敲击两次〈Enter〉键或空格键，选择多余的线段作为被修剪的对象（某些不能被修剪的对象可应用"删除"功能进行移除），框选内部线段，选择图层工具栏中的细实线。

23）填写表格中的一格。将工具栏中的当前文字样式选择为汉字样式，在绘图工具栏当中单击"多行文字"A按钮，选择某一表格的左上端点，单击鼠标左键，移动鼠标到这一格

的右下端点并选择该点，单击鼠标左键，弹出"文字格式"工具栏，单击"多行文字对正"
Ⓐ·按钮，并选择"正中"，在光标处填写"制图"，完成该格的填写。

24）把当前图层置为"0"，利用直线命令绘制一根长为 22 的水平线，选择这根线向上偏移，距离为 7，再次选择这根线向上偏移，距离为 8，如图 4-72a 所示；从中间第二根直线左端利用直线和极轴追踪命令绘制粗糙度符号，注意斜线与水平方向成 60º 和 120º，如图 4-72b 所示；利用修剪命令剪掉多余线段，如图 4-72c 所示。

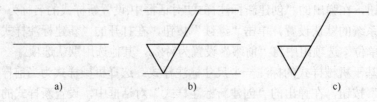

图 4-72　表面结构符号

25）在图 4-73 所示位置处输入文字 Ra，字高为 5。选择 Ra，单击鼠标右键，在弹出的选择栏中选择"移动"，选择 Ra 处任一点作为基点，在出现的命令行中输入@0.5,-0.5，如图 4-73 所示。

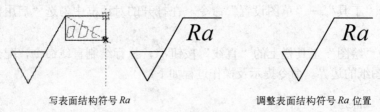

写表面结构符号 Ra　　　　　　　　　调整表面结构符号 Ra 位置

图 4-73　粗糙度文字填写

26）选择菜单栏中的"绘图"→"块"→"属性"，弹出"属性定义"对话框，填写相应的信息，对正选择左上，文字样式选择 STANDARD，文字高度选择 4.5。

27）单击"确定"按钮，得到如图 4-74a 所示的图形。选择 CCD，单击鼠标右键，在弹出的选择栏中选择"移动"，选择 CCD 处任一点作为基点，在出现的命令行中输入@0, -0.9，如图 4-73b 所示。

28）框选所有对象，选择菜单栏中的"绘图"→"块"→"创建"，弹出"块定义"对话框，输入名称"表面结构"，单击"拾取点"按钮，选择图形中三角形的下端顶点作为插入基点，返回"块定义"对话框后，单击"确定"按钮，如图 4-75 所示。

29）单击"文件"→"保存"或单击菜单栏上的 🖫 按钮，将文件名改为"A4"，文件类型选为 AutoCAD 图形样板（.dwt），文件保存在桌面上。

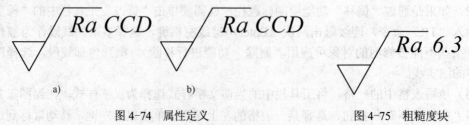

a)　　　　　　　　　b)

图 4-74　属性定义　　　　　　　　　图 4-75　粗糙度块

30）单击"保存"，完成图形样板文件 A4.dwt 的建立。

4.6 综合实例

4.6.1 轴类零件的标注

1. 标注和编辑尺寸

标注尺寸前，需要根据我国的国家标准和行业惯例对文字样式和标注样式做相应设置。

文字样式对话框如图 4-76 所示，主要应用于尺寸标注。

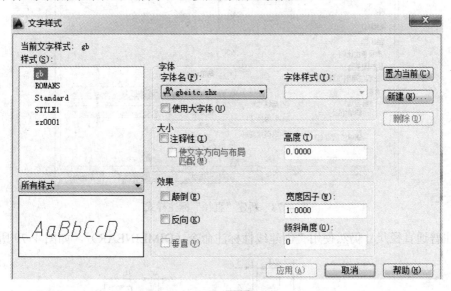

图 4-76 文字样式对话框

结合 4.1、4.2 节的知识，按照我国的国标设置标注样式和文字样式。

（1）标注线性尺寸

在对文字样式和标注样式设置后，就可以用"创建线性标注命令(DIMLINEAR)"标注最基本的线性尺寸了，如图 4-77 所示。

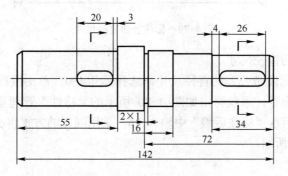

图 4-77 标注基本线性尺寸

（2）标注普通直径尺寸

要在线性结构上标注直径尺寸，只需在如上经过设置的制造业（米制）样式基础上新建一个格式，可以命名为"直径格式"。只需给主单位加上直径符号 ∅ 的前缀%%c，如图 4-78 所示。

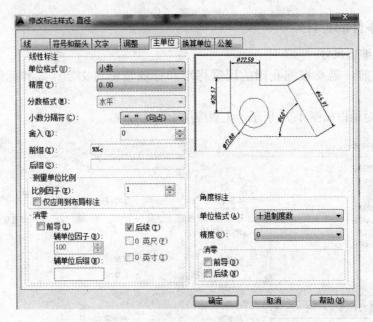

图 4-78　新建"直径"标注样式

标注普通直径尺寸仍然使用"创建线性标注命令（DIMLINEAR）"，如图 4-79 所示。

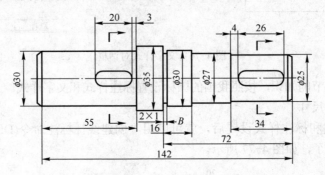

图 4-79　标注普通直径尺寸

（3）标注带公差的直径尺寸

要在线性结构上标注带公差的直径尺寸，选择尺寸∅30，单击鼠标右键，在弹出的快捷菜单中选择"特性"命令，系统弹出如图 4-80 所示的"特性"管理器。单击"主单位"选项卡，将其展开，然后在"标注后缀"中输入 k6；采用同样的方式将∅35、∅30 和∅25 添加后缀，结果如图 4-81 所示。

图 4-80 "特性" 管理器

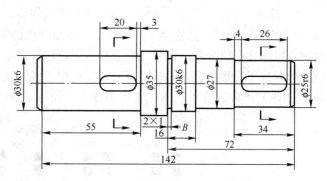

图 4-81 添加公差

（4）标注带公差的线性尺寸

一张零件图中的多个带公差的直径尺寸往往公差（上、下偏差）各不相同，但设置样式时，一般只设置一种标注样式来标注这一类尺寸格式。在使用这个格式标注完后，对于公差（上、下偏差）与标注格式不一致的尺寸，可以单击"特性"按钮 或使用快捷键〈Ctrl+1〉打开"特性"管理器对上、下偏差进行修改，如图 4-82 所示。

标注带公差的线性尺寸，也最好专门设置一种新的标注样式。可在以前设置样式基础上新建一个样式，可命名为"线性公差"，后续公差的设置方法与"直径公差"样式的设置方法相同，如图 4-83 所示。

图 4-82 "特性" 管理器

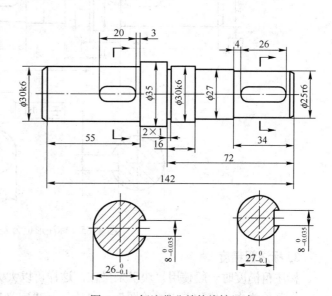

图 4-83 标注带公差的线性尺寸

2. 标注形位公差

标注形位公差时可以用"公差（TOLERANCE）"命令，工具栏图标按钮为 。也可以使用"快速引线（QLEADER）"命令同时完成箭头引线和形位公差符号的标注。

在命令行输入 qleader 并按〈Enter〉键，激活命令后，系统提示：

"指定第一个引线点或[设置(S)]<设置>:"，指定引线的第一个引线点，系统提示：

"指定下一点：<正交　关>"，指定第二个引线点，系统提示：

"指定下一点："，指定第三个引线点，系统弹出如图 4-84 所示的"形位公差"对话框，这时可以标注形位公差。设置完成之后就可以根据命令行的提示在图中标注箭头、引线和形位公差项目了。形位公差的基准符号可以使用"多行文字（MTEXT）""圆（CIRCLE）""直线（LINE）""多段线（PLINE）"等命令手工绘制，最终结果如图 4-85 所示。

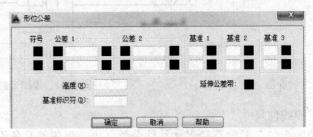

图 4-84　"形位公差"对话框

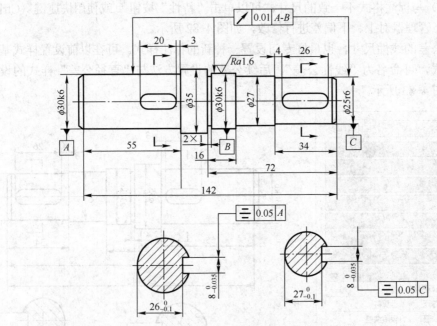

图 4-85　标注形位公差

3. 标注粗糙度

标注粗糙度时一般使用"块"来操作，这样可以大大提高标注效率。

在菜单栏中，依次单击"绘图"→"块"→"定义属性"命令。系统弹出"属性定义"对话框，操作者可参考下图做相应设置。

将设置的属性置于屏幕指定的位置之后，使用"正多边形（POLYGON）""直线（LINE）"等命令绘制粗糙度符号，使用"多行文字（MTEXT）"命令绘制粗糙度参数名称

Ra，然后把这些对象按标注粗糙度的要求调整到合适的位置，如图 4-86 所示。

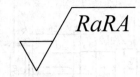

图 4-86　绘制粗糙度符号和参数名称

激活"创建块（BLOCK）"命令的方法有如下三种：

1）在菜单栏，依次单击"绘图"→"块"→"创建"。

2）在"绘图"工具栏单击"创建块"按钮。

3）在命令行输入 BLOCK 并按〈Enter〉键确认。

通过上述任意一种方式激活 BOLCK 命令后，系统弹出"块定义"对话框。接下来要做的操作有：设置块的名称、指定块的基点、指定创建块的所有对象。

使用"插入块（INSERT）"标注粗糙度，激活"插入块（INSERT）"命令的方式主要有如下两种：

1）在"绘图"工具栏单击"插入块"按钮。

2）在命令行输入 INSERT 并按〈Enter〉键确认。

在通过上述任意一种方式激活"插入块（INSERT）"命令后，系统弹出"插入（块）"对话框。单击面板上的"确定"按钮，然后根据提示用鼠标确定插入点和旋转角度，用键盘输入 Ra 参数值来完成命令，标注粗糙度，如图 4-87 所示。

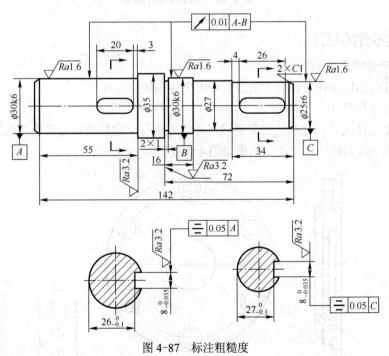

图 4-87　标注粗糙度

4. 填写技术要求和标题栏相关内容

按要求填写技术要求和标题栏相关内容，完成零件图。如图 4-88 所示。

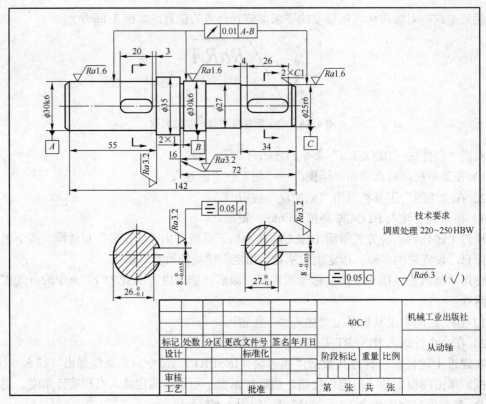

图 4-88　传动轴零件图

4.6.2　盘类零件的标注

1. 标注和编辑尺寸

标注尺寸时的标注样式设置方法请参考上节中轴的标注样式。

（1）标注线性尺寸

设置好文字样式后，对系统的文字和尺寸格式进行一定修改以符合我国的国家标准，然后就可以标注一般的线性尺寸了，结果如图 4-89 所示。

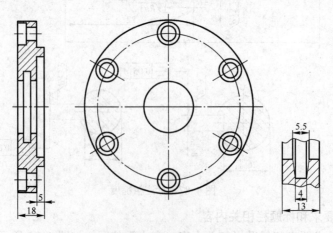

图 4-89　标注线性尺寸

（2）标注直径尺寸

标注直径尺寸时，在前面设置的尺寸样式的基础上新建一个"直径"标注样式，继续设置时只需把主单位的前缀设置为直径符号ϕ的代码"%%c"，如图 4-90 所示。

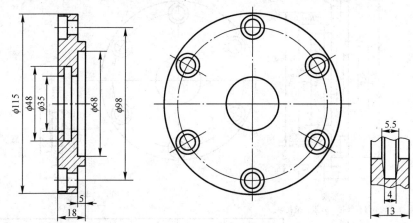

图 4-90　标注直径尺寸

（3）标注带公差的直径尺寸

可在上述经过设置的"直径"标注样式的基础上新建一个"直径公差"样式，并对公差项目做相应的设置，结果如图 4-91 所示。

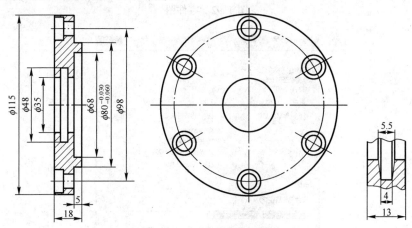

图 4-91　标注带公差的直径尺寸

2. 标注技术要求、填写标题栏

完成图形和尺寸标注后，标注好技术要求和填写好标题栏，零件图就完成了，如图 4-92 所示。

表面粗糙度使用"块"操作。操作方法可参考本章的相关内容。在一个文件中创建的块只能在本文件中调用，但是可以使用"写块（WBLOCK）"命令将创建的块保存到指定的文件夹。将常用的块文件保存之后，就可以在不同的文件中无限次调用了，这样可以避免重复的操作。保存块的操作如下：

在命令行输入"W"并按〈Enter〉键激活 WBLOCK 命令，屏幕上弹出如图 4-93 所示"写块"对话框，在操作面板上指定块的来源、名称和保存文件名和路径后单击"确认"按钮即可完成保存块的操作，如图 4-93 所示。

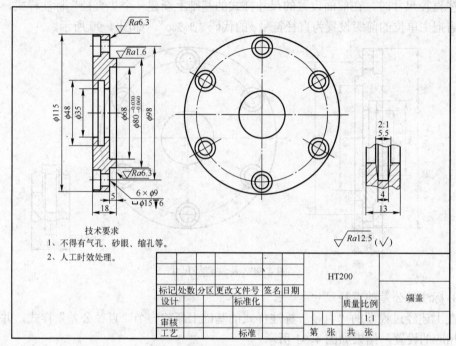

图 4-92 零件图

图 4-93 "写块"对话框

4.7 思考题

一、填空题

（1）在 AutoCAD 2014 中，可以通过使用____命令来创建图块，可以通过使用_____命令来存储图块。

（2）在图形中需要插入表格，可以使用_____对话框进行操作。

190

（3）在 AutoCAD 2010 中，可以使用_____对话框设置文字样式，可以使用_____对话框设置尺寸标注样式。

（4）在 AutoCAD 2010 中可以通过_____工具栏和_____对话框来切换尺寸标注样式。

二、简答题和操作题

（1）为什么要给图块定义属性？可以通过哪些命令对图块的属性进行编辑？

（2）简述创建新的标注样式的操作步骤。

（3）配合尺寸公差如何标注？

（4）在 AutoCAD 2014 中如何创建表格样式，如何创建表格？

（5）绘制如图 4-94 所示的标题栏。

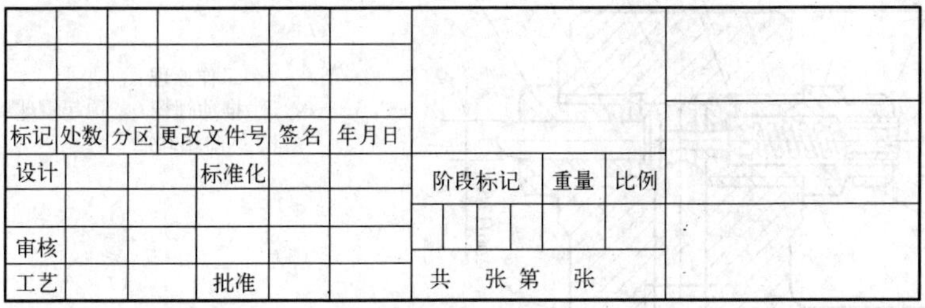

标记	处数	分区	更改文件号	签名	年月日					
设计			标准化				阶段标记	重量	比例	
审核										
工艺			批准				共　张第　张			

图 4-94　标题栏

（6）绘制如图 4-95 所示泵体零件图，并标注零件尺寸和公差。

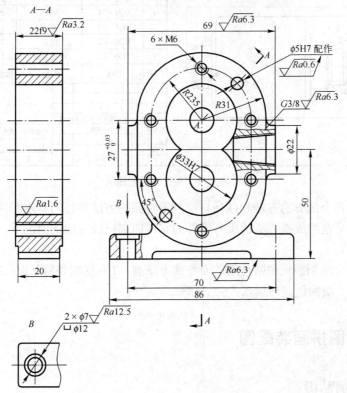

图 4-95　泵体零件图

第5章 绘制装配图

一张完整的装配图由一组图形、尺寸、技术要求、零件序号、明细栏和标题栏组成。图 5-1 为一个泄气阀的装配图。

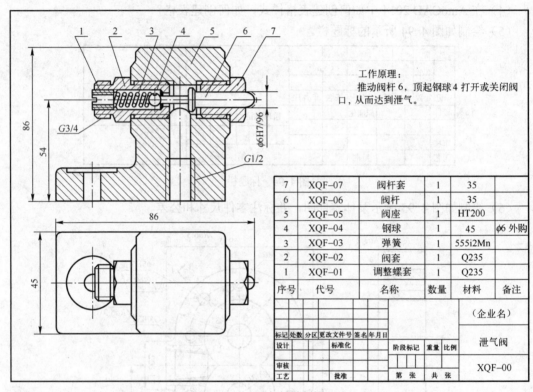

工作原理：
　推动阀杆 6，顶起钢球 4 打开或关闭阀口，从而达到泄气。

7	XQF-07	阀杆套	1	35	
6	XQF-06	阀杆	1	35	
5	XQF-05	阀座	1	HT200	
4	XQF-04	钢球	1	45	φ6 外购
3	XQF-03	弹簧	1	555i2Mn	
2	XQF-02	阀套	1	Q235	
1	XQF-01	调整螺套	1	Q235	
序号	代号	名称	数量	材料	备注

				（企业名）	
标记 处数 分区 更改文件号 签名 年月日				泄气阀	
设计		标准化	阶段标记 重量 比例		
审核				XQF-00	
工艺		批准	第 张 共 张		

图 5-1　泄气阀装配图

绘制装配图各个部分的方法和技巧与绘制零件图的方法和技巧基本相同。本章所举实例铣刀头装配图，是在组成铣刀头的所有零件的零件图都已经完成的情况下，利用这些零件图来拼画装配图。

利用零件图来绘制装配图常使用的命令或方法有：1）复制到剪贴板；2）带基点复制；3）粘贴为块；4）块的创建与插入；5）分解。

5.1　由零件图拼画装配图

5.1.1　复制到剪贴板

使用"修改"工具栏里的"复制（COPY）"命令复制的图形对象，只能粘贴应用于同一个图形文件中；其中的"粘贴"操作，实际上是在"复制（COPY）"命令运行中进行的。

在由零件图拼画装配图的过程中，经常需要将零件图图形文件中的图形对象复制并粘贴到装配图的图形文件中。在 AutoCAD 2014 中，可以将多个图形加载到一个 AutoCAD 显示界面里。这个功能让用户可以同时工作于多个图形，也可以使用 Windows 剪贴板很容易地从一个图形复制对象到另一个图形中去。Windows 剪贴板中的复制、粘贴选项可以快速地调用不同文件图形对象，提高绘图效率。

在 AutoCAD 软件中，可以将对象复制到剪贴板的命令有："剪切"命令、"复制"命令（指复制到剪贴板）和"带基点复制"命令。

激活上述三个命令的方式有四种：

方式一：快捷键方式。

通过在键盘上按下上述三个命令的快捷键组合便捷地激活相应的命令。

"剪切"命令对应的快捷键组合为〈Ctrl+X〉。

"复制"命令对应的快捷键组合为〈Ctrl+C〉。

"带基点复制"命令对应的快捷键组合为〈Ctrl+Shift+C〉。

方式二：主菜单方式。

单击"编辑"菜单并选择"剪切"选项，如图 5-2 所示。

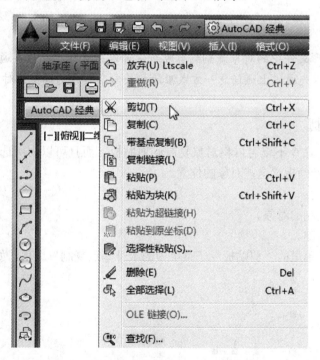

图 5-2   "编辑"菜单下的"剪切"选项

在该"编辑"菜单中同样可以选择"复制"选项和"带基点复制"选项。

方式三：弹出主菜单方式。

在绘图区域单击鼠标右键，并在弹出菜单的"剪贴板"子菜单中选择相应的选项，以激活相应的命令，如图 5-3 所示。

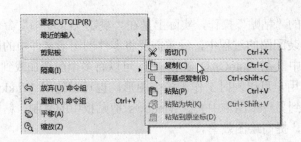

图 5-3 弹出菜单下的"剪贴板"子菜单选项

方式四：工具栏命令按钮方式。

单击"标准"工具栏里的"复制"命令按钮（该方式只适用于"复制"命令），如图 5-4 所示。

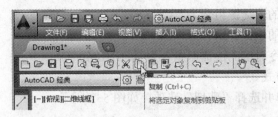

图 5-4 "标准"工具栏中的"复制"命令按钮

注意：要将图形文件中的对象复制到剪贴板，可以先选择对象后再通过上述方式激活相关操作命令；也可以先通过上述任意一方式激活相关命令后再选择操作对象。

5.1.2 带基点复制

"带基点复制"命令不仅可以将对象复制到剪贴板，而且可以为所选对象指定一个基准点，以便于粘贴时精确指定这些对象的位置。

操作步骤：

1）选择需要复制的对象。

2）单击鼠标右键。

3）单击弹出菜单里的"剪贴板"子菜单中的"带基点复制"选项，如图 5-5 所示。

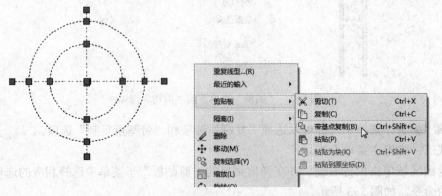

图 5-5 弹出菜单下的"剪贴板"子菜单中的"带基点复制"选项

4）使用鼠标左键选择基准点，如图 5-6 所示。

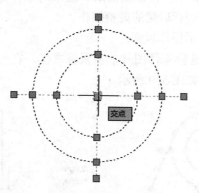

图 5-6　选择带基点复制的基准点

切换至需要粘贴复制对象的图形文件界面。

5）按下键盘上的〈Ctrl+V〉组合键或者单击"标准"工具栏中的"粘贴"命令按钮。如图 5-7 所示。

图 5-7　"标准"工具栏中的"粘贴"命令按钮

6）使用鼠标左键在绘图区域选择粘贴插入点，如图 5-8 所示。

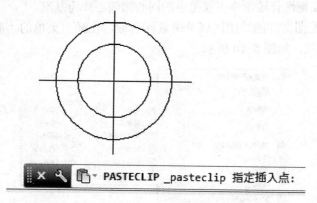

图 5-8　使用鼠标左键在绘图区域指定粘贴插入点

5.1.3　粘贴为块

将零件的投影图形从零件图中复制到装配图中之后，往往需要调整该零件在装配图中与其他零件的位置关系。有时候还需要对该零件图形进行复制、旋转等操作。如果零件投影图在装配图文件中仍然是由多个不同的图形对象组成，对后续的操作将会造成极大的障碍。

"粘贴为块"命令可以将组成零件投影图的所有图形对象作为一个整体粘贴到装配图文件里去，这样便于选择该零件并进行后续的调整操作。

以轴承座主视图为例演示操作步骤：

1）在轴承座零件图中选择零件图并单击鼠标右键，在弹出菜单的"剪贴板"子菜单中选择"带基点复制"选项，如图5-9所示。

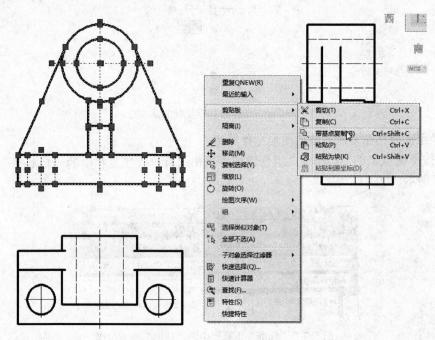

图5-9　选择轴承座并对其进行"带基点复制"操作

2）使用鼠标左键选择轴承座主视图中的同心圆圆心作为基准。

3）在新建装配图文件的绘图区域单击鼠标右键，在弹出菜单的"剪贴板"子菜单中选择"粘贴为块"选项，如图5-10所示。

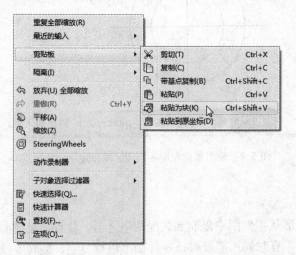

图5-10　在弹出菜单的"剪贴板"子菜单中选择"粘贴为块"选项

4）使用鼠标在绘图区域确定轴承座主视图在装配图中的粘贴位置，如图 5-11 所示。

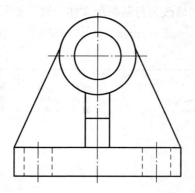

图 5-11　使用鼠标在绘图区域确定轴承座主视图在装配图中的粘贴位置

5）在装配图文件中选择被"粘贴为块"的轴承座主视图，会显示其为一个整体。在键盘上按〈Crtl+1〉组合键以打开"特性"管理器，刚才选择的对象在"特性"管理器中显示为"块参照"，如图 5-12 所示。

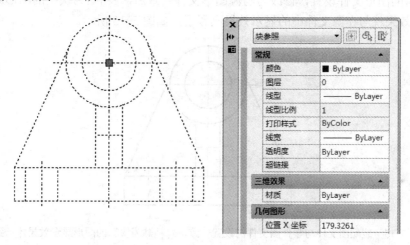

图 5-12　在装配图中选择被"粘贴为块"的主视图并打开"特性"管理器

注意：

1）如果零件图和装配图中的"线型比例因子"参数不一致，可能导致在装配图中粘贴出来的图形和零件图中的源图形显示效果不一致。在任何一个当前图形文件的命令行输入 LTSCALE（可缩写为 LTS）来查看该图形文件的当前"线型比例因子"参数，也可以对该参数进行修改。将新图形文件的线型比例因子改为与源图形文件一致的 0.33，如图 5-13 所示。

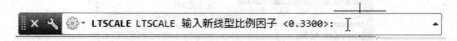

图 5-13　在命令行输入"LTSCALE"以查看或修改"线型比例因子"

2）如果零件图和装配图的图层"线宽"设置不一致，也可能导致在装配图中粘贴出来的图形和零件图中的源图形线宽显示效果不一致。在新图形文件中打开"图层特性管理器"，把各图层的"线宽"设置修改为与源图形文件一致，如图 5-14 所示。

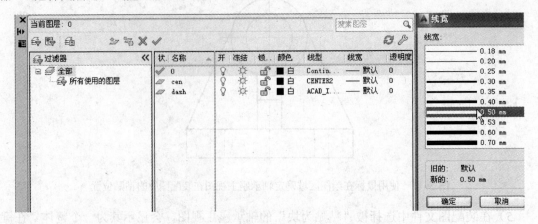

图 5-14　在"图层特性管理器"中修改新图形文件的"线宽"设置

3）当新的图形文件设置，修改为与源图形文件一致后，"粘贴为块"的图形对象在新文件中的显示效果就与在源文件中的显示效果一致了，如图 5-15 所示。

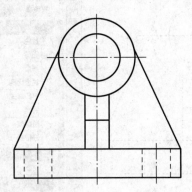

图 5-15　装配图文件与零件图文件的设置一致，"粘贴为块"的图形显示效果才一致

4）一个图形文件的"线型""线宽"等参数经过重新设置后，该图形文件中的图形对象可能不会马上自动更新至与最新设置一致，这可能与计算机的运算速度有关系。遇到这种情况可以单击"视图"菜单中的"全部重生成"选项，让图形显示更新至与最新设置一致，如图 5-16 所示。

图 5-16　单击"视图"菜单中的"全部重生成"选项以更新图形显示

作为一个绘图员或设计者，应该有自己的专用"图形样板"（DWT）文件，这样绘制零件图和装配图时，所有的参数设置就能保持一致，从而避免因参数不一致导致"复制"或"粘贴"的图形对象在两个图形文件中显示效果不一致的情况。

5.1.4 分解命令

当零件的投影图在装配图中被"粘贴为块"并依据装配关系放置到装配图的准确位置上之后，可能需要对该零件投影图的一些投影线进行编辑操作，这是因为一个零件的投影在零件图和在装配图中的可见性往往是不一致的。这样，对于作为一个整体的零件投影图，需要使用"分解"命令来作分解操作。

"分解"命令可以将复合对象分解为组件对象，在希望单独修改复合对象的部件时，可分解复合对象。可以分解的对象包括块、多段线及面域等。

"分解"命令示例一：正六边形。

操作步骤：

1）新建一个 AutoCAD 图形文件，并使用"多边形"命令绘制一个任意大小的正六边形，然后用鼠标选择该正六边形任意一条边，这个正六边形的六条边会被当作一个整体被选中。如图 5-17 所示。

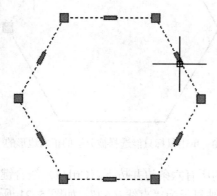

图 5-17 正六边形的六条边被当作一个整体被选中

2）按下〈Crtl+1〉组合键组合，打开"特性"管理器，该正六边形在"特性"管理器中被显示为"多段线"，如图 5-18 所示。

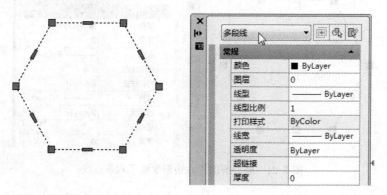

图 5-18 使用"多边形"命令绘制的正六边形属于"多段线"类对象

注：使用"矩形"命令和"多边形"命令绘制的线框都被 AutoCAD 2014 归为"多段线"类对象。

3）关闭"特性"管理器，使用"复制（COPY）"命令在正六边形右边复制一个同样大小的正六边形。

选择右边的正六边形并单击"修改"工具栏中的"分解"命令按钮，如图 5-19 所示。

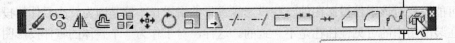

图 5-19　"修改"工具栏中的"分解"命令按钮

4）使用"分解"命令后，再单击鼠标左键选择右边正六边形的一条边，只有一条边被选中，其他五条边则未被选中，说明它们已经不再是一个整体了，如图 5-20 所示。

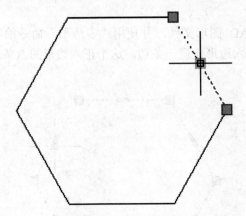

图 5-20　单击鼠标只能选择被分解的正六边形的一条边

5）选择右边正六边形的所有六条边并按下〈Crtl+1〉组合键以打开"特性"管理器。所选对象在"特性"管理器中被显示为"直线（6）"，如图 5-21 所示。使用"分解"命令后，右边的正六边形由一个单一的"多段线"对象变成了六个"直线"对象。

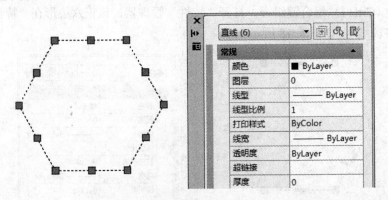

图 5-21　被分解的正六边形变成了六条直线

6）同时选择左右两个正六边形，观察它们的夹持点差异，如图 5-22 所示。

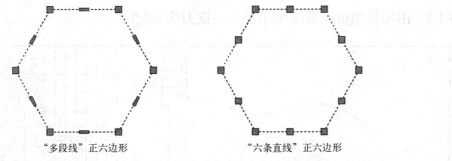

"多段线"正六边形	"六条直线"正六边形

图 5-22　"多段线"正六边形和"六条直线"正六边形的夹持点显示差异

"分解"命令示例二：轴承座主视图。

操作步骤如下：

1）参照本章"5.1.3 粘贴为块"部分，选择并带基点复制轴承座零件图的主视图，将其在一个新的图形文件中粘贴为块。

2）在新图形文件中选择粘贴的图形并按下〈Ctrl+1〉组合键，打开"特性"管理器。所选对象在"特性"管理器中被显示为"块参照"，如图 5-23 所示。

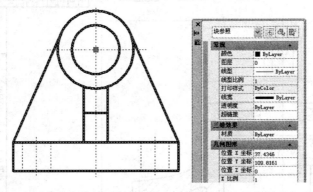

图 5-23　"粘贴为块"的轴承座主视图在"特性"管理器中显示为"块参照"

3）使用"分解"命令分解被粘贴为块的轴承座主视图。

4）选择被分解的所有轴承座主视图图形对象并按下〈Ctrl+1〉组合键以打开"特性"管理器。这些对象在"特性"管理器中被显示为"全部（19）"，如图 5-24 所示。块文件被分解成了十九个独立的"直线"和"圆"对象。

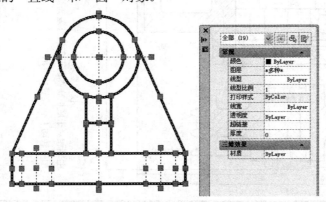

图 5-24　块文件被分解成了十九个独立的"直线"和"圆"对象

5.1.5 由零件图拼画装配图示例——铣刀头装配图

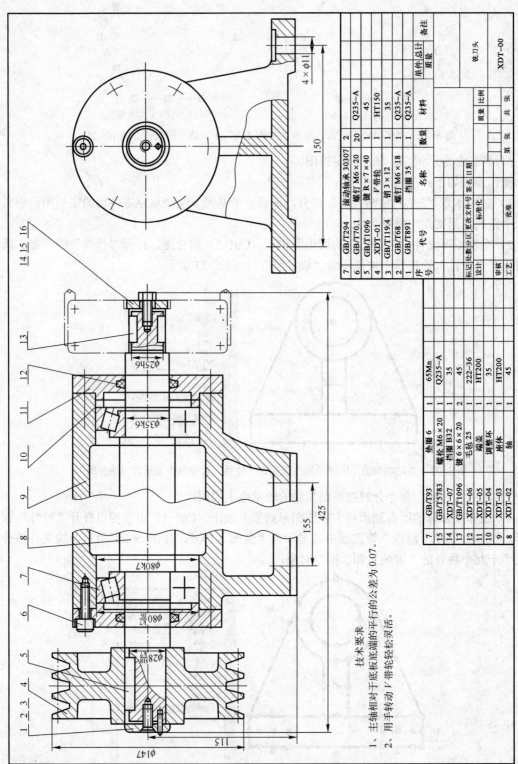

图 5-25 铣刀头装配图

技术要求

1. 主轴相对于底板底端的平行的公差为 0.07。
2. 用手转动 V 带轮轻轻松活。

序号	代号	名称	数量	材料	单件	总计	备注
7	GB/T294	滚动轴承 30307	2				
6	GB/T70.1	螺钉 M6×20	20	Q235-A			
5	GB/T1096	键 R 6×7×40	1	45			
4	XDT-01	V 带轮	1	HT150			
3	GB/T119.4	销 3×12	1	35			
2	GB/T68	螺钉 M6×18	1	Q235-A			
1	GB/T891	挡圈 35	1	Q235-A			

15	GB/T93	垫圈 6	1	65Mn			
14	XDT-07	螺轮 M6×20	1	Q235-A			
13	GB/T1096	挡圈 B32	1	35			
12	XDT-06	键 6×6×20	2	45			
11	XDT-05	毛毡 25	1	222-36			
10	XDT-04	端盖	1	HT200			
9	XDT-03	调整环	1	35			
8	XDT-02	座体	1	HT200			
		轴	1	45			

标记	处数	分区	更改文件号	签 名	日期		
设计						标准化	
审核							
工艺						批准	

			质量	比例			铣刀头
							XDT-00
			第 张	共 张			

1. 创建新图形文件

为了绘制装配图，需要新建一个图形文件以绘制装配图。新建图形文件后，可以按绘制零件图的方法设置好图层、文字样式和标注样式并按标准绘制标题栏。如果绘图者有自己的专用"图形样板"（DWT 文件）文件，可以大大简化上述设置过程。如图 5-26 所示为铣刀头装配图的标题栏。

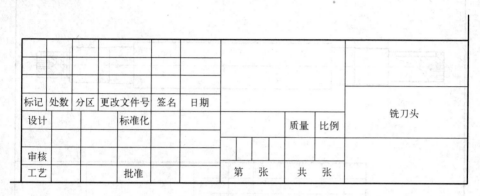

图 5-26　绘制标题栏

2. 绘制（复制、粘贴）轴

打开"轴"图形文件，将标注图层（dim）设置为关闭状态。操作过程中可以删除一些绘制装配图不需要的图形对象，这样可以避免标注内容干扰图形的操作。但是在关闭"轴"图形文件时不要保存修改，以免破坏"轴"零件图的完整性。

选择轴零件主视图的所有对象，并单击"编辑"菜单中的"带基点复制"命令或按组合键〈Ctrl+Shift+C〉。命令行提示"_copybase 指定基点："时用鼠标指定合适的基点将选择对象复制到剪贴板，如图 5-27 所示（绘制第一个零件时，因为没有装配关系要求，所以对基点选择没有特别的要求）。

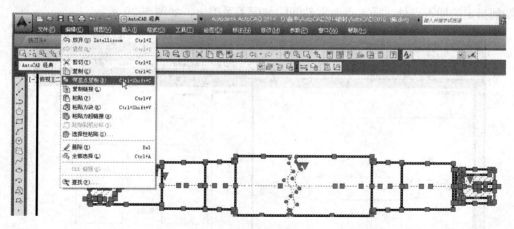

图 5-27　将"轴"零件图的主视图复制到剪贴板

上述操作之后，将新图形文件"铣刀头"装配图图形文件设置为当前图形文件。单击"标准"工具栏上的"粘贴"按钮📋，或选择"编辑"菜单中的"粘贴"命令，将对象从剪贴板粘贴到"铣刀头装配图"绘图区域。

把轴的主视图从"轴"零件图文件复制到新的"铣刀头"图形文件后，对其做一定的整理以便后续操作。把断开画法改为普通画法，以便装配其他零件时定位，如图5-28所示。

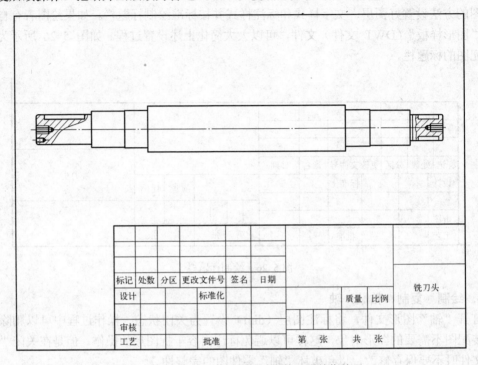

图5-28 将"轴"主视图粘贴至装配图并作整理

3．绘制（复制、粘贴）滚动轴承

打开"标准件"图形文件，将滚动轴承30307图形复制并粘贴到"铣刀头"装配图图形文件中。按照装配关系把滚动轴承安装到轴上后做一定整理。"带基点复制"时指定的基点粘贴到指定的插入点处，插入点由零件间的装配关系确定，如图5-29所示。

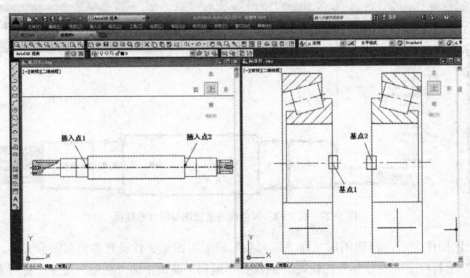

图5-29 指定好基点和插入点

复制、粘贴完成后使用"修剪"命令去除"滚动轴承"被"轴"遮挡住的投影线，图形效果如图 5-30 所示。

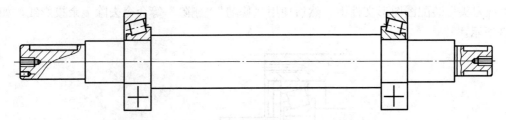

图 5-30　复制、粘贴"滚动轴承"并去掉多余投影线

4. 安装（复制、粘贴）左端盖

打开"端盖"零件图，将"端盖"主视图"带基点复制"并依据装配位置关系粘贴到"铣刀头"装配图图形文件中。然后做一定整理（主要工作为去除被遮挡投影线），如图 5-31 所示。

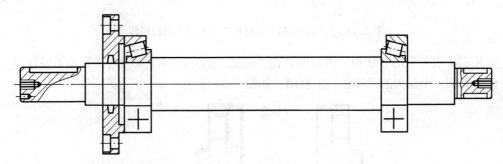

图 5-31　复制、粘贴左"端盖"并去掉多余投影线

5. 绘制座体主视图（复制、粘贴）

打开"座体"零件图，将"座体"主视图"带基点复制"并依据装配位置关系粘贴到"铣刀头装配图"图形文件中。然后使用"修剪"和"删除"命令去除多余的投影线，如图 5-32 所示。

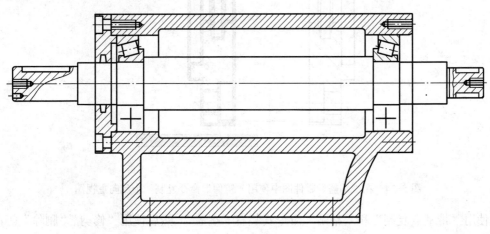

图 5-32　复制、粘贴"座体"并去掉多余投影线

6. 安装（复制、粘贴）调整环和右端盖

打开"调整环"零件图，将"调整环"主视图"带基点复制"并依据装配位置关系粘贴到"铣刀头"装配图图形文件中，然后使用"修剪""删除"等命令去除多余投影线，如图5-33 所示。

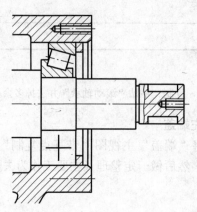

图 5-33   复制、粘贴"调整环"并去掉多余投影线

安装右"端盖"的方法和步骤与安装左"端盖"的方法和步骤相同，只是需要使用"镜像"命令复制一个反向的"端盖"主视图，如图 5-34 所示。

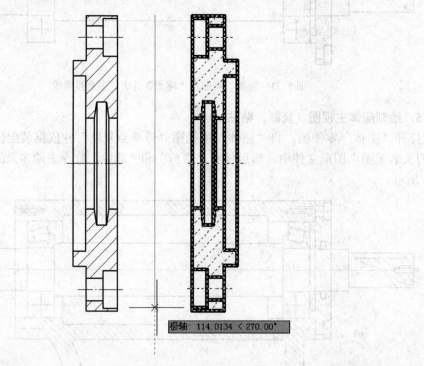

极轴：114.0134 < 270.00°

图 5-34   在"端盖"零件图中使用"镜像"命令复制一个反向主视图

使用"带基点复制"和"粘贴"命令安装右"端盖"，然后使用"修剪""删除"等命令去除多余投影线，如图 5-35 所示。

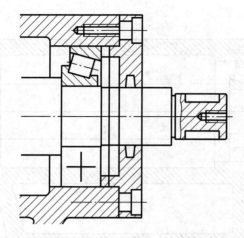

图 5-35　复制、粘贴右"端盖"并去掉多余投影线

7．安装（复制、粘贴）V 带轮

打开"V 带轮"零件图，将"V 带轮"主视图"带基点复制"并依据装配位置关系粘贴到"铣刀头"装配图图形文件中，然后使用"修剪""删除"等命令去除多余投影线，如图 5-36 所示。

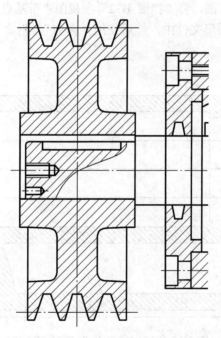

图 5-36　复制、粘贴"V 带轮"并去掉多余投影线

8．安装挡圈 35

打开"挡圈 35"零件图，将"挡圈 35"主视图"带基点复制"并依据装配位置关系粘贴到"铣刀头"装配图图形文件中，然后使用"修剪""删除"等命令去除多余投影线，如图 5-37 所示。

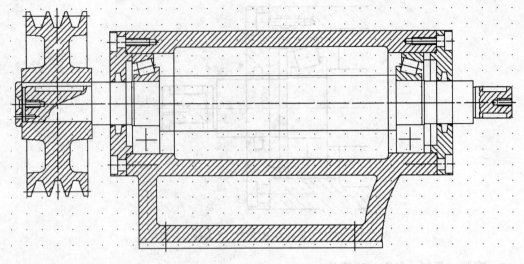

图 5-37　复制、粘贴"挡圈 35"并去掉多余投影线

9.　绘制刀盘并安装挡圈 B32

因为刀盘不属于铣刀头装配体，所以用双点划线示意绘制就可以了（不需精确尺寸）。

打开"挡圈 B32"零件图，将"挡圈 B32"主视图"带基点复制"并依据装配位置关系粘贴到"铣刀头"装配图图形文件中，然后使用"修剪""删除"等命令去除多余投影线，如图 5-38 所示。

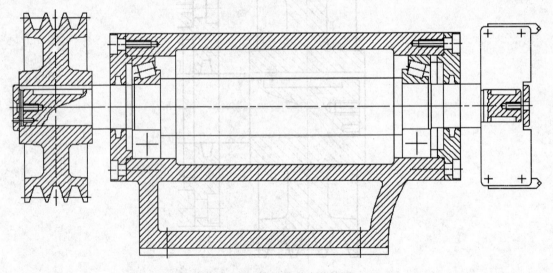

图 5-38　绘制刀盘结构并安装挡圈 B32

10.　安装其他标准件

安装标准件时，如螺钉头等结构，可以直接从"标准件"图形文件中复制到装配图中，而键连接和销连接只需根据装配关系特点在装配图中略做修改就可以了，完成之后的主视图如图 5-39 所示。

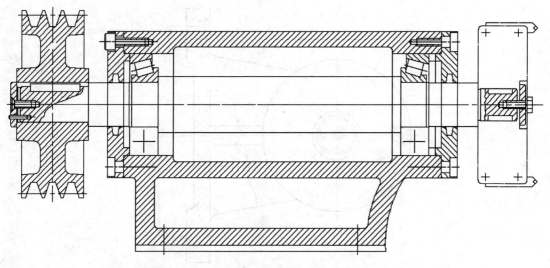

图 5-39　绘制其他标准件

11．绘制左视图、整理完成装配图视图部分

左视图主要在座体左视图的基础上绘制，可以从"座体"图形文件中复制到"铣刀头"装配图图形文件中。完成装配图前需要去掉多余图线并对剖面线重新整理。然后根据图幅的限制，把主视图改为断开画法，如图 5-40 所示。

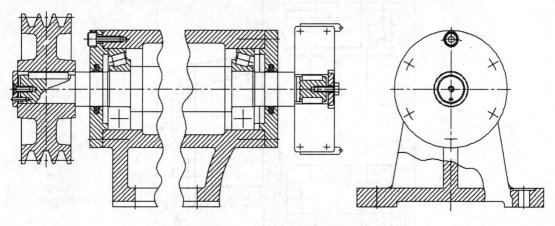

图 5-40　完成装配图视图部分

5.2　装配图的标注

5.2.1　装配图的尺寸标注

相对于零件图，装配图中只需要标注一些少量的重要尺寸，这些尺寸与该装配图所表达的机器或部件的安装、调试、使用和维护有关。装配图尺寸样式的设置方法以及标注方法都与零件图相同，而且相对来说更简单。"铣刀头"装配图的尺寸标注如图 5-41 所示。

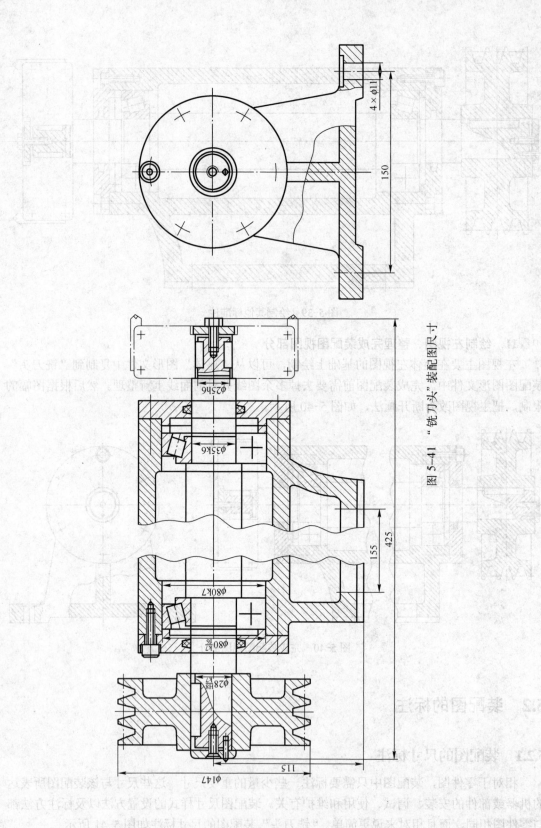

图 5-41 "铣刀头"装配图尺寸

5.2.2 装配图的零件序号

1. "快速引线（QLEADER）"命令

编写零件序号时可使用"快速引线（QLEADER）"命令，该命令是从 AutoCAD 2007 等老的版本兼容过来的命令，AutoCAD 2014 版本的默认界面只提供从命令行输入的激活方式。较新的 AutoCAD 版本中，如 AutoCAD 2014，"快速引线（QLEADER）"命令已经逐渐被新的"多重引线（MLEADER）"命令所取代，该命令稍后介绍。

在命令行输入 qleader 或者只输入简化的 le 并按〈Enter〉键激活命令，开始编写序号前要做一定设置。在激活命名后直接按〈Enter〉键，即可打开引线设置对话框，如图 5-42 所示。

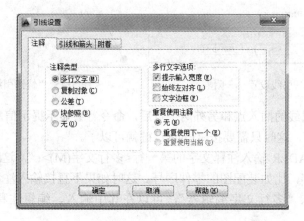

图 5-42　引线设置对话框

单击"引线和箭头"按钮，将箭头样式改为"点"或"小点"模式，如图 5-43 所示。

图 5-43　引线设置——引线和箭头

单击"附着"按钮，勾选"最后一行加下划线"复选框，如图 5-44 所示。

单击"确定"按钮保存设置就可以进入标注环节了，以后除非需要修改"快速引线"的设置，不需要每次激活命令后都按〈Enter〉键反复设置。

激活"快速引线"命令后，或者完成"快速引线"的设置后，命令行的提示信息都是

"QLEADER 指定第一个引线点或【设置(S)】<设置>:",这时可以用鼠标左键在屏幕上指定引线标注的插入点。接下来命令行会出现两次提示信息"QLEADER 指定下一点:",操作者可以跟随命令行提示用鼠标指定引线标注的另外两个点,如图 5-45 所示。

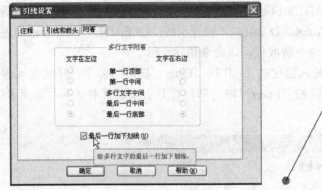

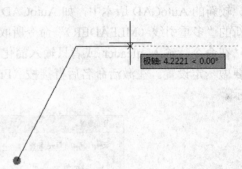

图 5-44 引线设置——附着   图 5-45 "快速引线"命令——指定点

指定"快速"引线的插入点和另外两个点后,命令行会显示提示信息"QLEADER 指定文字宽度<0.0000>:",这时只需要按〈Enter〉键就可以了。

接下来,"QLEADER 输入注释文字的第一行<多行文字(M)>:",这时可以通过键盘输入引线标注的注释文字,比如装配图的零件序号。这时如果不直接输入注释文字,而是直接按〈Enter〉键,则进入"多行文字编辑器",可以在其中输入、编辑注释文字,非常方便,如图 5-46 所示。

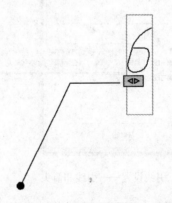

图 5-46 "快速引线"命令——注释文字

输入引线标注的注释文字后,按"确定"按钮或按〈Enter〉键就可以结束命令,以便进入下一轮标注。

"铣刀头"装配图的零件序号标注效果如图 5-47 所示。

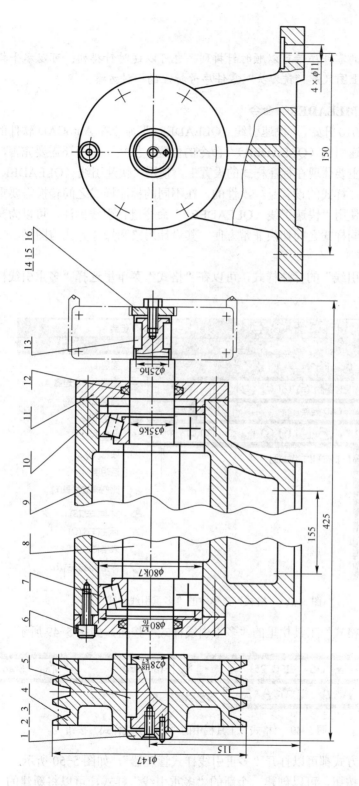

图 5-47 "铣刀头"装配图的零件序号标注

注意：装配图的零件序号可以顺时针排列，也可以逆时针排列；可以水平排列，也可以竖直排列。所以，上图只是"铣刀头"零件序号标注的一种方案。

2. 多重引线（MLEADER）命令

从 AutoCAD 2010 开始，"快速引线（QLEADER）"命令在 AutoCAD 软件的"标注"菜单中已经取代"快速引线（QLEADER）"命令的位置。虽然该命令还需要完善，但其设计思路是很先进的，这主要体现在标注样式的设置上。使用"快速引线（QLEADER）"命令来进行引线标注时，标注样式的设置是一次性的，在不同的标注样式之间转换需要重复进行设置改变，很麻烦。而使用"快速引线（QLEADER）"命令进行引线标注，可以为其设置多个新的标注格式，在不同样式之间切换非常方便，其设计思路和操作方式与图层、文字样式和标注样式一致。

要设置"多重引线"的标注样式，可以在"格式"菜单里选择"多重引线样式"选项，如图 5-48 所示。

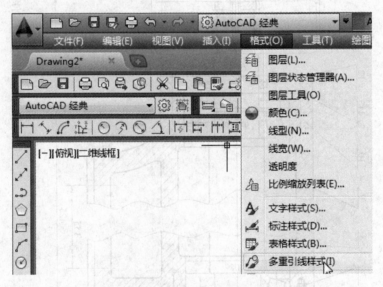

图 5-48 "格式"菜单中的"多重引线样式"选项

也可以单击"格式"工具栏里的"多重引线样式"按钮，如图 5-49 所示。

图 5-49 "格式"工具栏中的"多重引线样式"按钮

通过上述两种方式都可以打开"多重引线样式管理器"，如图 5-50 所示。

单击"新建"按钮，可以创建一个新的"多重引线"样式，可以将新建的"多重引线"样式命名为"装配图零件序号"，如图 5-51 所示。

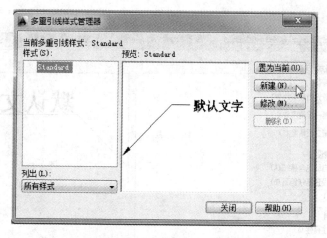

图 5-50　多重引线样式管理器

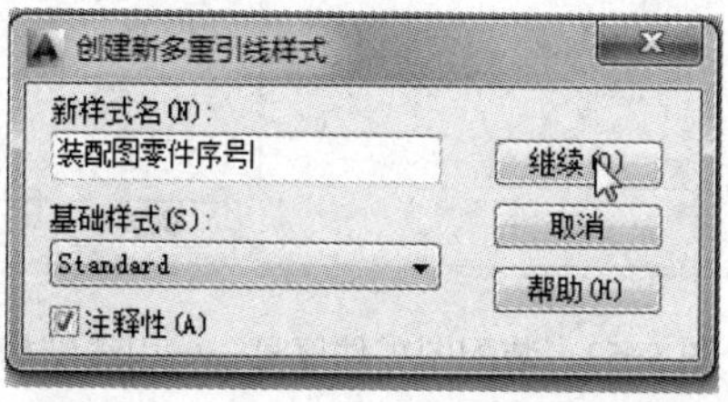

图 5-51　创建新多重引线样式

　　单击"继续"按钮，创建新的多重引线样式"装配图零件序号"，该样式是在系统默认样式"Standard"的基础上创建的，各项设置如图 5-52～图 5-54 所示。

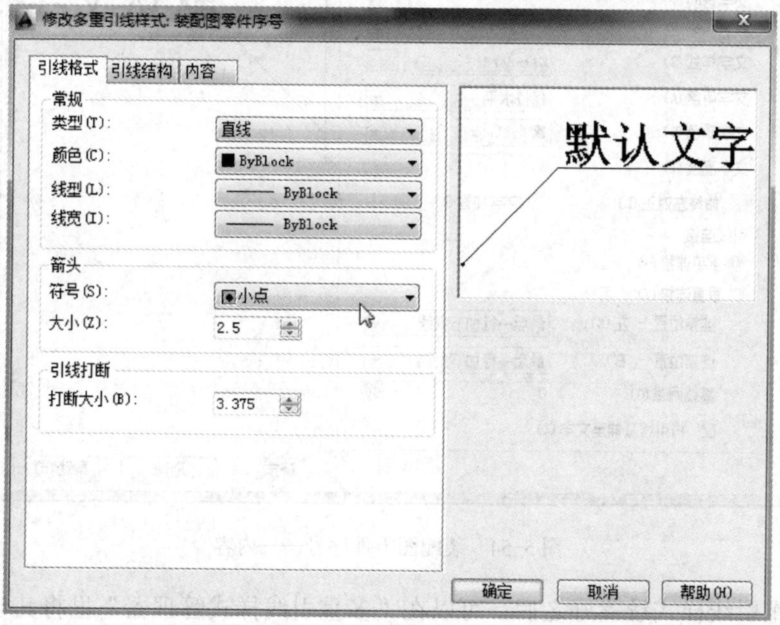

图 5-52　装配图零件序号——引线格式

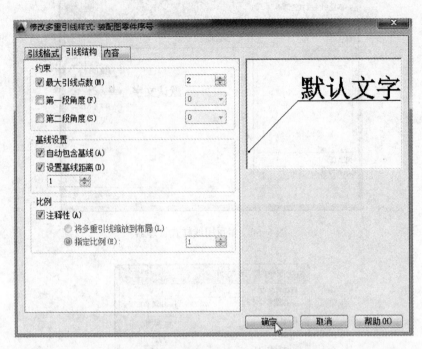

图 5-53   装配图零件序号——引线结构

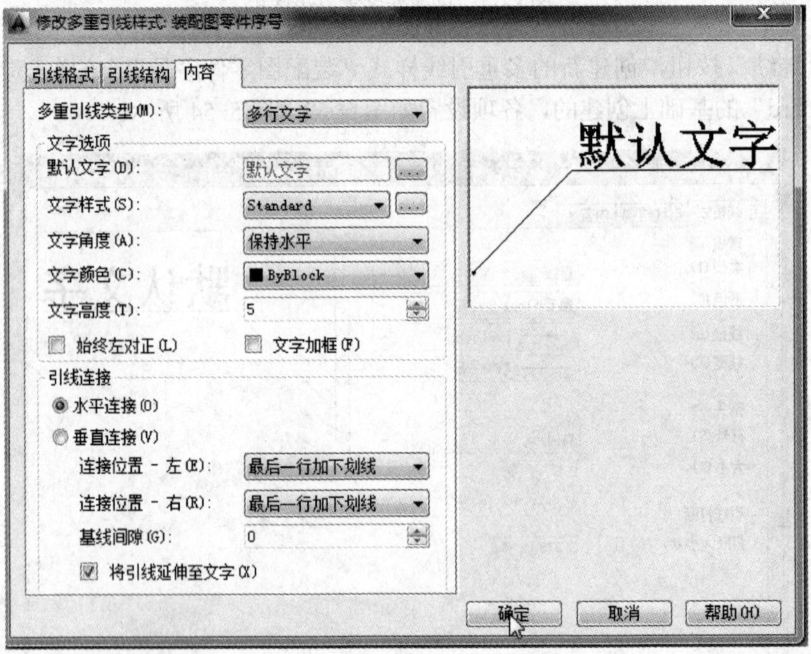

图 5-54   装配图零件序号——内容

新的多重引线样式设置好之后，可以在"多重引线样式管理器"里将其设置为当前样式，如图 5-55 所示。

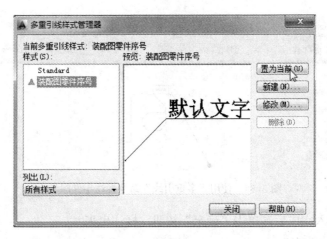

图 5-55　装配图零件序号——置为当前样式

也可以使用鼠标在"格式"工具栏中的"多重引线样式"窗口中切换当前样式,如图 5-56 所示。

图 5-56　切换当前多重引线样式

"装配图零件序号"多重引线样式被创建好并被设置为当前样式后,就可以使用"多重引线"命令来标注装配图的零件序号了。首先,在"标注"菜单选择"多重引线"命令,如图 5-57 所示。

图 5-57　"标注"菜单中的"多重引线"命令

激活"多重引线"命令后,根据命令行提示分别在绘图区域指定多重引线的箭头位置和基线位置,然后在出现的"多行文字编辑器"中输入要标注的零件的序号,如图 5-58 所示。

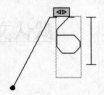

图 5-58 使用"多重引线"命令标注零件序号

将零件序号输入完成后，单击"确定"按钮，标注出来
的零件序号如图 5-59 所示。

5.2.3 装配图明细栏

1. 装配图明细栏的格式和尺寸

绘制、填写装配图的明细栏时，一定要依据国家标准的格
式和尺寸要求，如图 5-60 所示。

图 5-59 使用"多重引线"命令标注零件序号效果图

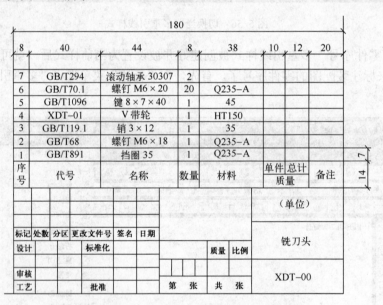

图 5-60 装配图明细栏的格式和尺寸

2. 装配图明细栏的内容填写

对于第一个零件相关信息内容的填写可以使用"单行文字"命令或"多行文本"命令逐
项输入，其他零件则可以复制第一个零件的信息后再编辑。

绘制并填写明细栏、标题栏以及技术要求，如图 5-61 所示，完成的"铣刀头"装配
图，如图 5-62 所示。

技术要求
1. 主轴相对于底板底面的平行度公差为 0.07。
2. 用手转动 V 带轮轻松灵活。

序号	代号	名称	数量	材料	单件	总计	备注
7	GB/T294	滚动轴承 30307	2				
6	GB/T70.1	螺钉 M6×20	20	Q235-A			
5	GB/T1096	键 8×7×40	1	45			
4	XDT-01	V 带轮	1	HT150			
3	GB/T119.1	销 3×12	1	35			
2	GB/T68	螺钉 M6×18	1	Q235-A			
1	GB/T891	挡圈 35	1	Q235-A			

序号	代号	名称	数量	材料	单件	总计	备注
15	GB/T93	垫圈 6	1	65Mn			
14	GB/T5783	螺栓 M6×20	1	Q235-A			
13	XDT-07	挡圈 B32	1	35			
12	GB/T1096	键 6×6×20	2	45			
11	XDT-06	毛毡 25	1	222-36			
10	XDT-05	端盖	1	HT200			
9	XDT-04	调整环	1	35			
8	XDT-03	座体	1	HT200			
7	XDT-02	轴	1	45			

标题栏：铣刀头　XDT-00

标记	处数	分区	更改文件号	签名	日期		
设计			标准化			质量	比例
审核							
工艺			批准			共　张	第　张

图 5-61　标题栏、明细栏和技术要求内容

219

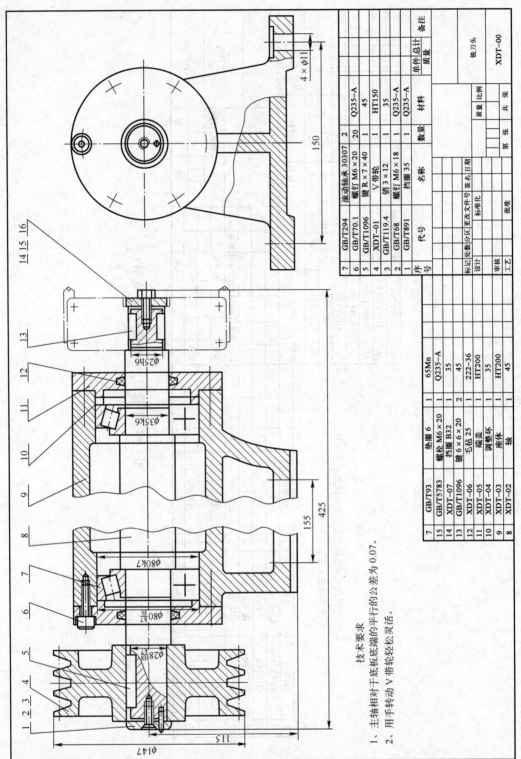

图5-62 "铣刀头"装配图

技术要求

1. 主轴相对于底板底端的平行的公差为0.07。
2. 用手转动V带轮轻松灵活。

序号	代号	名称	数量	材料	单件	总计	备注
					质量		
7	GB/T294	滚动轴承30307	2				
6	GB/T70.1	螺钉M6×20	20	Q235-A			
5	GB/T1096	键R×7×40	1	45			
4	XDT-01	V带轮	1	HT150			
3	GB/T119.4	销3×12	1	35			
2	GB/T68	螺钉M6×18	1	Q235-A			
1	GB/T891	挡圈35	1	Q235-A			

15	GB/T93	垫圈6	1	65Mn
14	XDT-07	螺栓M6×20	1	Q235-A
13	GB/T1096	挡圈B32	1	35
12	XDT-06	键6×6×20	2	45
11	XDT-05	毛毡25	1	222-36
10	XDT-04	端盖	1	HT200
9	XDT-03	调整环	1	35
8	XDT-02	座体	1	HT200
		轴		45

铣刀头   XDT-00

设计   标准化   质量   比例
审核
工艺   批准   第 张   共 张

5.3 思考题

1. "复制到剪贴板"命令对应的组合键是_____,"粘贴"命令对应的组合键是_____,"剪切"命令对应的组合键是_____。

2. "粘贴为块"命令对应的组合键是_____。

3. 请简述使用 AutoCAD 软件绘制装配图与绘制零件图的区别。

4. 请简述"粘贴为块"命令在绘制装配图中的作用。

5. 根据旋塞装配示意图和零件图绘制旋塞装配图。

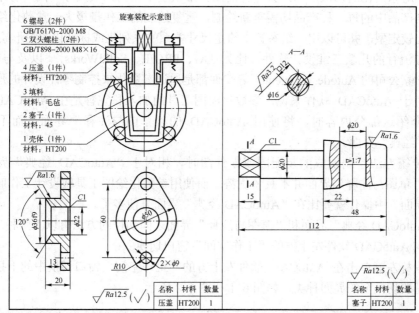

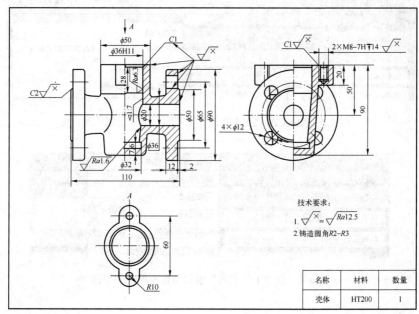

第6章　参数化绘图工具

传统的交互绘图软件系统都用固定的尺寸值定义几何元素，输入的每一条线都有确定的坐标位置。若图形的尺寸有变动，则必须删除原图重画。而在机械产品中系列化的产品占有相当比重。对系列化的机械产品，其零件的结构形状基本相同，仅尺寸不同，若采用交互绘图，则系列产品中的每一种产品均需重新绘制，重复绘制的工作量极大。参数化绘图适用于结构形状比较定型，并可以用一组参数来约定尺寸关系的系列化或标准化的图形绘制。

当今最流行的几款三维设计软件，比如 UG、PRO/E、SolidWorks， 以及与 AutoCAD 软件同属一家公司的 Autodesk Inventor 等软件都是通过参数化来控制零件设计的形状结构和尺寸的。对于 AutoCAD 软件来说，参数化绘图工具的加入和完善是在 AutoCAD 2010 之后。所以介绍这部分内容时，将使用 AutoCAD 的"草图与注释"界面，而不是传统的"AutoCAD 经典"界面。

使用传统方法绘制现成的装配图或零件图时，相对于"AutoCAD 经典"界面，新的AutoCAD "草图与注释"界面并不具备优势。而使用参数化绘图工具做设计工作时，在"草图与注释界面"中操作就要比在"AutoCAD 经典"界面方便多了。

在"AutoCAD 经典"界面和"草图与注释"界面之间切换的方法有以下两种。

（1）在 AutoCAD 软件左上方的"工作空间"窗口切换

使用鼠标左键单击在 AutoCAD 软件左上方的"工作空间"窗口切换中的下拉三角形，然后选择需要切换至的界面种类，如图 6-1 和图 6-2 所示。

图 6-1　AutoCAD 2014 软件左上方的"工作空间"窗口

图 6-2　在"工作空间"窗口切换不同绘图界面

（2）单击 AutoCAD 软件右下方的"切换工作空间"按钮切换

使用鼠标左键单击在 AutoCAD 软件右下方的"切换工作空间"按钮，如图 6-3 所示。然后在"AutoCAD 经典"界面和"草图与注释"界面之间切换，如图 6-4 所示。

图 6-3　AutoCAD 软件右下方的"切换工作空间"按钮

图 6-4　单击"切换工作空间"按钮切换软件工作界面

AutoCAD 2014 的"草图与注释"界面和"AutoCAD 经典"界面相比，有较大的不同，如图 6-5 所示。

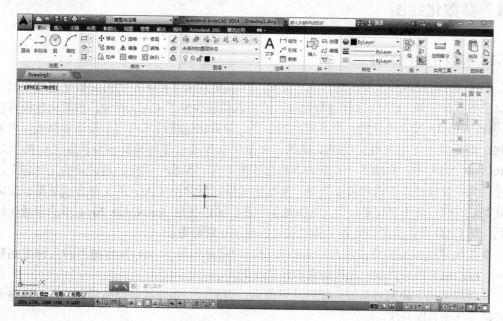

图 6-5　AutoCAD 2014"草图与注释"工作界面

在 AutoCAD 2014 的"草图与注释"界面下，系统默认设置不会显示菜单栏，可以单击"工作空间"窗口右边的下拉三角形，并在"自定义快速访问工具栏"菜单中单击"显示菜单栏"，这样就可以调出菜单栏，如图 6-6 所示。

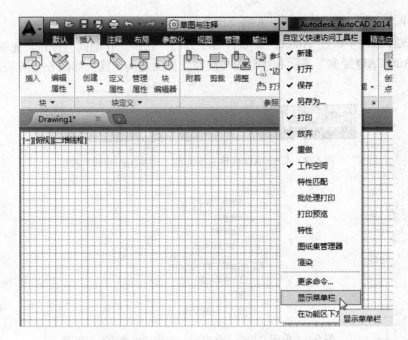

图 6-6 "自定义快速访问工具栏"中的"显示菜单栏"选项

6.1 参数化绘图

6.1.1 参数化绘图简介

CAD/CAE 技术最重要的进步之一是在二十世纪八十年代末发明的参数化建模工具。作为真正的设计工具，CAD 软件参数化技术的引入彻底改变了 CAD 行业。参数化建模方法，将传统的 CAD 技术提升到一个非常高的水平。参数化建模技术可用于设计和修改程序的自动化；这是通过使用参数化功能实现的。参数化功能通过使用设计变量控制几何模型。在 AutoCAD 2014 中，介绍了一套新的参数化绘图工具。参数一词指的是设计的几何定义，如尺寸，其在设计过程中随时可以改变。参数化建模的概念使 CAD 的工作方式更符合实际的设计制造过程，而不仅仅是一个 CAD 数学程序。通过使用 AutoCAD 2014 中的参数化绘图工具，用 CAD 设计的图样更容易随着设计的改进更新而更新。

参数化建模的主要特点涉及约束的使用。约束是应用于 2D 几何图形的几何规则和限制。一般约束有两种类型：几何约束和尺寸约束。

几何约束用于控制对象彼此间的几何关系。例如，一条直线与圆弧相切，一条线是水平的，或者两条直线共线。

尺寸约束用于控制几何实体的大小和位置。例如，两条平行线的间距，一条直线的长度，两条直线的夹角，或圆弧的半径值。

当一个设计图形被创建或修改时，图形将处于下列三种状态之一：

1）无约束：没有约束应用于创建的几何形状。

2）部分约束：有些，而非全部约束，应用于创建的几何形状。

3）全约束：设计所必须的定义都应用到所创建的几何形状上来，这意味着所有相关几何约束和尺寸约束都已具备。

要注意的是，AutoCAD 将阻止用户应用任何导致过度约束状态的约束（有重复或冲突的约束）。

一般来说，在设计过程的初始阶段，创建一个部分约束，甚至无约束的图形，对于帮助设计师确定设计的形式和形状是非常有益的。但当设计达到最后阶段，完全约束的图形是必要的，因为这将确保最终设计产品的生产制造。

参数化绘图工具可用于协助设计的创建，尤其是当存在更复杂的几何关系时；也有利于保存设计意图，从而降低设计修改工作的繁琐性。

参数化绘图工具使用户能够专注于设计本身，控制特定的几何特性，以及大小和位置定义。这种方法可以增强传统的几何构造技术。

传统的绘图方法通过图形的尺寸、位置关系和连接关系来绘图，每个图形要素的几何特征以及图形要素之间的约束关系是隐含的，而且是不固定的。如果图形要素的尺寸或图形要素之间的"约束"关系更改，则需要重新绘图。如图 6-7 所示。

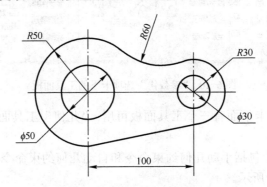

图 6-7　传统方法绘制的图形

而通过参数化工具绘制的图形，图形要素的几何特征和图形要素之间的几何特征关系是分别通过尺寸约束和几何约束来控制的。如果要对设计图形做修改，只需要调整相应的约束，图形就会自动更新，如图 6-8 所示。这一点是参数化绘图的最大优势。

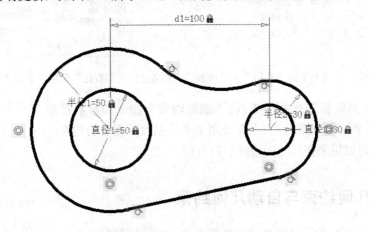

图 6-8　参数化工具绘制的图形

6.1.2 AutoCAD 2014 参数化绘图工具

安装 AutoCAD 2014 软件后，默认的选项卡为"默认"选项卡，如图 6-9 所示。在功能区选项卡区域，用鼠标左键单击"参数化"选项卡，可以切换至"参数化"选项卡下的工具面板，如图 6-9、图 6-10 所示。

图 6-9　AutoCAD 2014 默认的选项卡

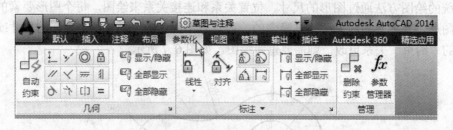

图 6-10　"参数化"选项卡下的工具面板

在"参数化"选项卡下面有三个工具面板可用："几何"工具面板，"标注"工具面板和"管理"工具面板。

"几何"工具面板中包括手动几何约束命令和自动几何约束命令，以及几何约束的显示和隐藏命令，如图 6-11 所示。

"标注"工具面板包含各种手动应用的尺寸约束命令，以及尺寸约束的显示和隐藏命令，如图 6-12 所示。要注意的是，"标注"工具面板中的命令并非是用来给图形标注通常意义上的尺寸的，而是赋予图形尺寸参数，二者不可混淆。

图 6-11　"参数化"选项卡下的"几何"工具面板　　图 6-12　"参数化"选项卡下的"标注"工具面板

"管理"工具面板包含两个工具："删除约束"命令和参数管理器，如图 6-13 所示。"删除约束"命令用来手动删除不需要的约束；而参数管理器可以用来在尺寸间设置参数方程。

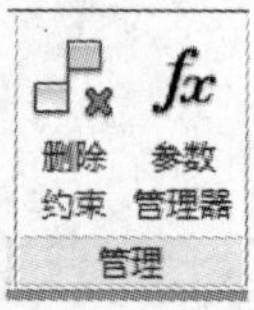

6.2　手动几何约束与自动几何约束

AutoCAD 2014 的几何约束工具包括手动几何约束和自动几何约

图 6-13　"参数化"选项卡下的"管理"工具面板

束两种，本节主要介绍手动几何约束。

6.2.1 手动几何约束

在"几何"工具面板中，有十二种可应用于绘制二维草图的手动几何约束，下面逐一介绍这些命令。

1. 重合约束

"重合"约束命令可以将两个点约束到一起或将一个点约束到一条曲线上。

新建一个文件，使用"默认"选项卡下的"绘图"工具面板中的"直线"命令绘制两条任意长度和角度的直线，使用"圆"命令绘制两个任意大小不同心的圆，如图6-14所示。

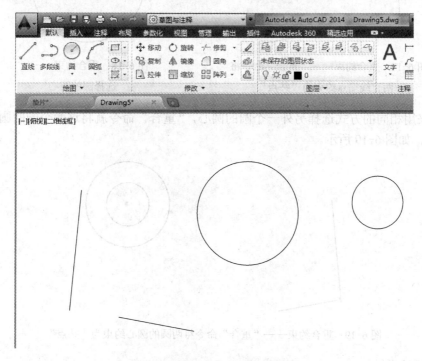

图 6-14　重合约束——绘制直线和圆

单击"参数化"选项卡并在"几何"工具面板中单击"重合"命令，如图6-15所示。

激活命令后，将鼠标指针移动至两条直线中的一条的任意一个端点上，如图 6-16 所示。然后单击鼠标左键选择该端点。

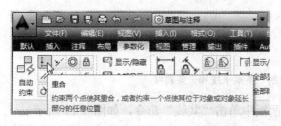

图 6-15　重合约束——在"几何"工具面板中
单击"重合"命令

图 6-16　重合约束——
选择直线的端点

接下来按同样的步骤选择另外一条直线的任意一个端点，"重合"命令就将这两条直线的端点约束为"共点"了，如图6-17所示。

再次激活"重合"命令，将鼠标指针移动至其中一个圆上面，当出现符号显示锁定该圆的圆心时，单击鼠标左键选择该圆心，如图6-18所示。

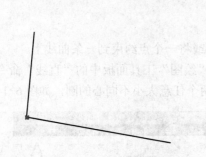
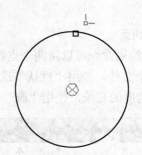

图6-17　重合约束——"重合"命令将
两直线端点约束为"共点"

图6-18　重合约束——
选择圆的圆心

接下来用相同的方式选择另外一个圆的圆心，"重合"命令就将这两个圆的圆心约束为"共点"了，如图6-19所示。

图6-19　重合约束——"重合"命令将两圆的圆心约束为"共点"

2. 共线约束

"共线"约束命令可以让两条线沿一条直线对齐。

新建一个文件，使用"默认"选项卡下的"绘图"工具面板中的"直线"命令绘制一条任意长度的水平线和一条任意长度的斜线，如图6-20所示。

图6-20　共线约束——绘制一条水平线和一条斜线

单击"参数化"选项卡并在"几何"工具面板中单击"共线"命令，如图6-21所示。

激活"共线"命令后使用鼠标左键依次选择水平线和斜线，"共线"命令就将两条直线约束为"共线"了，如图6-22所示。

图 6-21 共线约束——在"几何"工具面板中单击"共线"命令

图 6-22 共线约束——"共线"命令将两条直线约束为共线

如果激活"共线"命令之后先选择斜线后再选择水平线,"共线"命令将水平线约束为与斜线平齐,如图 6-23 所示。

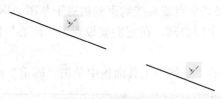

图 6-23 共线约束——调换选择顺序后的约束效果

3. 同心约束

"同心"约束命令可以将两个圆弧、圆或椭圆约束到同一个中心点。

新建一个文件,使用"默认"选项卡下的"绘图"工具面板中的"圆"命令,绘制两个任意大小不同心的圆,如图 6-24 所示。

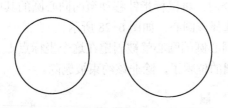

图 6-24 同心约束——绘制两个不同心的圆

单击"参数化"选项卡并在"几何"工具面板中单击"同心"命令,如图 6-25 所示。

图 6-25 同心约束——在"几何"工具面板中单击"同心"命令

激活"同心"命令后，使用鼠标左键依次选择两个圆，"同心"命令就将两个圆约束为"同心"了，如图 6-26 所示。注意，该命令是将所选择的第二个圆约束为与第一个圆同心。

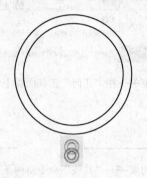

图 6-26　同心约束——"同心"命令将两个圆约束为"同心"

4. 固定约束

"固定"约束命令可以将某个点或曲线约束到相对于草图坐标系统的一个固定位置。

如图 6-26 所示的另一个同心圆，在它们被设置为"同心"约束后，仍然可以使用鼠标在绘图区域移动其圆心。

在"参数化"选项卡下的"几何"工具面板中单击"固定"命令，如图 6-27 所示。

图 6-27　固定约束——在"几何"工具面板中单击"固定"命令

激活"固定"约束命令后，将鼠标指针移动至两同心圆的其中一个圆上，当鼠标指针锁定其圆心时单击鼠标左键选择该圆心，如图 6-28 所示。

经过上述操作后，该同心圆的圆心就被固定在这个坐标点上了，如图 6-29 所示。这样就不能再移动这两个同心圆的位置了，除非该约束被删除。

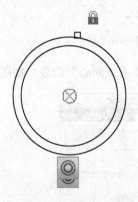
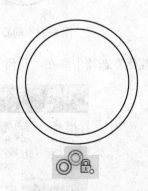

图 6-28　固定约束——
选择要固定的点：圆心

图 6-29　固定约束——"固定"命令将
同心圆固定在其圆心坐标点上

230

5. 平行约束

"平行"约束命令可以让所选择的两条直线相互平行。

新建一个文件，使用"默认"选项卡下"绘图"工具面板中的"直线"命令绘制任意两条互不平行的直线，如图6-30所示。

单击"参数化"选项卡并在"几何"工具面板中单击"平行"命令，如图6-31所示。

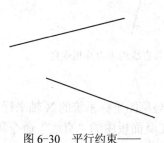

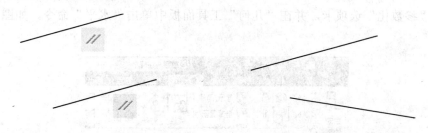

图 6-30　平行约束——　　　　　　图 6-31　平行约束——在"几何"工具
绘制两条互不平行的直线　　　　　　　　　面板中单击"平行"命令

激活"平行"命令后，用鼠标左键依次选择两条直线，"平行"命令就将这两条直线约束为相互平行了（第二条线平行于第一条线），如图6-32所示。

6. 垂直约束

"垂直"约束命令可以让所选择的两条直线相互垂直。

新建一个文件，使用"默认"选项卡下的"绘图"工具面板中的"直线"命令，绘制任意两条互不垂直的直线，如图6-33所示。

图 6-32　平行约束——"平行"命令　　　　　图 6-33　垂直约束——绘制
将两条直线约束为互相平行　　　　　　　　　两条互不垂直的直线

单击"参数化"选项卡并在"几何"工具面板中单击"垂直"命令，如图6-34所示。

图 6-34　垂直约束——在"几何"工具面板中单击"垂直"命令

激活"垂直"命令后，用鼠标左键依次选择两条直线，"垂直"命令就将这两条直线约束为相互垂直了（第二条线垂直于第一条线），如图 6-35 所示。

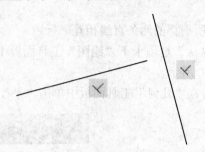

图 6-35　垂直约束——"平行"命令将两条直线约束为互相垂直

7. 水平约束

"水平"约束命令可以让直线、椭圆轴或成对的点与草图坐标系统的 X 轴平行。

新建一个文件，使用"默认"选项卡下"绘图"工具面板中的"直线"命令和"圆"命令绘制一条斜线和两个圆心不平齐的圆，如图 6-36 所示。

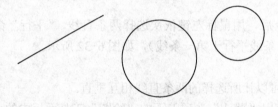

图 6-36　水平约束——绘制一条斜线和两个圆

单击"参数化"选项卡，并在"几何"工具面板中单击"水平"命令，如图 6-37 所示。

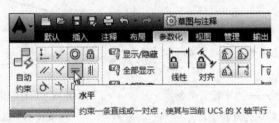

图 6-37　水平约束——在"几何"工具面板中单击"水平"命令

激活"水平"命令后使用鼠标左键选择所绘斜线，"水平"命令就将这条斜线约束为与 X 轴平行了，如图 6-38 所示。

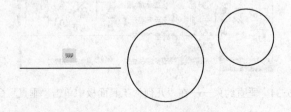

图 6-38　水平约束——"平行"命令将斜线约束为水平线

再次激活"水平"命令，命令行将显示提示信息"选择对象或[两点(2P)]<两点>:"。这时在命令行输入"2P"后并按〈Enter〉键确认，之后就可以依次选择两个圆的圆心了。当把鼠标指针移动到其中一个圆上时，鼠标指针会锁定其圆心，如图6-39所示。

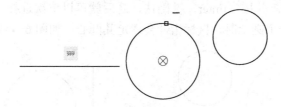

图6-39　水平约束——输入"2P"选项后可以依次选择两个点

依次选择两个圆的圆心后，"水平"命令就将这两个圆的圆心约束于同一条水平线上了，如图6-40所示。

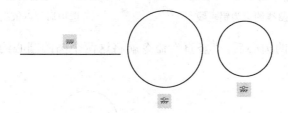

图6-40　水平约束——作用于两个独立点

8. 竖直约束

"竖直"约束命令可以让直线、椭圆轴或成对的点与草图坐标系统的 Y 轴平行。

新建一个文件，使用"默认"选项卡下"绘图"工具面板中的"直线"命令和"圆"命令绘制一条斜线和两个圆心不平齐的圆，如图6-41所示。

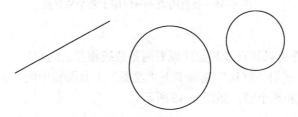

图6-41　竖直约束——绘制一条斜线和两个圆

单击"参数化"选项卡，并在"几何"工具面板中单击"竖直"命令，如图6-42所示。

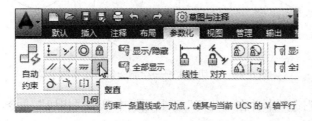

图6-42　竖直约束——在"几何"工具面板中单击"竖直"命令

激活"竖直"命令后使用鼠标左键选择所绘斜线,"水平"命令就将这条斜线约束为与Y轴平行了,如图 6-43 所示。

再次激活"竖直"命令,命令行将显示提示信息"选择对象或[两点(2P)]<两点>:"。这时在命令行输入"2P",并按〈Enter〉键确认,之后就可以依次选择两个圆的圆心了。当把鼠标指针移动到其中一个圆上时,鼠标指针会锁定其圆心,如图 6-44 所示。

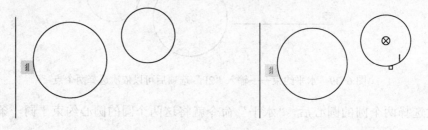

图 6-43 竖直约束——"竖直"   图 6-44 竖直约束——输入"2P"
命令将斜线约束为铅垂线   选项后可以依次选择两个点

依次选择两个圆的圆心后,"竖直"命令就将这两个圆的圆心约束于同一条铅垂线上了,如图 6-45 所示。

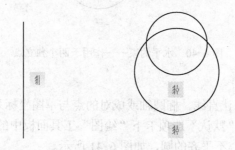

图 6-45 竖直约束——作用于两个独立点

9. 相切约束

"相切"约束命令可以让直线与曲线或者两条曲线相互之间相切。

新建一个文件,使用"默认"选项卡下"绘图"工具面板中的"直线"命令和"圆"命令依次绘制一条直线和两个圆,如图 6-46 所示。

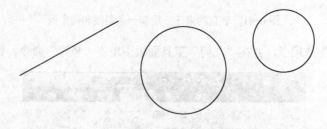

图 6-46 相切约束——绘制一条直线和两个圆

单击"参数化"选项卡并在"几何"工具面板中单击"相切"命令,如图 6-47 所示。

234

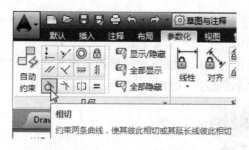

图 6-47　相切约束——在"几何"工具面板中单击"相切"命令

激活"相切"命令后，用鼠标左键依次选择所绘直线和靠左边的圆，"相切"命令就将这条直线和圆约束为相切了，如图 6-48 所示。

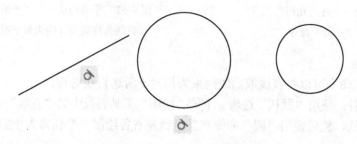

图 6-48　相切约束——"相切"命令将所选直线和圆约束为相切

再次激活"相切"命令并用鼠标左键依次选择所绘制的两个圆，"相切"命令就将这两个圆也约束为相切了，如图 4-49 所示。

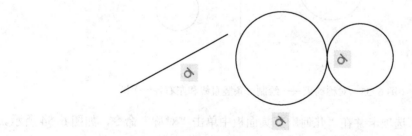

图 6-49　相切约束——"相切"命令将所选两圆约束为相切

10. 平滑约束

"平滑"约束命令可以在一条样条曲线与一条直线、圆弧或样条曲线间创建曲率连续（G2）连接。

新建一个文件，使用"默认"选项卡下的"绘图"工具面板中的"样条曲线拟合"命令，绘制两条不连续的样条曲线，如图 6-50 所示。

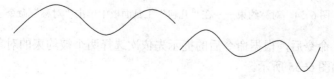

图 6-50　平滑约束——绘制两条样条曲线

单击"参数化"选项卡，并在"几何"工具面板中单击"平滑"命令，如图 6-51 所示。

激活"平滑"命令后使用鼠标左键依次选择两条样条曲线，"平滑"命令就将这两条不连续的样条曲线约束为平滑连接了，如图 6-52 所示。

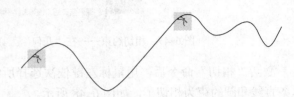

图 6-51　平滑约束——在"几何"工具　　　　图 6-52　平滑约束——"平滑"命令
面板中单击"平滑"命令　　　　　　　将两条样条曲线约束为平滑连接

11. 对称约束

"对称"约束命令可以将直线或曲线约束为相对于所选直线对称。

新建一个文件，使用"默认"选项卡下的"绘图"工具面板中的"直线"命令，在绘图区域绘制一条竖直线，然后使用"圆"命令在竖直线左右各绘制一个任意大小的圆，如图 6-53 所示。

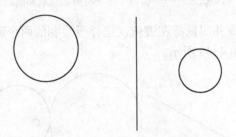

图 6-53　对称约束——绘制一条竖直线和左右各一个圆

单击"参数化"选项卡并在"几何"工具面板中单击"对称"命令，如图 6-54 所示。

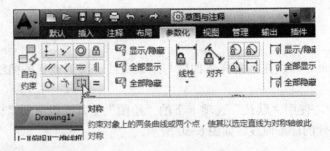

图 6-54　对称约束——在"几何"工具面板中单击"对称"命令

激活"对称"命令后，根据命令后的提示先依次选择两个被约束的对象，即两个圆，再选择对称直线，如图 6-55 所示。

236

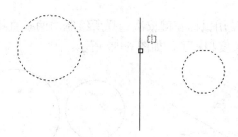

图 6-55　对称约束——依次选择两个圆和对称直线

　　操作完成后，"对称"命令就将所选择的两个圆约束为相对于所选择的对称直线对称了，如图 6-56 所示。

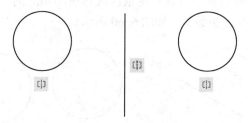

图 6-56　对称约束——两个圆相对于直线对称

12. 相等约束

　　"相等"约束命令可以将所选圆弧或圆约束为半径相等，或将所选直线约束为长度相等。

　　新建一个文件，使用"默认"选项卡下的"绘图"工具面板中的"直线"命令，在绘图区域绘制两条长短不一的直线，然后使用"圆"命令绘制两个大小不等的圆，如图 6-57 所示。

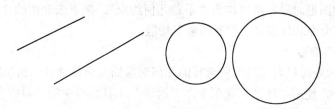

图 6-57　相等约束——绘制两条直线和两个圆

　　单击"参数化"选项卡，并在"几何"工具面板中单击"相等"命令，如图 6-58 所示。

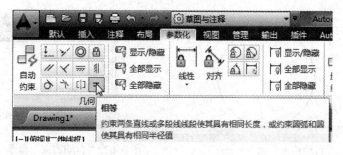

图 6-58　相等约束——在"几何"工具面板中单击"相等"命令

激活"相等"命令后使用鼠标左键依次选择所绘制的两条直线,"相等"命令就将这两条长短不一的直线约束为长度相等了,如图6-59所示。

图6-59 相等约束——"相等"命令作用于两条直线

再次激活"相等"命令后使用鼠标左键依次选择所绘制的两个圆,"相等"命令就将这两个大小不等的圆约束为半径相等了,如图6-60所示。

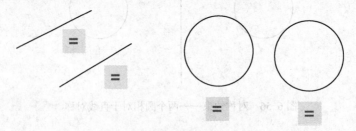

图6-60 相等约束——"相等"命令作用于两个圆

6.2.2 自动几何约束

以上介绍的"重合"等十二个约束命令都需要绘图者手动选择特定的约束命令,并指定特定的施加约束的图形对象,所以称为"手动几何约束"。接下来介绍的"自动几何约束",包括"自动约束"命令和状态栏"推断约束"功能。

1."自动约束"命令

"自动约束"命令可以自动判断所选择的几何对象的几何特征并添加相应的约束。

新建一个文件,使用"默认"选项卡下"绘图"工具面板中的"直线"命令和"圆"命令绘制如图6-61所示的平面图形,大小随意。

单击"参数化"选项卡并在"几何"工具面板中单击"自动约束"命令,如图6-62所示。

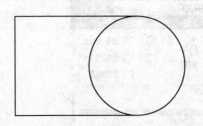

图6-61 "自动约束"命令——
绘制一个平面图形

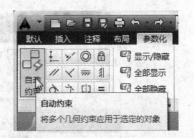

图6-62 "自动约束"命令——在"几何"
工具面板中单击"自动约束"命令

激活"自动约束"命令后,根据命令行的提示选择平面图形中的所有对象,然后按〈Enter〉键确认。"自动约束"命令会自动判断这些图形对象的几何特征并添加相应的约束,如图 6-63 所示。

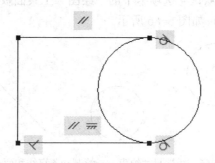

图 6-63 "自动约束"命令——"自动约束"命令自动添加约束与图形对象

2. 状态栏"推断约束"功能

打开状态栏的"推断约束"功能后,系统可以在创建和编辑几何对象时自动应用几何约束。"推断约束"功能的开关按钮如图 6-64 所示。

图 6-64 "推断约束"开关按钮

当"推断约束"功能打开时,软件系统会自动判断用户所绘制的图形对象的几何特征,并自动添加相应的约束,如图 6-65 所示。

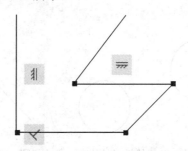

图 6-65 "推断约束"打开时自动添加的约束

"推断约束"功能打开时,系统可以自动推断"重合""平行""垂直""水平""竖直"和"相切"等约束,不能推断"固定""平滑""对称""同心""相等"和"共线"等约束。

6.3 尺寸约束

在"标注"工具面板,有一组尺寸约束可用。用户能够应用诸如线性、径向和角度等尺寸约束控制几何形状。

6.3.1 "线性"尺寸约束

"线性"尺寸约束命令约束两点之间的水平距离或竖直距离。

新建一个文件,使用"默认"选项卡下的"绘图"工具面板中的"直线"命令和"圆"命令绘制一条斜线和两个圆,如图 6-66 所示。

图 6-66　线性尺寸约束——绘制一条直线和两个圆

单击"参数化"选项卡并在"标注"工具面板中单击"线性"命令,如图 6-67 所示。

图 6-67　线性尺寸约束——在"标注"工具面板中单击"线性"命令

激活"线性"命令后,命令行会提示依次选择两个点,当把鼠标指针移动到圆的上方时,鼠标指针会自动锁定到其圆心上,这时就可以单击鼠标左键选择这个点了,如图 6-68 所示。

图 6-68　线性尺寸约束——选择圆心点

选择两个圆的圆心后,可以选择添加水平尺寸约束,也可以选择添加竖直尺寸约束。本例选择添加一个水平尺寸约束,如图 6-69 所示,系统会测量两点间的当前水平距离。

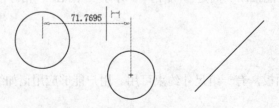

图 6-69　线性尺寸约束——在两点间添加水平约束

240

单击鼠标左键后可以输入尺寸，如图 6-70 所示。

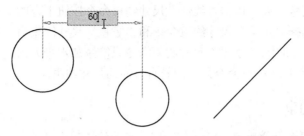

图 6-70　线性尺寸约束——重新确定尺寸约束的数值

再次单击鼠标左键确认输入的数字后，这个水平尺寸约束就添加到两个圆的圆心上了，因为添加的尺寸约束的数值跟添加之前两个圆心间的水平距离不一致，所以，两个圆的距离也会随之变动，如图 6-71 所示。

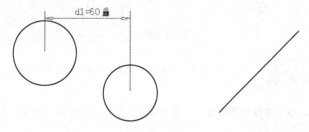

图 6-71　线性尺寸约束——圆心的水平距离会随约束调整

再次激活"线性"尺寸约束命令，这次是在右边的直线上添加尺寸约束。激活命令后可以选择直线的两个端点，也可以输入"O"后直接选择直线来添加约束，如图 6-72 所示。

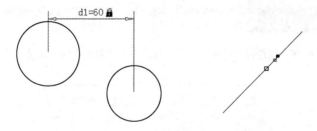

图 6-72　线性尺寸约束——可以输入"O"后直接选择直线

在直线上添加一个竖直尺寸约束，如图 6-73 所示。

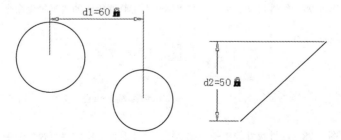

图 6-73　线性尺寸约束——在直线上添加竖直尺寸约束

应用"线性"尺寸约束命令时，可以选择添加水平尺寸约束，也可以选择添加竖直尺寸约束。单击"线性"尺寸约束命令按钮下方的下拉三角形，可以选择"水平"尺寸约束命令和"竖直"尺寸约束命令，如图 6-74 所示。其中，"水平"尺寸约束命令只能添加水平方向的尺寸约束，"竖直"尺寸约束命令只添加竖直方向的尺寸约束。

图 6-74　线性尺寸约束
——"水平"和"竖
直"选项

6.3.2　其他尺寸约束

其他几个尺寸约束命令——"对齐""角度""半径"和"直径"命令操作步骤与"线性"尺寸约束命令相似，这里就不再一一举例说明了，只用图例列出各命令在"标注"工具面板中的位置和各尺寸约束命令作用于图形对象的效果，如图 6-75～图 6-79 所示。

图 6-75　线性尺寸约束——在"标注"工具面板中的"对齐"命令

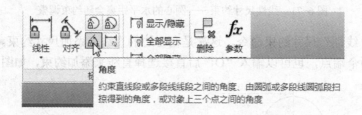

图 6-76　线性尺寸约束——在"标注"工具面板中的"角度"命令

图 6-77　线性尺寸约束——在"标注"工具面板中的"半径"命令

图 6-78　线性尺寸约束——在"标注"工具面板中的"直径"命令

242

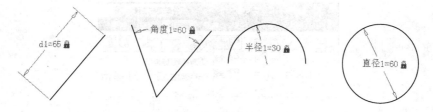

图 6-79 对齐、角度、半径和直径约束图例

6.3.3 修改尺寸约束

要修改尺寸约束的尺寸大小，有两种方式，其中一种方式是选择需要修改的尺寸约束，然后单击鼠标右键并在弹出菜单中选择"编辑约束"选项，如图 6-80 所示。

另一种方式是使用鼠标左键直接双击需要修改的尺寸约束的尺寸数字，就可以对其进行修改了，如图 6-81 所示。

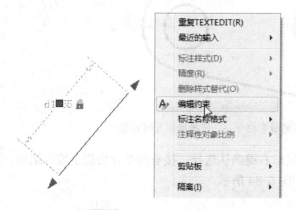

图 6-80　右键弹出菜单的"编辑约束"选项　　　图 6-81　直接双击就可以修改

6.4　显示/隐藏约束与删除约束

设计者在绘制草图时，图形中添加的约束符号如果全部显示出来可能会干扰设计者对整个图形的把握，这时候就需要将全部或部分约束隐藏起来；有时候设计者需要检查具体图形对象的几何特征关系时又需要将这些约束显示出来。AutoCAD 2014 软件提供的显示/隐藏功能可以很方便地实现对约束的显示/隐藏控制。

6.4.1　几何约束的显示/隐藏

1.　"显示/隐藏"命令

"显示/隐藏"命令用于控制选定对象几何约束的显示与隐藏。

打开第 6 章中的"垫片-参数化"图形文件，用鼠标左键单击"参数化"选项卡下的"几何"工具面板中的"显示/隐藏"命令，如图 6-82 所示。

图 6-82 "几何"工具面板中的"显示/隐藏"命令按钮

根据命令行的提示,选择该命令操作的几何对象,使用鼠标左键选择"垫片"图形最左边的圆弧,如图 6-83 所示。

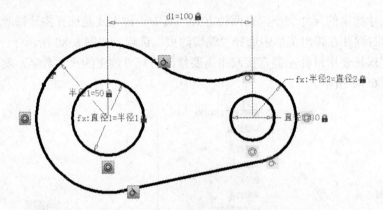

图 6-83 "显示/隐藏"命令——选择操作几何对象

选择完毕后需要按〈Enter〉键或鼠标右键确认选择,接着命令行会提示输入选项,这时候可用鼠标左键选择"隐藏(H)",如图 6-84 所示。

图 6-84 "显示/隐藏"命令——选择选项

这样,所选择的对象——"垫片"图形左边圆弧上所有的几何约束就都被隐藏起来了,如图 6-85 所示。

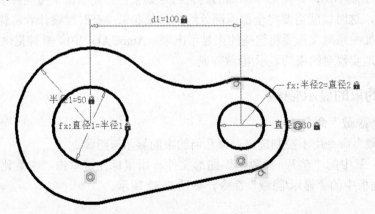

图 6-85 "显示/隐藏"命令——选中对象的几何约束被隐藏

244

如果要显示选择对象的几何约束时，则在命令行提示输入选项时用鼠标左键选择"显示（S）"。

2．"全部显示"命令

"全部显示"命令用于显示图形中所有的几何约束，其命令按钮如图6-86所示。

图6-86 "几何"工具面板中的"全部显示"命令按钮

3．"全部隐藏"命令

"全部隐藏"命令用于隐藏图形中所有的几何约束，其命令按钮如图6-87所示。

4．隐藏单个几何约束

要隐藏某个具体的几何约束，可以将鼠标指针移动到该约束符号上方，然后单击"X"符号，如图6-88所示。

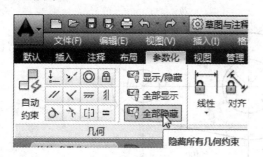

图6-87 "几何"工具面板中的"全部隐藏"命令按钮　　图6-88 隐藏单个几个约束

6.4.2 尺寸约束的显示/隐藏

尺寸约束的显示/隐藏控制命令包括"显示/隐藏"命令、"全部显示"命令和"全部隐藏"命令，如图6-89所示。

图6-89 尺寸约束的三个显示/隐藏控制命令

尺寸约束的三个显示/隐藏控制命令的操作方式与几何约束相应命令的操作方式类似，这里不再赘述。

6.4.3 删除约束

要删除图形上已经添加的约束，无论是几何约束还是尺寸约束，都可以选择该约束后按键盘上的〈Delete〉键，或者单击鼠标右键后选择"删除"选项，如图 6-90 所示。

图 6-90　删除约束

6.5　参数化绘图实例

6.5.1　实例 1——垫片

本实例图形如图 6-91 所示。

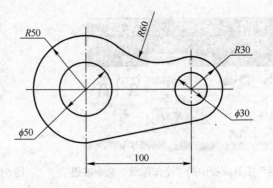

图 6-91　参数化绘图实例 1——垫片

新建一个图形文件，使用"默认"选项卡下"绘图"工具面板中的"圆"命令在绘图区域绘制四个圆，如图 6-92 所示。绘制这四个圆时，可以不按照其精确尺寸绘制，但尽量不要相差太大。

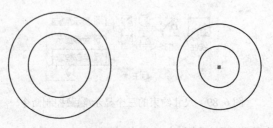

图 6-92　参数化绘图实例 1——绘制四个圆

单击"参数化"选项卡，使用"几何"工具面板中的"同心"约束命令分别在左边的两

246

个圆上和右边的两个圆上添加"同心"约束，如图 6-93 所示。

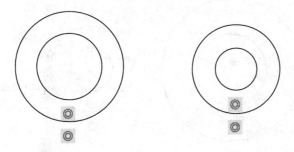

图 6-93　参数化绘图实例 1——添加同心约束

应用"标注"工具面板中的"线性"约束命令在左右圆心间添加尺寸约束 100，如图 6-94 所示。

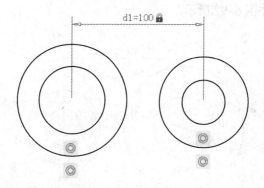

图 6-94　参数化绘图实例 1——添加线性尺寸约束以指定中心距

应用"几何"工具面板中的"水平"约束命令在两个圆心间添加"水平"约束，如图 6-95 所示。

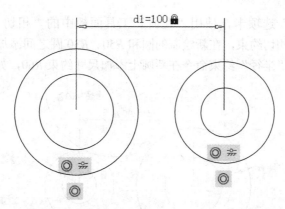

图 6-95　参数化绘图实例 1——添加水平约束

应用"标注"工具面板中的"直径""半径"尺寸约束命令分别添加两个半径尺寸约束和两个直径尺寸约束，如图 6-96 所示。

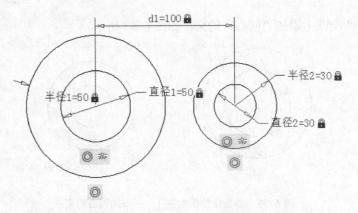

图 6-96　参数化绘图实例 1——添加半径、直径尺寸约束

切换至"默认"选项卡，使用"绘图"工具面板中的"直线"命令和"圆"命令分别绘制一条直线和一个圆，如图 6-97 所示。

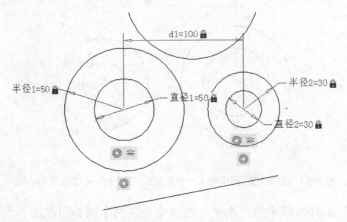

图 6-97　参数化绘图实例 1——绘制直线和圆

切换至"参数化"选项卡，使用"几何"工具面板中的"相切"约束命令在直线和 $R50$、$R30$ 圆之间添加相切约束，在新绘制的圆和 $R50$、$R30$ 圆之间添加相切约束。然后使用"标注"工具面板中的"半径"约束命令在新圆上添加尺寸约束 $R60$，如图 6-98 所示。

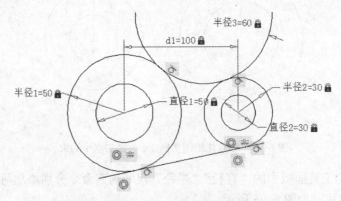

图 6-98　参数化绘图实例 1——在新绘制的直线和圆上添加约束

切换至"默认"选项卡，使用"修改"工具面板中的"修剪"命令修剪多余的线和圆弧。经过修剪后，图形中的一些几何约束和尺寸约束也自动被删除了，如图 6-99 所示。

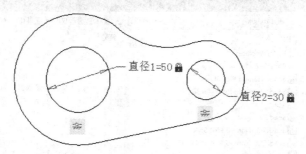

图 6-99　参数化绘图实例 1——删除多余线段

由于经过修剪后，有些约束被自动删除了，所以还需要重新添加约束，包括几何约束和尺寸约束，如图 6-100 所示。

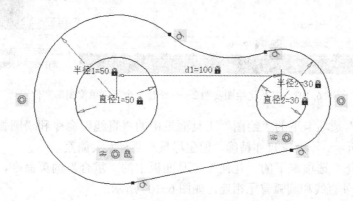

图 6-100　参数化绘图实例 1——重新添加约束

6.5.2　实例 2——滑盘

本实例图形如图 6-101 所示。

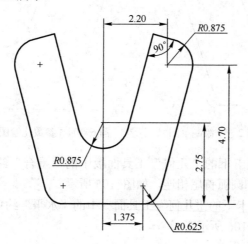

图 6-101　参数化绘图实例 2——滑盘

新建一个图形文件，创建一个英制单位（单位为英寸）的图形文件，如图 6-102 所示。

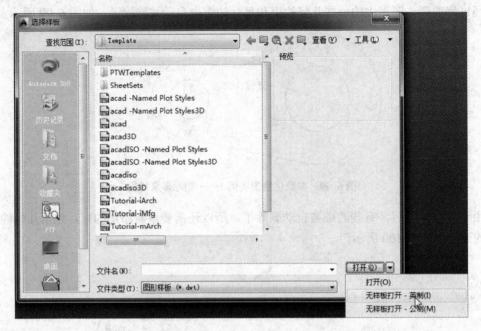

图 6-102　参数化绘图实例 2——新建一个英制单位图形文件

　　使用"默认"选项卡下的"绘图"工具面板中的"直线"命令和"圆弧"命令绘制草图，如图 6-103 所示。不要求尺寸精确，但也尽量不要有太大偏差。

　　应用"参数化"选项卡下的"几何"工具面板中的"重合"约束命令，在图形中添加"重合"约束，以使直线和圆弧首尾相连，如图 6-104 所示。

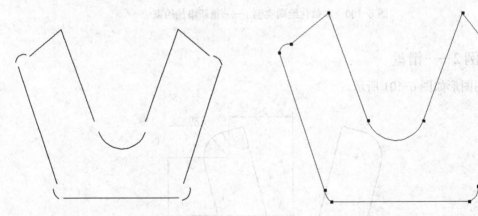

图 6-103　参数化绘图实例 2——绘制草图　　　　图 6-104　参数化绘图实例 2——添加重合约束

　　应用"参数化"选项卡下的"几何"工具面板中的"重合"约束命令，在图形中添加"重合"约束，以使直线和圆弧首尾相连，如图-105 所示。

　　应用"参数化"选项卡下的"几何"工具面板中的"水平"约束命令在底部水平线上添加"水平"约束，如图 6-106 所示。

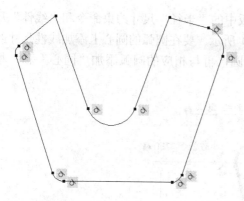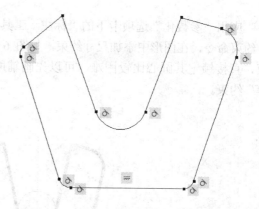

图 6-105　参数化绘图实例 2——添加相切约束　　　　图 6-106　参数化绘图实例 2——添加水平约束

应用"参数化"选项卡下的"几何"工具面板中的"相等"约束命令，在左右对称的直线和圆弧间添加"相等"约束，如图 6-107 所示。

应用"参数化"选项卡下的"几何"工具面板中的"垂直"约束命令，在两边相交的两直线间添加"垂直"约束，如图 6-108 所示。

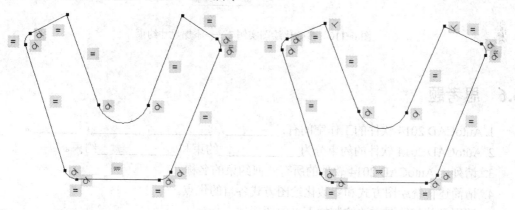

图 6-107　参数化绘图实例 2——添加相等约束　　　　图 6-108　参数化绘图实例 2——添加垂直约束

应用"参数化"选项卡下的"几何"工具面板中的"平行"约束命令，在两边平行的两直线间添加"平行"约束，如图 6-109 所示。

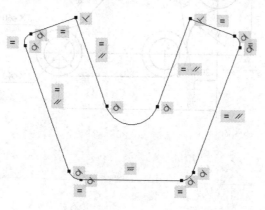

图 6-109　参数化绘图实例 2——添加平行约束

应用"参数化"选项卡下的"标注"工具面板中的"半径"尺寸约束命令和"线性"尺寸约束命令，在图形中添加尺寸约束，如图 6-110 所示。要在圆弧的圆心上添加线性尺寸约束，直接锁定其圆心比较困难，可以先画辅助线圆，再与相应的圆弧添加"同心"和"相等"约束。

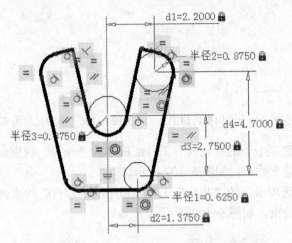

图 6-110　参数化绘图实例 2——添加尺寸约束

6.6　思考题

1. AutoCAD 2014 软件的工作空间有：＿＿＿＿＿，＿＿＿＿＿＿＿，＿＿＿＿＿＿，＿＿＿＿＿。

2. AutoCAD 2014 软件的约束分为＿＿＿＿＿＿＿＿约束和＿＿＿＿＿＿＿＿＿约束。

3. 请列出 AutoCAD 2014 软件的所有几何约束的名称。

4. 请简述传统绘图方式和参数化绘图方式各自的优点。

5. 请用参数化绘图方法绘制如下平面图形。

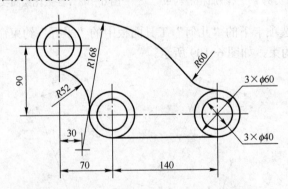

第7章 创建和编辑三维实体

三维模型具有形象直观等特点，是 CAD 技术的发展趋势之一，目前三维图形的绘制已经广泛应用在工程设计和绘图过程中。使用 AutoCAD2014 可以通过 3 种方式来创建三维图形，即线架模型方式、曲面模型方式和实体模型方式。线架模型方式为一种轮廓模型，它由三维的直线和曲线组成，没有面和体的特征。曲面模型用面描述三维对象，它不仅定义了三维对象的边界，而且还定义了表面，即具有面的特征。实体模型不仅具有线和面的特征，而且还具有体的特征，各实体对象间可以进行各种布尔运算操作，从而创建复杂的三维实体图形。

由于 AutoCAD 主要是一款平面设计、绘图软件，它虽然具有比较强大的三维造型功能，但是与 Pro/E、UG、SolidWorks 和 Autodesk Inventor 等大型三维设计软件相比，三维建模功能还是明显不及的。所以，本文无意将 AutoCAD 2014 软件的三维建模的各个功能和模块都介绍清楚，而将重点放在根据已有平面图形创建三维实体模型的基本功能和方法上——在这方面，AutoCAD 2014 软件相对于大型三维设计软件还是有一定优势的。

7.1 三维实体建模基础

本节主要介绍 AutoCAD 2014 软件的三维建模工作界面和建模过程中的常用功能和命令。

7.1.1 三维建模工作空间和常用工具面板

1. AutoCAD 2014 三维建模空间

在"AutoCAD 经典"工作空间界面进行三维造型其实是很方便的，把常用的工具栏打开后，操作起来更方便。Autodesk 软件公司把 AutoCAD 软件版本的更新重点放在"三维建模"工作空间上，所以本章主要介绍"三维建模"工作空间界面。

要将 AutoCAD 2014 软件的工作界面切换至"三维建模"工作空间界面，可以单击软件左上方的"工作空间"窗口的下拉三角形并选择"三维建模"选项，如图 7-1 所示。

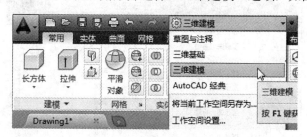

图 7-1 在"工作空间"窗口选择"三维建模"工作空间

选择完成后，AutoCAD 2014 软件将切换至"三维建模"工作空间界面，如图 7-2 所示。

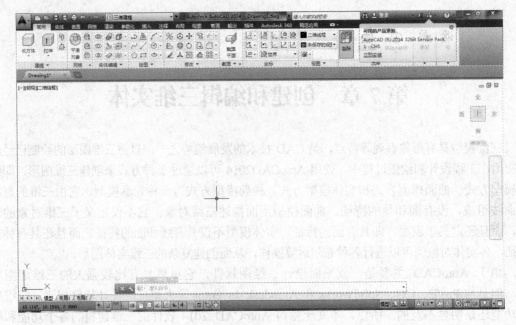

图 7-2　AutoCAD 2014 "三维建模" 工作空间

2. 选项卡和工具面板

AutoCAD 2014 的各种命令和功能都集成在不同选项卡的工具面板中,如图 7-3 所示。

图 7-3　AutoCAD 2014 "三维建模" 工作空间的选项卡和工具面板

系统默认显示的选项卡有 "常用" "实体" "曲面" 等多个选项,用户可以根据需要调整显示选项卡的数量。调整的方法是在选项卡区域或者工具面板区域单击鼠标右键,然后将鼠标指针移动至 "显示选项卡" 上方,就可以在旁边的菜单中调整需要显示的选项卡项目了,如图 7-4 所示。

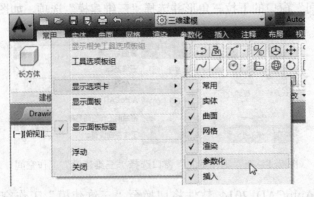

图 7-4　调整选项卡的显示

每个选项卡下有多个工具面板，上面集成了三维建模所需的各种命令或功能，每个选项卡下的工具面板的显示也是可以根据需要调整的。以"常用"选项卡下的工具面板显示为例，在面板区域任意处单击鼠标右键，然后将鼠标指针移动至"显示面板"选项上方，就可以在旁边的菜单中调整该选项卡下工具面板的显示了，如图7-5所示。

图7-5 调整选项卡下工具面板的显示

"常用"选项卡下的工具面板集成了三维建模所需的最常用的一些命令或功能，虽然这些功能可能在菜单或者其他专项选项卡下也能找到，但是建模过程中应该优先在"常用"选项卡中使用这些命令或功能，因为这样可以省掉切换选项卡的操作。当然，"常用"选项卡下的面板中只是集成了一些最常用的命令或功能，而不是全部。所以，在不同的选项卡之间切换也是必须的。

接下来介绍的命令或功能大多能在"常用"选项卡下的工具面板中找到。

3. 视觉样式

用AutoCAD 2014进行三维建模时，用户可以控制三维模型的视觉样式，即显示效果。

用户可以单击"常用"选项卡下的"视图"面板中的"视觉样式"窗口右边的下拉三角形，然后选择所需显示的视觉样式，如图7-6所示。

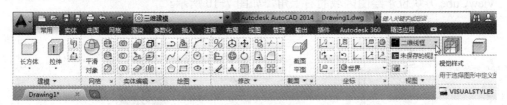

图7-6 调整视觉样式的方法

AutoCAD的三维模型可以分别按二维线框、三维隐藏、三维线框、概念以及真实等多种视觉样式显示，如图7-7所示。

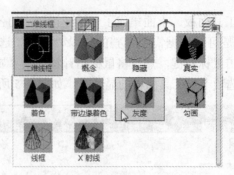

图 7-7   视觉样式的种类

一般来说，在绘制或编辑二维图形时，选择"二维线框"视觉样式比较方便。如果要让不同的三维模型达到最佳的显示效果，则可以根据需要在其他种类的视觉样式中选择。

4. 观察三维模型的方法

视点是指用户观察图形的方向。进入到 AutoCAD 2014 用户界面，默认的视点是观察俯视图的方向。即在平面坐标系下，Z 轴垂直于屏幕，此时仅能看到物体在 XY 平面上的投影。如果要从不同的角度观看图形，例如主视图、西南轴测图等，就涉及到三维视点观察方向的问题。下面介绍几种常用的设置视点方向的方法。

（1）三维导航

单击"常用"选项卡下"视图"工具面板中的"三维导航"窗口，可以选择观察视图的方向，如图 7-8 所示。

图 7-8   "三维导航"窗口

在"三维导航"窗口，可以选择"俯视""仰视""左视"等六个正投影观察方向，以及"西南等轴测"等四个正等轴测观察方向，共十个标准视图方向，如图 7-9 所示。

其中，在正投影观察方向绘制、编辑二维图形比较方便，二正等轴测观察方向，三维模型的立体感比较强。

（2）ViewCube 方块

ViewCube 方块位于绘图区域的右上角，如图 7-10 所示。

图 7-9   "三维导航"窗口下的十个标准视图方向   图 7-10   ViewCube 方块

用鼠标左键单击 ViewCube 方块的各个面、边和角点，可以切换至不同的观察方向。将鼠标指针移动到 ViewCube 方块上方后按住鼠标左键并移动鼠标，ViewCube 方块会随着鼠标的移动而转动，观察三维模型的方向也会跟着调整变动。

单击 ViewCube 方块左上方的屋形按钮，观察方向就会恢复到标准的"西南等轴测"方向，如图 7-11 所示。

（3）动态观察

"动态观察"命令位于绘图区域右边的"导航栏"上，如图 7-12 所示。

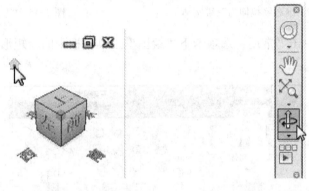

图 7-11　ViewCube 方块的复位　　　　　图 7-12　"动态观察"命令

通过单击鼠标左键激活"动态观察"命令后，将鼠标指针移动至绘图区域并移动鼠标，可以连续改变观察三维模型的方向，系统的坐标轴也会随着转动，如图 7-13 所示。

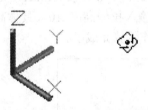

图 7-13　使用"动态观察"命令调整观察方向

使用"动态观察"命令调整观察方向时，ViewCube 方块也会跟着转动调整，ViewCube 方块会实时调整角度以反映当前的观察方向。

7.1.2　实体建模基本命令

AutoCAD 2014 软件提供的三维实体建模命令很多，本节只介绍其中最重要最基础的"拉伸"命令和"旋转"命令。

1. 拉伸

通过"拉伸"命令可以将二维平面对象拉伸为三维实体。此命令适用于创建形状复杂但厚度均匀的实体，如图 7-14 所示。

"拉伸"命令按钮位于"常用"选项卡下"建模"工具面板中，如图 7-15 所示。接下来，将通过一个矩形"拉伸"为长方体的实例来演示"拉伸"命令的操作过程。

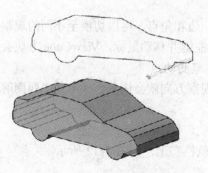

图 7-14　将二维对象拉伸为三维实体

图 7-15　"拉伸"命令按钮

使用鼠标左键单击"常用"选项卡下"绘图"工具面板中的"矩形"命令，如图 7-16 所示。

图 7-16　"矩形"命令按钮

在绘图区域绘制一个任意大小的矩形，然后单击"常用"选项卡下"建模"工具面板中的"拉伸"命令图标。选择刚绘制的矩形并按〈Enter〉键确认，命令行会提示输入拉伸高度，如图 7-17 所示。通过键盘输入拉伸高度 10（具体高度大小可以根据矩形尺寸自己调整）并按〈Enter〉键确认后，操作就算完成了。

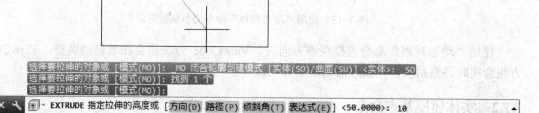

图 7-17　输入拉伸高度

通过"拉伸"命令创建三维实体模型长方体后，长方体在绘图区域仍然是矩形，因为当前的视点方向为"俯视"方向。在"常用"选项卡下"视图"工具面板中的"三维导航"窗口，将视点方向设置为"西南等轴测"方向，如图 7-18 所示。改变视点方向后就可以看到长方体的三维形状了，如图 7-19 所示。

用户也可以通过调整不同的视觉样式以观察不同的显示效果，图 7-20 所示为"概念"

视觉样式下长方体的显示效果，读者可以自行尝试其他视觉样式。

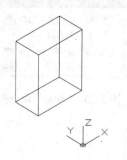

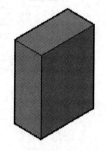

图 7-18　将视点方向设置为　　图 7-19　长方体的三维形状　　图 7-20　"概念"视觉样式下
"西南等轴测"　　　　　　　　　　　　　　　　　　　　　　长方体的显示效果

2. 旋转

通过"旋转"命令可以将二维平面对象旋转为三维实体。此命令适合于创建具有纵截面的回转体，如图 7-21 所示。

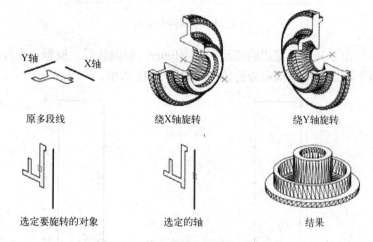

图 7-21　将二维对象旋转为三维实体

"旋转"命令按钮位于"常用"选项卡下的"建模"工具面板中。默认状态下，要先单击"拉伸"命令按钮下方的下拉三角形按钮后再选择"旋转"命令，如图 7-22 所示。接下来，通过将一个矩形分别旋转为圆柱体和圆柱筒来演示"旋转"命令的操作过程。

应用"矩形"命令在绘图区域绘制一个任意大小的矩形，并单击"常用"选项卡下"修改"工具面板中的"复制"命令，如图 7-23 所示。激活"复制"命令后在第一个矩形右边复制一个相同大小的矩形，如图 7-24 所示。

图 7-22　"旋转"命令按钮

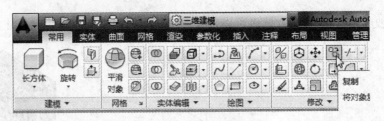

图 7-23 "复制"命令按钮

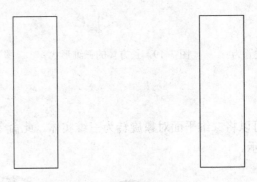

图 7-24 绘制两个矩形

激活"旋转"命令并选择左边的矩形，按〈Enter〉键确认后，根据命令行的提示分别选择矩形右边的两个端点，将其指定为旋转轴，如图 7-25 所示。

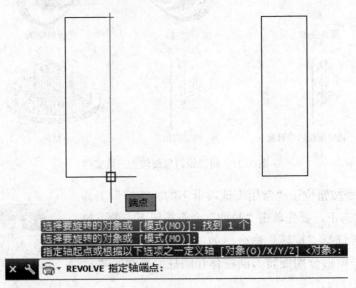

图 7-25 指定旋转轴与矩形边重合

按〈Enter〉键确认旋转角度为 360°，将左边的矩形旋转为一个实心圆柱体。

再次激活"旋转"命令并选择右边的矩形，按〈Enter〉键确认后，在该矩形外选择两个点以指定旋转轴，选择的轴与 Y 轴平行，如图 7-26 所示。然后按〈Enter〉键确认旋转角度为 360°。

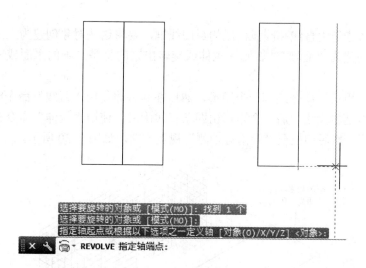

图 7-26　指定旋转轴在矩形外面

这样，就创建了一个圆柱体和一个圆柱筒。但目前的视点方向为"俯视图"，所以两个三维实体模型看上去并没有立体感，如图 7-27 所示。

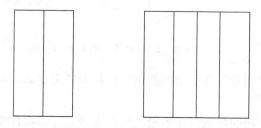

图 7-27　使用"旋转"命令创建的两个三维实体模型

将视点方向切换至"西南等轴测"方向，两个实体模型显示如图 7-28 所示。

将视觉样式设置为"真实"视觉样式，两个实体模型显示如图 7-29 所示。

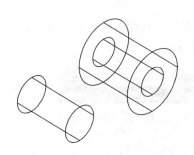

图 7-28　"西南等轴测"视点方向下的三维实体模型

图 7-29　"真实"视觉样式下的三维实体模型

7.1.3　面域、边界命令

使用"拉伸"命令和"旋转"命令将二维对象创建为三维实体模型时，这些二维对象必须是封闭的多段线，包括使用"圆"命令绘制的圆，使用"矩形"命令绘制的矩形，使用"多边形"命令绘制的多边形，以及使用"多段线"命令绘制的封闭多段线线框。而零件图中零件的轮廓往往是由直线和圆弧构成的封闭线框，要将这些对象创建为三维实体模型，必须将这些线框创建为"面域"。否则，拉伸或旋转出来的将是二维的平面或三维的曲面，而不是三维实体。

首先使用"矩形"命令绘制一个矩形，然后在其旁边使用"直线"命令绘制另外一个矩形，前一个矩形是多段线，后一个矩形由四条直线围成。使用"拉伸"命令将这两个对象拉伸至相同的高度，然后切换至"西南等轴测"视点方向，如图 7-30 所示。

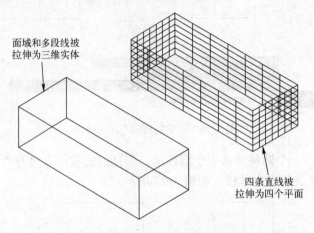

图 7-30 拉伸不同的对象

"拉伸"命令将由"矩形"命令绘制的矩形拉伸为三维实体，而将由"直线"命令绘制的矩形拉伸为四个平面。

同样，"旋转"命令将面域或封闭多段线线框旋转为三维实体模型，而将普通的由直线和圆弧绘制成的线框旋转为三维曲面。

所以，在将二维对象创建为三维实体的步骤中，面域的创建至关重要。下面介绍"面域"命令和"边界"命令。

1. "面域"命令

"面域"命令按钮位于"常用"选项卡下的"绘图"工具面板中，但要先单击"绘图"旁边的下拉三角形按钮才能选择该命令，如图 7-31 所示。

图 7-31 "面域"命令按钮

"面域"命令操作起来很方便，激活命令后，框选需创建面域的封闭线框，然后按〈Enter〉键或鼠标右键确认就可以了，命令行会提示提取了几个环（封闭线框）并创建了几个面域（由封闭线框围成的平面区域），如图 7-32 所示。

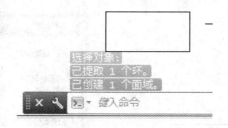

图 7-32　创建面域

要注意的是，当封闭线框有多余的线时，或者线框有缺口没有封闭时，不能使用"面域"命令创建面域，如图 7-33 所示。

封闭线框，可以　　　　封闭线框但有多余线　　　　线框有缺口，不能
创建面域　　　　　　　段，不能创建面域　　　　　创建面域

图 7-33　注意不能创建面域的二维图形特征

有些线框的缺口很小以至于绘图者通过肉眼很难察觉，但是 AutoCAD 软件能够识别，而导致创建面域失败，所以要求绘图者在创建二维对象时要做得很精确。

2. "边界"命令

"边界"命令按钮位于"常用"选项卡下的"绘图"工具面板中，但要先单击"绘图"旁边的下拉三角形按钮才能选择该命令，如图 7-34 所示。

图 7-34　"边界"命令按钮

"边界"命令可以将封闭的线框创建为面域或多段线，与"面域"命令不同的是，"边界"命令可以将有多余线段（指有直线或圆弧超出该线框）的封闭线框创建为面域。另外一点区别是，当"面域"命令将一个封闭线框创建为面域时，原来组成线框的二维图形对象就不复存在了，自动并入新创建的面域；而使用"边界"命令创建一个面域时，原来组成线框

的二维图形对象仍然存在。

接下来以一个不能由"面域"命令创建面域的线框为例，演示使用"边界"命令创建面域的步骤，如图 7-35 所示。

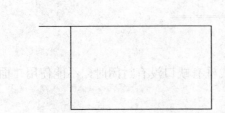

图 7-35 使用"边界"命令创建面域的二维图形　　图 7-36 "边界创建"中的对象类型设置

首先单击"边界"命令按钮，在出现的"边界创建"对话框中将"对象类型"设置为"面域"，如图 7-36 所示。

在"边界创建"对话框中单击"拾取点"命令按钮，然后在要创建面域的线框内部拾取一个点，如图 7-37 所示。

图 7-37 在线框内部拾取一个点

按〈Enter〉键确认后，会提示创建了一个面域，如图 7-38 所示。

图 7-38 使用"边界"命令创建面域成功

264

要注意的是,"边界创建"对话框中的"对象类型"默认设置为"多段线",虽然多段线也可以使用"拉伸"命令和"旋转"命令创建三维实体模型,但我们还是统一将"对象类型"设置为"面域"。

7.1.4 布尔运算

为了创建复杂的三维模型,除了应用本章介绍的基本造型命令外,还需要熟练掌握常见的三维编辑操作,布尔运算是三维编辑操作中非常重要的一项功能。

通过布尔运算可以将多个简单的三维实体、曲面或面域进行求并、求差及求交等操作,从而创建出复杂的三维实体,这是创建三维实体时使用得非常频繁的一种手段。布尔运算有并集(UNION)、差集(SUBTRACT)和交集(INTERSECT)三种方式,在进行布尔运算时,运算的对象之间必须具有相交的公共部分。

1. 并集运算(UNION)

使用并集运算(UNION)命令,可以合并两个或两个以上三维实体模型对象的总体积,如图 7-39 所示。

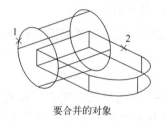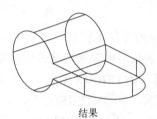

要合并的对象　　　　　　　　　　　结果

图 7-39　并集运算

"并集"命令按钮位于"常用"选项卡下"实体编辑"工具面板中,如图 7-40 所示。

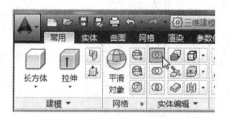

图 7-40　"并集"命令按钮

"并集"命令的操作步骤:激活"并集"命令后选择需要合并的两个或多个对象,然后按〈Enter〉键或单击鼠标右键确认即可。

2. 差集运算(SUBTRACT)

使用差集运算(SUBTRACT),可以从一组实体中删除与另一组实体的公共区域。例如,可使用差集运算(SUBTRACT)从对象中减去圆柱体,从而在机械零件中添加孔、槽结构,如图 7-41 所示。

"差集"命令按钮位于"常用"选项卡下的"实体编辑"工具面板中,如图 7-42 所示。

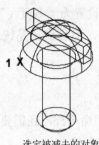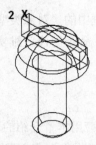

| 选定被减去的对象 | 选定要减去的对象 | 结果（为清楚起见而隐藏的线） |

图 7-41 差集运算

图 7-42 "差集集"命令按钮

"差集"命令的操作步骤是：激活"差集"命令后先选择要保留的对象，按〈Enter〉键或单击鼠标右键确认后再选择要减去的对象。

3. 交集运算（INTERSECT）

使用交集运算（INTERSECT），可以从两个或两个以上重叠实体的公共部分创建复合实体。交集运算（INTERSECT）用于删除非重叠部分，以及从公共部分创建复合实体，如图 7-43 所示。

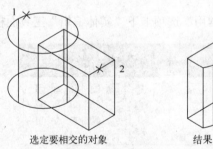

| 选定要相交的对象 | 结果 |

图 7-43 交集运算

"交集"命令按钮位于"常用"选项卡下的"实体编辑"工具面板中，如图 7-44 所示。

图 7-44 "交集"命令按钮

"交集"命令的操作步骤是：激活"交集"命令后选择需要进行交集运算的两个或多个

266

对象，然后按〈Enter〉键或单击鼠标右键确认即可。

7.1.5 三维操作

接下来介绍在三维实体建模过程中常用的修改命令或编辑命令。

1."圆角"命令

圆角结构常见于各种机械零件，特别是铸造类零件。"圆角"命令位于"常用"选项卡下的"修改"工具面板中，如图7-45所示。

图7-45 "圆角"命令按钮

创建一个长30、宽20、高10的长方体三维实体模型，如图7-46所示（单位为毫米）。

单击"圆角"命令后选择长方体三维实体模型，选择"圆角"命令对象时，需要选择长方体的一条边，系统会将这条边默认为"圆角"边，如图7-47所示。

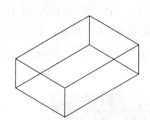

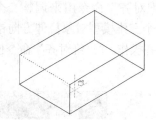

图7-46 创建一个长方体三维实体模型　　　　图7-47 选择实体时拾取的边被默认为"圆角"边

输入圆角半径 2 后按〈Enter〉键确认，命令行提示选择边时可以直接按〈Enter〉键在默认边上实施"圆角"命令，也可以添加其他边后再确认。圆角效果如图7-48所示。

2."倒角"命令

倒角结构是机械零件中的常见工艺结构，所以"倒角"命令也是三维实体建模过程中的常用命令。

"倒角"命令位于"常用"选项卡下的"修改"工具面板中，但需要先单击"圆角"命令旁的下拉三角形按钮后才可以选择该命令，如图7-49所示。

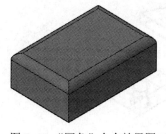

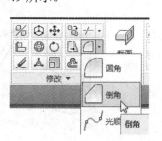

图7-48 "圆角"命令效果图　　　　　　图7-49 "倒角"命令按钮

创建一个底面直径 20，高 30 的圆柱体三维实体模型，单击"倒角"命令按钮后选择圆柱体，按〈Enter〉键确认后两次输入倒角距离 2，然后选择圆柱体的上底面圆作为倒角边，如图 7-50 所示。

按〈Enter〉键确认后，"倒角"就创建好了，如图 7-51 所示。

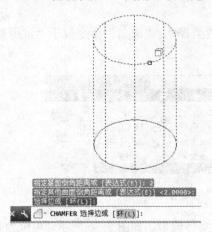

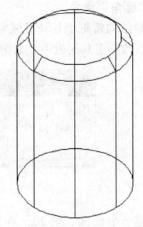

图 7-50 选择"倒角"边   图 7-51 "倒角"命令效果

3. "三维对齐"命令

"三维对齐"命令用来调整一个三维实体模型相对于另一个三维实体模型的位置和方向，当一个三维模型对象拉伸方向错误时，可以用此命令来补救作出调整，也可以用于倾斜结构的对齐操作。"三维对齐"命令位于"常用"选项卡下的"修改"工具面板中，如图 7-52 所示。

图 7-52 "三维对齐"命令按钮

三维实体模型如图 7-53 所示。

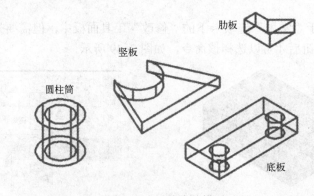

图 7-53 三维实体模型

请注意，这个三维实体模型是一个在三维实体建模过程中出现错误的结果，其中，圆柱筒、竖板和肋板的方向都错了，原本要创建的组合体三视图如图 7-54 所示。正确的三维建模过程请参考组合体建模实例部分。

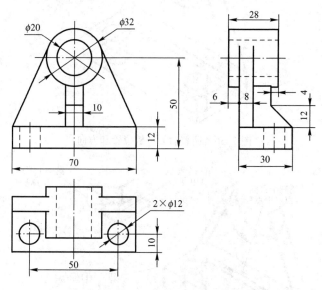

图 7-54　三维对齐命令三维实体模型对应的三视图

当发现建模过程中有些三维实体出现错误时，并不需要删除重做，可以使用"三维对齐"命令进行调整。接下来说明如何调整本例中圆柱筒、竖板和肋板的方向和位置。

激活"三维对齐"命令，选择竖板并按〈Enter〉键或单击鼠标右键确认，然后依次选择三个"源点"和三个"目标点"，如图 7-55 所示。

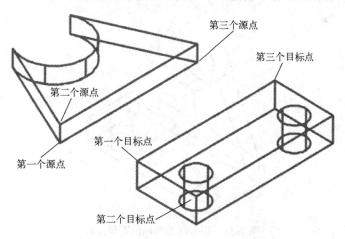

图 7-55　依次选择三个源点和目标点

注意，"三维对齐"命令将第一个源点对齐至第一个目标点是强制性的，第二、三个源点和目标点可以只用来指定对齐方向。操作完成后的竖板和底部位置关系如图 7-56 所示。

接下来调整肋板的位置和方向，激活"三维对齐"命令后选择肋板作为调整对象，然后依次选择三个源点和三个目标点，如图 7-57 所示。

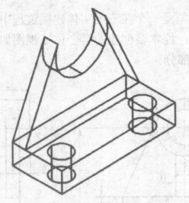

图 7-56　调整后的竖板位置和方向

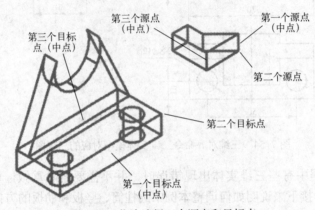

图 7-57　依次选择三个源点和目标点

选择完源点和目标点后命令就结束了，调整好的肋板位置和方向如图 7-58 所示。

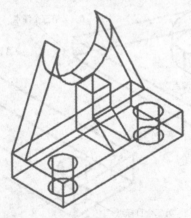

图 7-58　调整好的肋板位置和方向

接下来调整圆柱筒的位置和方向。激活"三维对齐"命令后选择圆柱筒并按〈Enter〉键或单击鼠标右键确认其作为对齐对象，然后依次选择圆柱筒两底面的圆心作为第一、二个源点。当命令行提示指定第三个源点时直接按〈Enter〉键确认，以继续旋转目标点。依次选择竖板前后两个圆弧的圆心作为第一、二个目标点，如图 7-59 所示。

当命令行提示指定第三个目标点时，直接按〈Enter〉键退出该命令。调整好的圆柱筒位置和方向如图 7-60 所示。

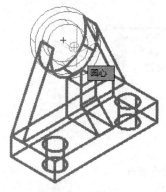

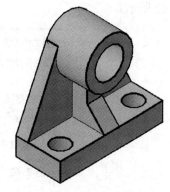

图 7-59 选择圆心作为源点和目标点　　　　图 7-60 调整后的圆柱筒的位置和方向

其他几个常用的三维修改或编辑命令，如"移动""三维镜像"和"三维阵列"，将在下一节"三维实体建模综合实例"中介绍，这里就不单独列出了。

7.2 三维实体建模综合实例

本节主要介绍如何利用组合体的三视图和零件的零件图中的投影线创建三维实体模型的方法。

本节将详细介绍创建第一个实例组合体 1（轴承座）所用命令和操作步骤，其他实例只介绍建模思路。

7.2.1 组合体

1. 组合体 1（轴承座）

组合体 1（轴承座）-平面图形如图 7-61 所示。

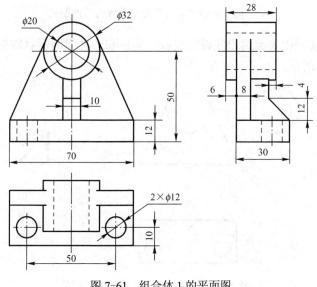

图 7-61 组合体 1 的平面图

将鼠标指针移动至"常用"选项卡下的"图层"工具面板，并单击"图层特性"命令按钮，如图 7-62 所示。

图 7-62 "图层特性"命令按钮

在图层特性管理器中，新建一个"立体"图层并将其设置为当前图层，同时可以关闭那些在三维实体建模过程中不需要的图层，如图 7-63 所示。

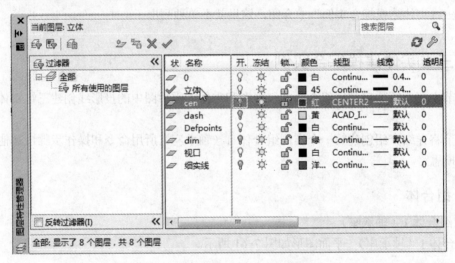

图 7-63 新建"立体"图层并置为当前图层

利用剩下的粗实线投影编辑出底板、竖板、肋板和圆柱筒的形状线框，并将它们创建为"面域"，如图 7-64 所示。

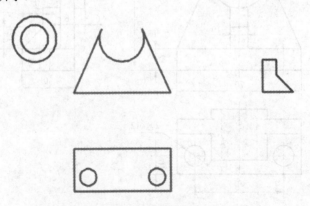

图 7-64 创建面域以待拉伸三维实体

因为当前默认的视点方向是"俯视"方向，底板可以直接使用"拉伸"命令拉伸出来（拉伸高度为 12，如图 7-61 所示），然后使用"差集"命令创建两个孔——激活"差集"命令后先选择长方体并按〈Enter〉键或单击鼠标右键确认，然后选择拉伸出的两个小圆柱体并单击鼠标左键确认。

创建竖板和圆柱筒需要先在"俯视"视点方向选择竖板和圆柱筒的形状面域，然后按〈Ctrl+X〉组合键或单击鼠标右键后选择"剪切"将它们剪切至剪贴板，如图 7-65 所示。

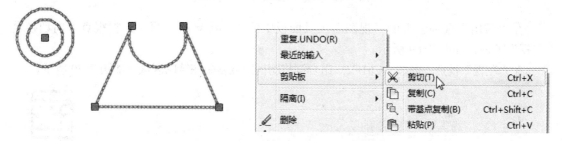

图 7-65　剪切竖板和圆柱筒的面域至剪贴板

在"常用"选项卡下的"视图"工具面板中的"三维导航"窗口将视点方向切换至"前视"，如图 7-66 所示。

图 7-66　剪切竖板和圆柱筒的面域后切换视点方向至"前视"

在"前视"视点方向按〈Ctrl+V〉组合键将圆柱筒和竖板的面域粘贴在绘图区域。然后在"前视"视点方向分别按尺寸拉伸圆柱筒和竖板（拉伸高度分别为 28 和 8），然后使用"差集"命令从大圆柱体中减掉小圆柱体以生成圆孔，如图 7-67 所示。（要观察立体效果可切换至"西南等轴测"视点方向并尝试不同视觉样式。）

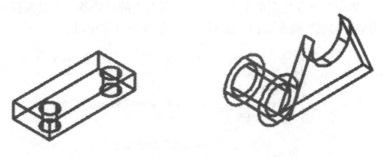

图 7-67　创建圆柱筒和竖板三维实体模型

切换回"俯视"视点方向并将肋板面域剪切至剪贴板,如图 7-68 所示。

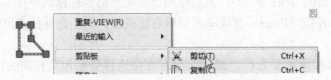

图 7-68　将肋板面域剪切至剪贴板

在"常用"选项卡下的"视图"工具面板中的"三维导航"窗口,将视点方向切换至"左视"方向,如图 7-69 所示。

在"左视"视点方向按〈Ctrl+V〉组合键将肋板面域粘贴在绘图区域,如图 7-70 所示。

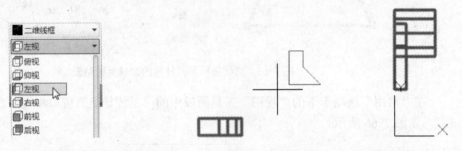

图 7-69　剪切肋板面域后切换至"左视"视点方向　　图 7-70　"左视"视点方向粘贴肋板面域

在"左视"视点方向拉伸肋板(高度 10),然后切换至"西南等轴测"视点方向观察建模效果,如图 7-71 所示。

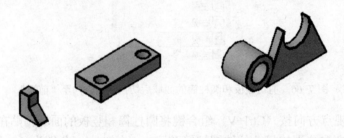

图 7-71　拉伸肋板并查看效果

接下来使用"三维移动"命令或"移动"命令将组合体的各个组成部分拼到一起,形成一个整体。"三维移动"命令按钮位于"常用"选项卡下的"修改"工具面板中,如图 7-72 所示,它的右边是"移动"命令按钮,这两个命令的操作方式相似。

图 7-72　"三维移动"命令按钮

单击"三维移动"命令按钮,选择竖板并按〈Enter〉键或单击鼠标右键确认,然后选择

274

竖板靠后的顶点作为"基点"，如图 7-73 所示。

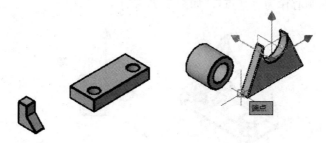

图 7-73　指定竖板的移动基点

　　然后移动鼠标指针，将竖板移动至其所指定"基点"与底板相应顶点重合的位置，如图 7-74 所示。当鼠标指针捕捉到底板的顶点时使用鼠标左键选择该点完成"三维移动"操作。

图 7-74　移动竖板

　　单击"三维移动"命令按钮，选择肋板并按〈Enter〉键或单击鼠标右键确认，然后选择肋板靠前的边线中点作为"基点"，如图 7-75 所示。

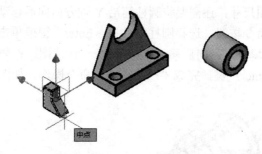

图 7-75　选择"三维移动"的对象——肋板并指定基点

　　将鼠标指针移动至底板靠前上方向的边线中点并选择该点，完成"三维移动"的操作，如图 7-76 所示。

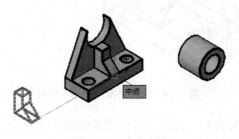

图 7-76　移动肋板

单击"三维移动"命令按钮，选择圆柱筒并按〈Enter〉键或单击鼠标右键确认，然后选择圆柱筒靠后的底面圆心作为"基点"，如图 7-77 所示。

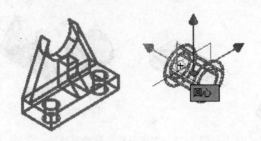

图 7-77　选择"三维移动"的对象——圆柱筒并指定基点

将鼠标指针移动至竖板靠后方向的圆弧圆心并选择该点，完成"三维移动"的操作，如图 7-78 所示。

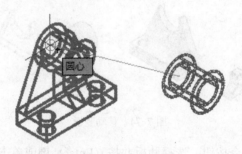

图 7-78　移动圆柱筒

根据组合体的三视图尺寸，还需要将圆柱筒沿 Y 轴方向向后移动 6。

单击"三维移动"命令按钮，选择圆柱筒并按〈Enter〉键或单击鼠标右键确认，然后就近任意选择一个点作为"基点"，向后移动鼠标指针，当向后沿 Y 轴的极轴追踪线出现后，输入移动距离 6 并按〈Enter〉键，完成"三维移动"命令操作，如图 7-79 所示。

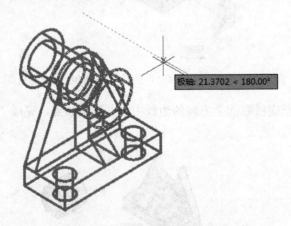

图 7-79　向后调整圆柱筒的位置

将组合体的各组成部分拼到一起后，可以选择将这些分开的三维实体模型使用"并集"命令合成一个整体。完成后的组合体 1 三维实体模型如图 7-80 所示。

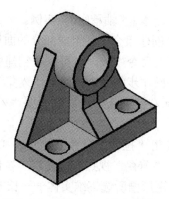

图 7-80　组合体 1 三维实体模型

单击"另存为"命令按钮，如图 7-81 所示，将图像文件另存为"组合体 1（轴承座）-三维实体模型"。也可以在刚开始三维建模时就另存该文件，以免覆盖原来的平面图形文件。

图 7-81　"另存为"命令按钮

2. 组合体 2

组合体 2-平面图形如图 7-82 所示，将其另存为"组合体 2—三维实体模型"。

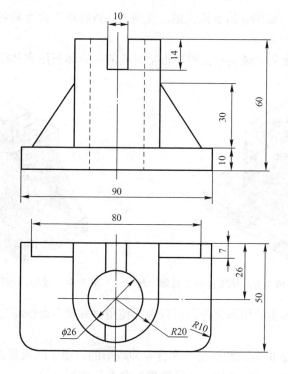

图 7-82　组合体 2-平面图形

创建图层等操作请参见"组合体1（轴承座）"实例。

利用组合体2的平面图形，创建组合体各组成部分的面域，底板和圆柱筒中的孔可以在创建三维实体模型后使用"差集"命令生成，也可以在创建面域后就使用"差集"命令，如图7-83所示。面域的"差集"操作步骤是：先激活"差集"命令，然后选择被"差集"的面域并按〈Enter〉键或单击鼠标右键确认，之后选择要"差集"的对象并按〈Enter〉键或单击鼠标右键确认以完成操作。

分别在"俯视"视点方向使用"拉伸"命令创建底板（拉伸高度10）和半圆头柱的三维实体模型（拉伸高度50）；在"前视"视点方向使用"拉伸"命令创建三角形肋板的三维实体模型（拉伸高度7）和创建矩形槽所选三维实体——长方体（拉伸高度50左右）。切换至"西南等轴测"视点方向，观察效果，如图7-84所示。

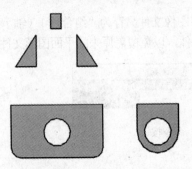
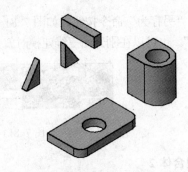

图7-83　创建组合体2各组成部分的拉伸面域　　图7-84　创建组合体2各组成部分三维实体模型

依据组合体2各组成部分的定位关系，使用"三维移动"命令将各组成部分的三维实体模型拼起来，如图7-85所示。

使用"差集"命令从半圆头柱去掉矩形槽对应的长方体三维实体模型以生成矩形槽，如图7-86所示。

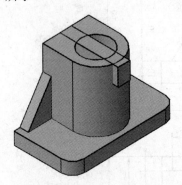

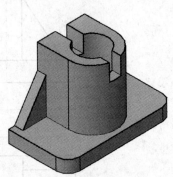

图7-85　将组合体2各组成部分三维实体模型拼到一起　　图7-86　使用"差集"命令生成矩形槽

保存该三维实体模型的图形文件前可以选择使用"并集"命令将组合体2的各个组成部分并成一个整体。

本例中，组合体2的两块肋板是一次性拉伸成形的。由于肋板是左右对称的，也可以先创建两块肋板中的一块，然后使用"三维镜像"命令生成另一块。

"三维镜像"命令按钮位于"常用"选项卡下的"修改"工具面板中，如图7-87所示。

278

图 7-87 "三维镜像"命令按钮

下面介绍先创建左边肋板三维实体模型的情况下，使用"三维镜像"命令生成右边肋板模型的过程。

单击"三维镜像"命令按钮后选择左边的肋板三维实体模型并按〈Enter〉键或单击鼠标右键确认，当命令行提示指定镜像平面上的三个点时，只需要选择对称面上三个容易捕捉的点，如圆心和中点就可以了，如图 7-88 所示。

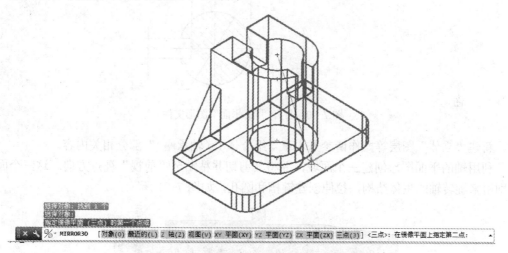

图 7-88 指定镜像平面上三个点

指定完镜像平面上三个点后，按〈Enter〉键确认就可以结束"三维镜像"命令了，如图 7-89 所示。注意指定镜像平面上三个点时，这三个点不能位于一条直线上。

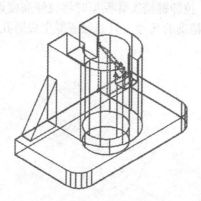

图 7-89 使用镜像命令生成右边肋板的三维实体模型

7.2.2 轴类零件

打开"轴-平面"图形文件，如图 7-90 所示，然后将其另存为"轴-三维实体模型"。

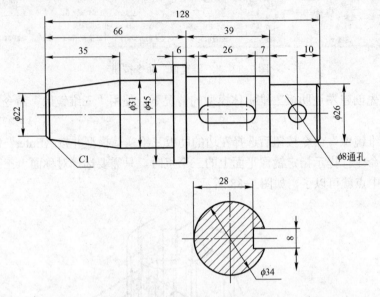

图 7-90　打开"轴-平面"图形文件

新建"立体"图层等操作请参见本章"组合体 1（轴承座）"部分相关内容。

利用轴的平面图形创建三个面域，并将其剪切并粘贴至"前视"视点方向。这三个面域分别用来旋转轴的主体结构，拉伸创建键槽和圆孔，如图 7-91 所示。

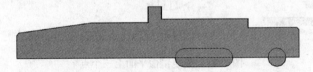

图 7-91　在"前视"视点方向创建三个面域

使用"旋转"命令创建轴三维实体模型的主体部分，使用"拉伸"命令创建出生成键槽和圆孔所需的三维实体模型。拉伸键槽实体模型时将拉伸高度设为 6；拉伸圆孔实体时可以将拉伸高度设为 40，不需太精确的尺寸，只要保证能生成通孔并方便操作就行，如图 7-92 所示。

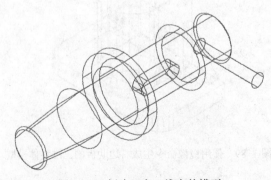

图 7-92　创建三个三维实体模型

使用"三维移动"命令或"移动"命令将键槽实体向前移动11，如图7-93所示。

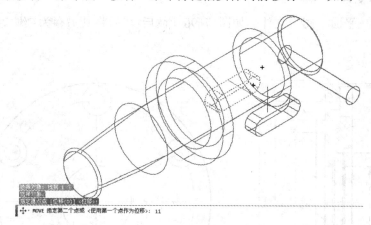

图7-93 移动键槽三维实体模型

使用"三维移动"命令或"移动"命令将圆孔实体向前移动一定距离，直至能够用"差集"命令创建通孔，如图7-94所示。

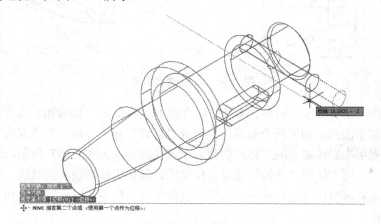

图7-94 移动圆孔三维实体模型

分别将键槽三维实体模型和圆孔三维实体模型移动至合适位置后，使用"差集"命令从轴主体三维实体模型中减掉键槽三维实体模型和圆孔三维实体模型，以生成键槽和圆孔，如图7-95所示。

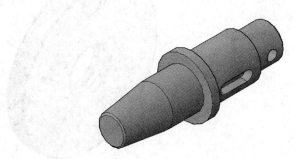

图7-95 轴三维实体模型

7.2.3 盘盖类零件

打开"端盖-平面"图形文件,如图 7-96 所示,然后将其另存为"端盖-三维实体模型"。

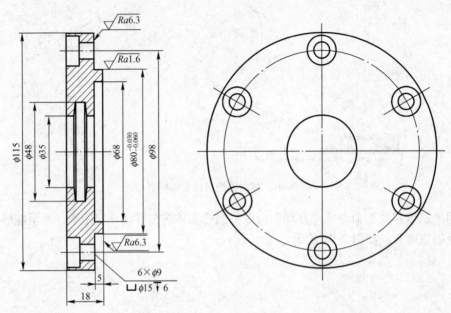

图 7-96 端盖-平面图形

新建"立体"图层等操作请参见本章"组合体 1(轴承座)"部分相关内容。

利用端盖的平面图形创建两个面域,并将其"剪切"并"粘贴"至"前视"视点方向。这两个面域分别用来旋转端盖的主体结构和六个沉孔结构,如图 7-97 所示。这个过程需要保留端盖的轴线,用于使用"旋转"端盖主体结构,沉孔实体则绕其面域的一条边旋转。沉孔面域创建的比其真实尺寸大,是为了方便创建面域以及使用"三维阵列"和"差集"命令时选择沉孔实体。

使用"旋转"命令创建端盖主体结构的三维实体模型和沉孔结构的三维实体模型,如图 7-98 所示。

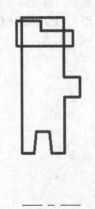

图 7-97 创建两个面域

图 7-98 使用"旋转"命令创建两个三维实体模型

单击"常用"选项卡下的"修改"工具面板中的"环形阵列"命令，如图 7-99 所示。

图 7-99 "环形阵列"命令按钮

激活"环形阵列"命令，选择沉孔实体模型后按〈Enter〉键或单击鼠标右键确认，然后用鼠标左键单击"旋转轴（A）"选项，如图 7-100 所示。

图 7-100 选择"旋转轴（A）"选项

接下来，根据命令行的提示在端盖的轴线上指定两个点以确定"环形阵列"命令的旋转轴，如图 7-101 所示。

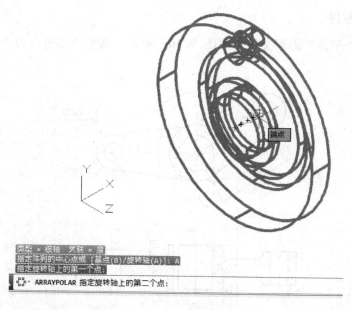

图 7-101 指定旋转轴上的两个点

在"环形阵列"对话框中确认其中的"项目数"为 6，"填充"角度为 360°，而且要确认对话框中的"关联"选项处于关闭状态，如图 7-102 所示。

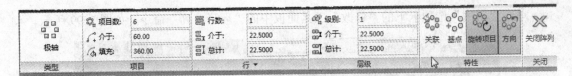

极轴
类型
项目数: 6
介于: 60.00
填充: 360.00
项目
行数: 1
介于: 22.5000
总计: 22.5000
行
级别: 1
介于: 22.5000
总计: 22.5000
层级
关联
基点
旋转项目
方向
特性
关闭阵列
关闭

图 7-102　在“环形阵列”对话框中设置阵列

按〈Enter〉键结束“环形阵列”命令，阵列结果如图 7-103 所示。

使用“差集”命令从端盖主体三维实体模型中减去六个沉孔三维实体模型以生成沉孔结构，如图 7-104 所示。

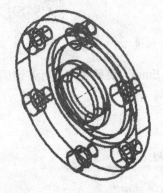

图 7-103　使用“环形阵列”命令创建六个沉孔三维实体模型

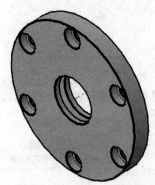

图 7-104　使用“差集”命令创建六个沉孔结构

7.2.4　叉架类零件

打开“支架-平面”图形文件，如图 7-105 所示，然后将其另存为“支架-三维实体模型”。

150°
2×ϕ20
6
2×ϕ10
48
22.8
48
24
10
18
ϕ20
ϕ32

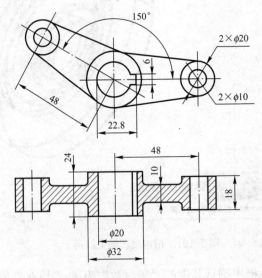

图 7-105　“支架-平面”图形

参见本章"组合体 1（轴承座）"部分相关内容，新建"立体"图层并将其设置为当前层，然后关闭其他在创建三维实体模型中不需要的图层。

将支架的主视图剪切并粘贴至"前视"视点方向，然后单击"边界"命令按钮，如图7-106所示。

在"边界创建"对话框中将"对象类型"设置为"面域"，然后单击"拾取点"命令按钮，如图 7-107 所示。

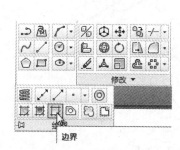

图 7-106　单击"边界"命令按钮

图 7-107　"边界创建"对话框

在支架主视图的各封闭图框内拾取点如图 7-108 所示。

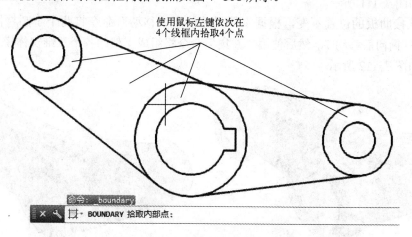

图 7-108　在 4 个线框内依次拾取点

根据命令行提示拾取四个点后按〈Enter〉键或单击鼠标右键确认，命令行会提示已创建七个面域，如图 7-109 所示。

图 7-109　命令行提示已创建七个面域

关闭粗实线所在的"图层 1"，只剩下"立体"图层打开。使用"拉伸"命令依次拉伸两边小圆柱筒（拉伸高度为 18）、中间大圆柱筒（拉伸高度为 24）和连接肋板（拉伸高度为 10），如图 7-110 所示。

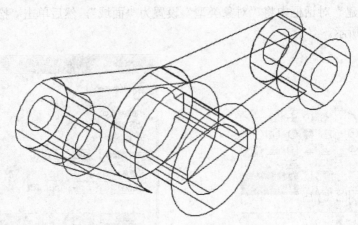

图 7-110　拉伸大小圆柱筒和连接肋板

使用"差集"命令分别从三个外圆柱筒的大圆柱体中减去其内部的三维实体以形成圆孔和键槽，如图 7-111 所示。

保持连接肋板的位置不变，根据零件尺寸使用"移动"命令将两个小圆柱筒向后移动 4，将大圆柱筒向后移动 7，然后使用"并集"命令将组成支架的各个三维实体模型合并成一个整体，如图 7-112 所示。

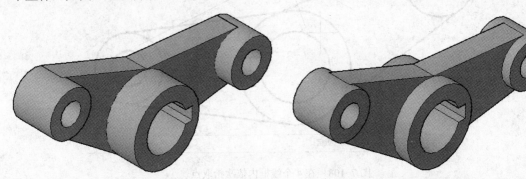

图 7-111　使用"差集"命令创建圆孔和键槽　　　　图 7-112　"支架"三维实体模型

7.2.5　箱体类零件

打开"座体-平面"图形文件，如图 7-113 所示，然后将其另存为"座体-三维实体模型"。

参见本章"组合体 1（轴承座）"部分相关内容，新建"立体"图层并将其设置为当前层，然后关闭其他在创建三维实体模型中不需要的图层。

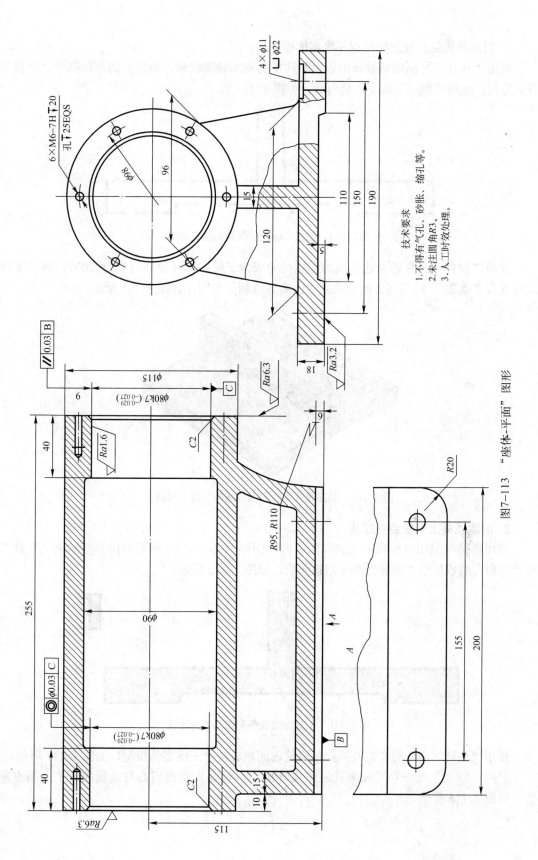

图7-113 "座体-平面" 图形

技术要求
1.不得有气孔、砂胀、缩孔等。
2.未注圆角R3。
3.人工时效处理。

287

1. 创建底板及肋板主体结构三维实体模型

利用"座体"平面图形编辑出底板和肋板的侧面轮廓线框，然后剪切并粘贴至"左视"视点方向。使用"面域"命令创建面域，如图 7-114 所示。

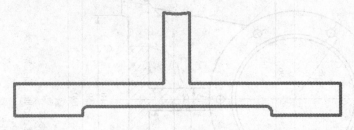

图 7-114　创建底板及肋板侧面轮廓面域

使用"拉伸"命令将上述完成的面域拉伸成为三维实体（拉伸高度为 200），将视觉样式设置为"概念"，将视点方向切换到"西南等轴测"方向，如图 7-115 所示。

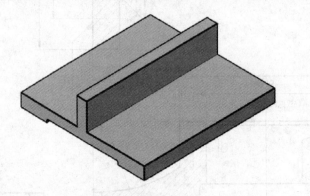

图 7-115　创建底板及肋板主体结构三维实体模型

2. 创建底板上的安装孔结构

利用座体平面图形编辑出安装孔的纵向界面线框（一半），然后剪切并粘贴至"左视"视点方向，然后使用"面域"命令创建面域，如图 7-116 所示。

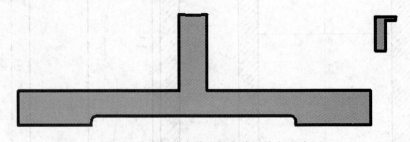

图 7-116　创建安装孔纵向截面轮廓面域

使用"旋转"命令将安装孔纵向截面轮廓面域旋转为三维实体模型，如图 7-117 所示。

使用"移动"命令移动安装孔三维实体模型，使其上底面圆心与底板的一个上顶点重合，如图 7-118 所示。

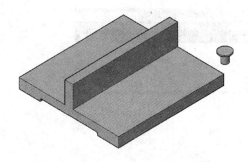

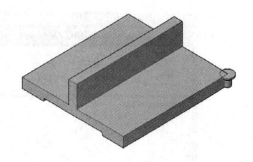

图 7-117　创建安装孔三维实体模型　　　　　图 7-118　将安装孔实体移动至底板的一个上顶点处

接下来使用"移动"命令根据孔的定位尺寸将安装孔三维实体模型向后移动 20，向右移动 22.5，如图 7-119 所示。

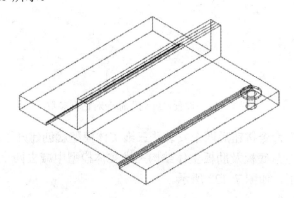

图 7-119　根据定位尺寸移动安装孔的三维实体模型

创建另外三个安装孔可以使用"矩形阵列"命令，该命令位于"常用"选项卡下的"修改"工具面板中，如图 7-120 所示。

图 7-120　"矩形阵列"命令按钮

单击"矩形阵列"命令按钮后选择安装孔实体模型作为阵列对象，按〈Enter〉键或单击鼠标右键确认后，在"阵列"命令对话框设置"列数""行数""级别"和"介于"（对应间距）等项目，如图 7-121 所示。请注意"列数""行数""级别"与 X 轴、Y 轴和 Z 轴的对应关系。

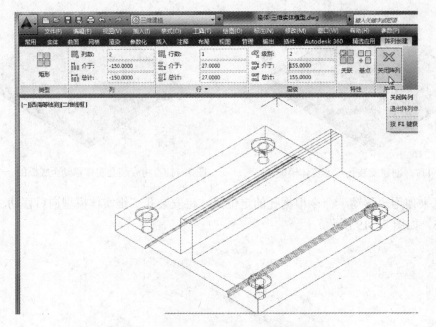

图 7-121　设置"阵列"命令对话框参数

单击"关闭阵列"命令按钮后四个安装孔三维实体模型就创建好了。

使用"差集"命令从底板及肋板主体结构三维实体模型中减去四个安装孔实体模型,四个安装孔就创建出来了,如图 7-122 所示。

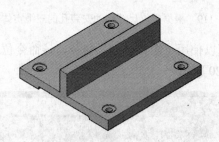

图 7-122　使用"差集"命令创建四个安装孔

3. 创建底板上的圆角结构

单击"圆角"命令后选择底板的一条边,按〈Enter〉键或单击鼠标右键确认后,单击"半径(R)"选项后将半径设置为 20,如图 7-123 所示。

图 7-123　选择"差集"命令对象并设置半径

依次选择底板的另外三个倒角边,如图 7-124 所示。

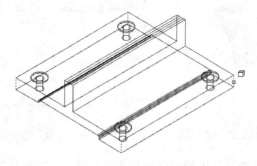

图 7-124 选择倒角边

按〈Enter〉键或单击鼠标右键确认后,底板上的四个圆角就创建好了,如图 7-125 所示。

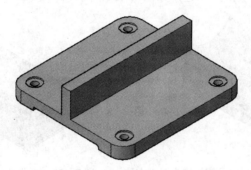

图 7-125 创建底板倒角结构

4. 创建竖直支撑板结构

相对来说,竖直支撑板结构比较复杂,需要同时满足正面形状和左视侧面形状,需要运用"并集"运算方式。

利用座体平面图形编辑出竖直支撑板结构的正面轮廓线框,并在"前视"视点方向创建其面域,如图 7-126 所示(编辑、绘制竖直支撑板正面轮廓线框时,要适当向上延伸)。

图 7-126 在"前视"视点方向创建竖直支撑板正面形状面域

使用"拉伸"命令将竖直支撑板结构的正面轮廓面域拉伸为三维实体模型(拉伸高度设置为 120),如图 7-127 所示。

利用座体平面图形创建竖直支撑板的侧面形状线框并在"左视"视点方向上创建其面域,如图 7-128 所示。

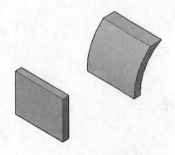
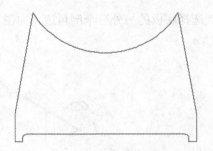

图 7-127　拉伸竖直支撑板正面形状面域　　　图 7-128　在"左视"方向创建竖直支撑板侧面形状面域

　　使用"拉伸"命令将竖直支撑板侧面形状面域拉伸为三维实体模型，可以将拉伸高度放大为 255，如图 7-129 所示。

　　使用"移动"命令把由竖直支撑板正面轮廓面域拉伸出的三维实体模型和由其侧面轮廓面域拉伸出的三维实体模型拼到一起，如图 7-130 所示。

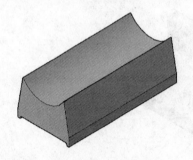
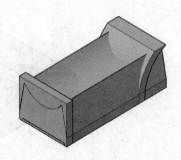

图 7-129　将竖直支撑板侧面形状面域拉伸为三维实体　　　图 7-130　将两部分三维实体模型移动到一起

　　先使用"并集"命令将由竖直支撑板正面形状轮廓面域拉伸出的两个三维实体模型并形成一个整体，然后使用"交集"命令求与侧面轮廓面域拉伸出的三维实体模型的交集，得到竖直支撑板的最终三维实体模型，如图 7-131 所示。

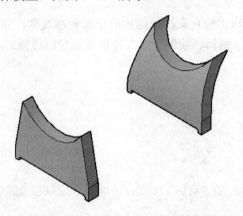

图 7-131　使用"并集"和"交集"命令创建竖直支撑板三维实体模型

5. 创建圆柱筒三维实体模型

　　利用座体平面图形编辑出圆柱筒结构的纵向截面形状线框及其轴线，然后在"前视"视点方向创建出面域，如图 7-132 所示。

使用"旋转"命令创建圆柱筒结构的三维实体模型，如图 7-133 所示。

图 7-132　在"前视"方向创建圆柱筒结构截面轮廓面域　　　图 7-133　创建圆柱筒结构三维实体模型

使用"移动"命令将竖直支撑板和底板肋板结构的三维实体模型拼到一起，如图 7-134 所示。

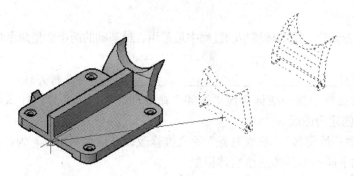

图 7-134　移动竖直支撑板——中点对中点

使用"移动"命令移动圆柱筒三维实体模型，使其左端面圆心与竖直支撑板最左面圆弧圆心重合，如图 7-135 所示。

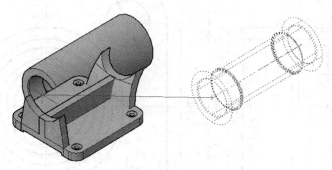

图 7-135　移动圆柱筒——圆心对圆心

依据定位尺寸，使用"移动"命令将圆柱筒三维实体模型向左移动 10，如图 7-136 所示。

使用"并集"命令将座体各个组成部分的三维实体模型并成一个整体，完成座体三维实体模型的创建，如图 7-137 所示。

使用 AutoCAD 2014 软件也可以创建圆柱筒上共 12 个螺纹孔结构，但是特别烦琐，没有实用价值，因此这里就不创建该结构了。使用 Pro/E、UG 以及 Autodesk Inventor 等三维设计软件创建螺纹孔结构就方便得多。

图 7-136 根据定位尺寸沿 X 轴
移动圆柱筒

图 7-137 使用"并集"命令将座体各部分三维
实体模型合并为整体

7.3 思考题

1. 由平面图形创建三维实体模型的过程中最常用、最基础的两个造型命令是_____和_____。

2. 布尔运算有_____、_____、_____等 3 种方式。

3. 请说明什么样的封闭线框会被"拉伸"命令创建为三维实体,什么样的封闭线框会被"拉伸"命令创建为曲面。

4. 请说明,"三维旋转""三维对齐"等三维修改命令适合多用吗?为什么?

5. 请创建如下阀盖零件的三维实体模型。

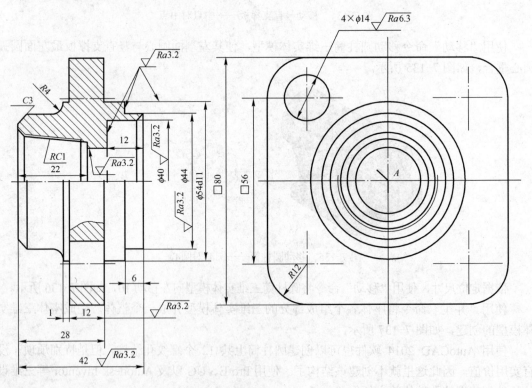

第8章 绘制建筑图

本书介绍的重点是机械零部件工程图样的绘制，因此本章只介绍绘制、标注简单建筑平面图的基本命令和方法。

8.1 建筑图绘制

建筑平面图的一大特点就是平行线特别多，如图 8-1 所示。如果这些平行线都使用常用的"直线""偏移"命令来绘制，虽然也可以完成，但是绘图效率会很低。使用"多线"命令来绘制具有特定距离的平行线，比如建筑平面图中墙体的投影，绘图效率将会明显提高。

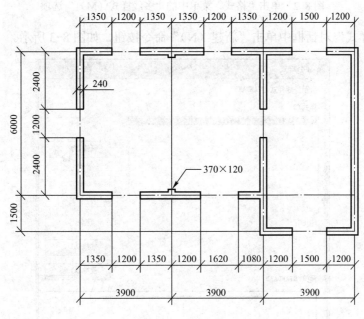

图 8-1 建筑平面图

8.1.1 多线样式设置

AutoCAD 2014 软件，可以根据不同图形对象的几何特征设置不同的多线样式。要创建新的多线样式，或者要修改已经创建的多线样式，需要单击"格式"菜单中的"多线样式（M）"选项，以打开"多线样式"对话框，如图 8-2 所示。

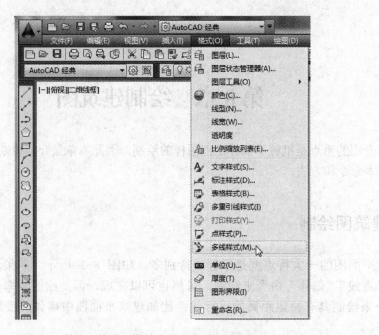

图 8-2 单击"格式"菜单中的"多线样式（M）"选项

在"多线样式"对话框中单击"新建（N）"命令按钮，如图 8-3 所示。

图 8-3 "多线样式"对话框

接下来我们要为厚度 240 的墙体创建一个新的多线样式，在图 8-4 所示的"创建新的多线样式"对话框中的"新样式名"文本框中输入"墙体 240"，然后单击"继续"按钮。

图 8-4 "创建新的多线样式"对话框

在"创建新的多线样式：墙体 240"对话框中，勾选"封口"栏目下的直线"起点"和"端点"复选框，如图 8-5 所示。

图 8-5 勾选直线"起点"和"端点"

在"创建新的多线样式：墙体 240"对话框中的"图元"栏目框下，将"偏移"距离分别设置为 120 和-120，如图 8-6 所示。

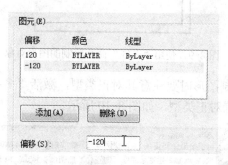

图 8-6 设置多线样式的偏移距离

设置完成后单击"创建新的多线样式：墙体 240"对话框中的"确定"按钮，然后在"多线样式"对话框中单击"置为当前"按钮，如图 8-7 所示。

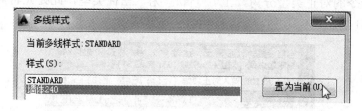

图 8-7 将新创建的"墙体 240"设置为当前多线样式

8.1.2 多线绘制命令

创建新的多线样式后，就可以使用该样式绘制多线图形了。"多线"命令位于"绘图"

菜单中，如图 8-8 所示。

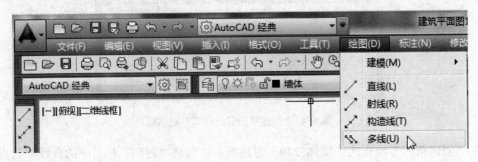

图 8-8 "绘图"菜单中的"多线"命令

激活"多线"命令后，就可以在绘图区域绘制多线图形对象了，绘制出的多线图形中的两条平行线之间间距为 240，两端封口，如图 8-9 所示。

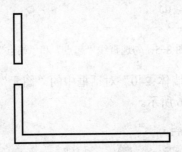

图 8-9 使用"多线"命令绘制的图形对象

使用"多线"命令绘制图形时要注意其对正类型，激活"多线"命令后可以在命令行单击"对正（J）"选项以设置对正类型，如图 8-10 所示。

图 8-10 单击"对正（J）"以设置"多线"命令的对正类型

"多线"命令的对正类型分为"上""下""无"三种类型，此处先将对齐类型设置为"无"，如图 8-11 所示。

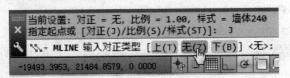

图 8-11 将"多线"命令的对正类型设置为"无"

在"多线"命令的对正类型为"无"的情况下，无论沿顺时针方向还是逆时针方向绘制多线图形，鼠标指针都与两条平行线的正中间对齐，如图 8-12 所示。

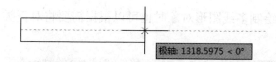

图 8-12 "多线"命令的对正类型为"无"时的对齐方式

接下来再次激活"多线"命令，并将对正类型设置为"上"，如图 8-13 所示。

图 8-13 将"多线"命令的对正类型设置为"上"

当"多线"命令的对正类型为"上"的情况下，向右绘制水平线时，鼠标指针与多线上面的线对齐，如图 8-14 所示。

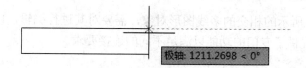

图 8-14 "多线"命令的对正类型为"上"时向右绘制水平线

当"多线"命令的对正类型为"上"的情况下，向左绘制水平线时，鼠标指针与多线下面的线对齐，如图 8-15 所示。

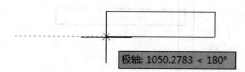

图 8-15 "多线"命令的对正类型为"上"时向左绘制水平线

当"多线"命令的对正类型为"上"的情况下，向上绘制竖直线时，鼠标指针与多线左边的线对齐，如图 8-16 所示。

当"多线"命令的对正类型为"上"的情况下，向下绘制竖直线时，鼠标指针与多线右边的线对齐，如图 8-17 所示。

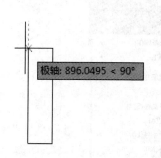

图 8-16 "多线"命令的对正类型为
"上"时向上绘制竖直线

图 8-17 "多线"命令的对正类型为
"上"时向下绘制竖直线

使用"多线"命令绘制多线图形对象时也可以根据需要将对正类型设置为"下",如图
8-18 所示。

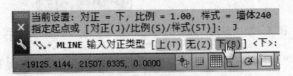

图 8-18 将"多线"命令的对正类型设置为"下"

当"多线"命令的对正类型为"下"时,绘制多线图形对象时其对齐方式与对正类型为
"上"时正好相反。向右绘制水平线时鼠标指针与多线下边的线对齐,向左绘制水平线时鼠
标指针与上边的线对齐,向上绘制竖直线时鼠标指针与多线右边的线对齐,向下绘制竖直线
时鼠标指针与多线左边的线对齐,读者可以自行尝试。

8.1.3 双线对象修改

对于如图 8-19 所示的相交的多线图形对象,需要对其进行编辑,以得到所需要的连接
方式,AutoCAD 也提供了专门的功能以满足不同的连接要求。

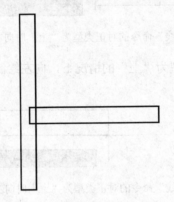

图 8-19 两条相交的多线图形对象

在"修改"菜单下的"对象"子菜单中,单击"多线"选项,可以打开"多线编辑工
具"窗口,如图 8-20、图 8-21 所示。

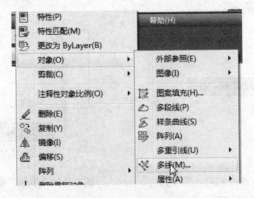

图 8-20 在"修改"菜单下的"对象"子菜单中的"多线"选项

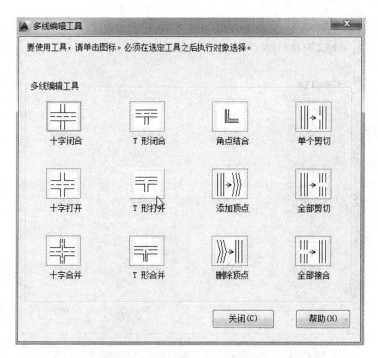

图 8-21 "多线编辑工具"窗口

"多线编辑工具"窗口中列出了多种多线编辑工具，以满足不同的连接要求，比如图 8-19 中两条相交的多线对象，可以使用"多线编辑工具"窗口中的"T 形打开"工具将它们连接起来。单击"T 形打开"按钮后依次选择两个多线图形对象就可以了，如图 8-22 所示。

使用"多线编辑工具"窗口中的"T 形打开"命令连接两个多线对象后，两个多线对象并未被合并为一个整体，仍然可以根据需要移动其中的一个对象。比如，可以将水平多线向上移动一定距离，这样竖直多线上就多出了一个缺口，如图 8-23 所示。

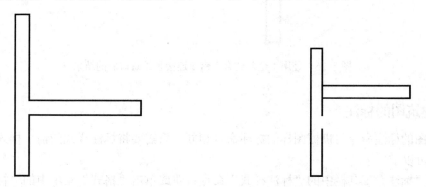

图 8-22 使用"多线编辑工具"窗口中的
　　　　"T 形打开"命令连接两多线

图 8-23 移动水平多线导致缺口

这种情况下，可以使用"多线编辑工具"窗口中的"全部结合"命令将缺口连接起来，如图 8-24 所示。

在"多线编辑工具"窗口单击"全部结合"命令后，用鼠标左键选择竖直多线缺口两端的点，就可以将图 8-23 中的缺口连接起来，如图 8-25 所示。

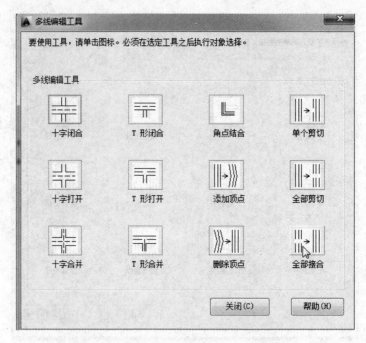

图 8-24　"多线编辑工具"窗口中的"全部结合"命令

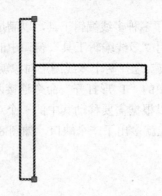

图 8-25　使用"全部结合"命令连接多线缺口后的结果

8.1.4　建筑图的标注

建筑图的标注命令与机械图样的标注命令相同，只需要将标注样式的箭头样式设置为斜线形式就可以了。

单击"标注"工具栏中的"标注样式"命令按钮或单击"格式"菜单中的"标注样式"命令都可以打开"标注样式管理器"，如图 8-26、图 8-27 所示。

图 8-26　"标注"工具栏中的"标注样式"命令按钮

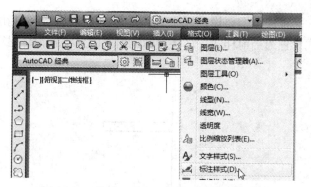

图 8-27 "格式"菜单中的"标注样式"命令

打开"标注样式管理器"对话框后可以在系统默认标注样式"ISO-25"或"Standard"的基础上新建一个标注样式，也可以在其基础上修改，如图 8-28 所示。

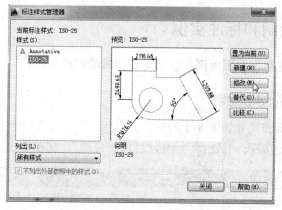

图 8-28 "标注样式管理器"对话框

在"标注样式管理器"对话框中单击"修改"按钮后单击"符号和箭头"按钮，然后将"第一个"和"第二个"箭头形式都设置为"倾斜"，如图 8-29 所示。

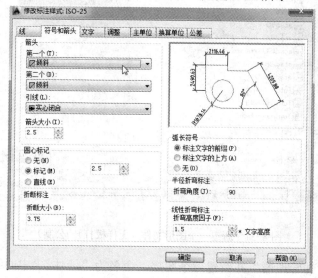

图 8-29 设置标注样式的箭头形式为"倾斜"

设置完箭头形式后再根据需要设计标注文字的大小和尺寸标注的精度，在标注前一定要将刚设置的标注样式设置为当前样式。这样，标注出来的尺寸就符合建筑图的格式要求了，如图 8-30 所示。

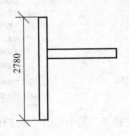

图 8-30　建筑图标注格式

8.2　建筑图的绘制和标注实例

本节以一个简单建筑平面图为例，演示建筑图的绘制和标注。

8.2.1　建筑平面图的图形绘制

建筑平面图的图形和尺寸如图 8-1 所示。

单击"新建"命令按钮，并选择"无样板打开-公制"，如图 8-31 所示。

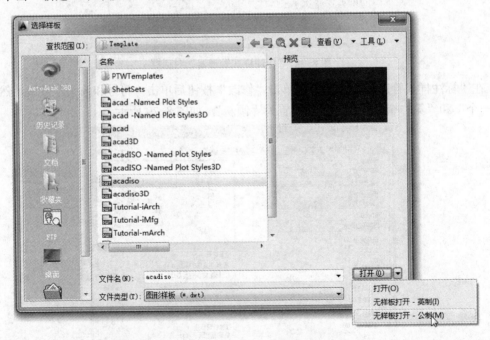

图 8-31　新建一个图形文件（无样板打开-公制）

打开"图层特性管理器"并新建三个图层，命名为"墙体""中心线"和"标注"。将"中心线"和"标注"图层的"线宽"保持为"默认"，并将"墙体"图层的线宽设置为

0.5；将"墙体"和"标注"图层的"线型"保持为"Continuous"，并将"中心线"图层的"线型"设置为"Center"，如图 8-32 所示。

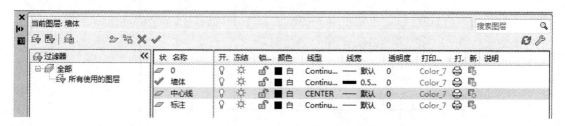

图 8-32　新建"墙体"、"中心线"和"标注"图层

在命令行输入 LTS 并将线型比例因子设置为 30，如图 8-33 所示。

图 8-33　设置线型比例因子

参照上节多线样式设置部分的内容新建一个"墙体-240"多线样式，并新建一个"墙体-370"多线样式，如图 8-34 所示。

图 8-34　"墙体-370"多线样式的设置

将"中心线"图层设置为当前图层，然后根据建筑平面图 1 的图形和尺寸，使用"直线""偏移""修剪"等命令绘制建筑平面图 1 的墙体中心线，如图 8-35 所示。

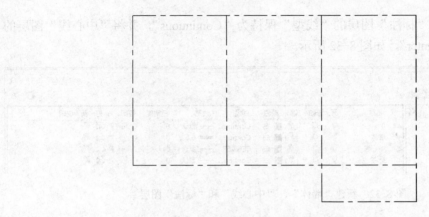

图 8-35 绘制建筑平面图 1 的墙体中心线

将"墙体-240"多线样式设置为当前多线样式，如图 8-36 所示。

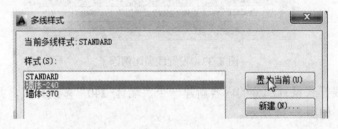

图 8-36 将"墙体-240"设置为当前多线样式

将"墙体"图层设置为当前图层后，使用"多线"命令（将对正类型设置为"无"，多线比例设置为 1）绘制厚度为 240 的墙体图形，如图 8-37 所示。

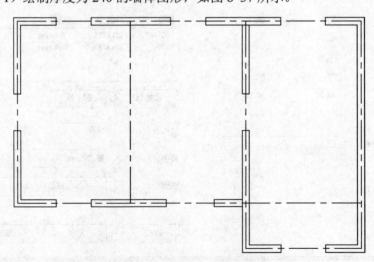

图 8-37 绘制厚度为 240 的墙体图形

将"墙体-370"设置为当前多线样式，并用"多线"命令（将对正类型设置为"无"，多线比例设置为 1）绘制厚度为 370 的墙体，如图 8-38 所示。

306

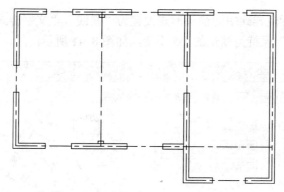

图 8-38　绘制厚度为 370 的墙体图形

　　使用"多线编辑工具"窗口中的"T 形打开"命令，编辑上述绘制的多线对象，使之满足墙体图形的连接要求，如图 8-39 所示。

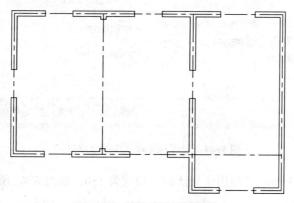

图 8-39　编辑多线图形对象

8.2.2　建筑平面图的标注

　　将"标注"图层设置为当前图层。

　　将本例使用的文字样式中的字体设置为"isocp.shx"，如图 8-40 所示。

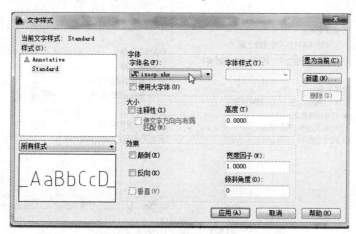

图 8-40　设置文字样式

将本例要使用的标注样式中的箭头形式设置为"斜线","文字样式"设置为刚设置过的文字样式,"文字高度"保持为默认的 2.5 不变,如图 8-41 所示。

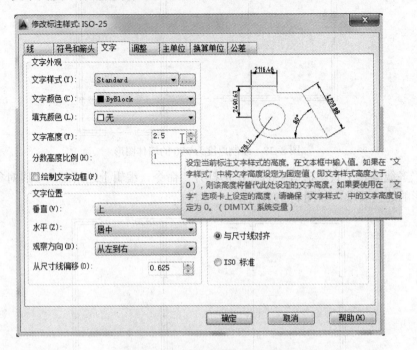

图 8-41　设置标注样式中的文字样式

将"调整"选项卡下的"使用全局比例"设置为 150,如图 8-42 所示。

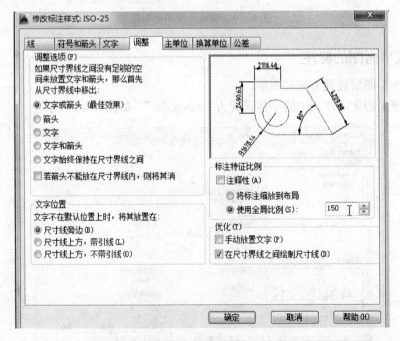

图 8-42　设置标注样式中的全局比例因子

将标注样式设置完毕，保存并置为当前标注样式后，就可以单击"标注"工具栏中的"线性"标注命令来标注建筑平面图的尺寸了，如图 8-43 所示。

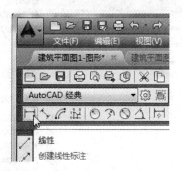

图 8-43 "标注"工具栏中的"线性"标注命令

首尾相连的串联尺寸可以用"标注"工具栏中的"连续"标注命令，如图 8-44 所示。

图 8-44 "标注"工具栏中的"连续"标注命令

线性尺寸标注完毕后的效果如图 8-45 所示。

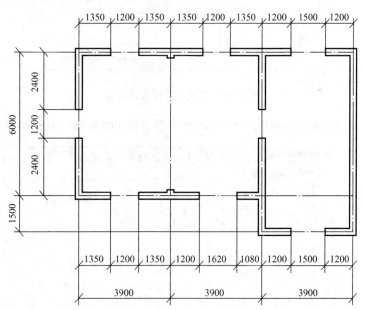

图 8-45 标注建筑平面图的线性尺寸

在使用"多重引线"命令标注建筑平面图中的引线尺寸时，先要设置需用的多重引线样式。如图 8-46 所示，在"格式"菜单中选择"多重引线样式"选项。

打开"多重引线样式管理器"后，可以为本图新建一个多重引线样式，也可以在软件默认的"Standard"的基础上作修改，如图 8-47 所示。

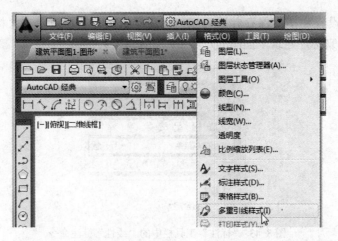

图 8-46　选择"格式"菜单中的"多重引线样式"选项

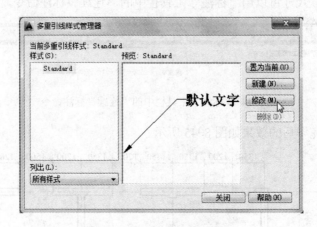

图 8-47　多重引线样式管理器

将本例所要使用的多重引线样式各个部分的参数设置如图 8-48～图 8-50 所示。

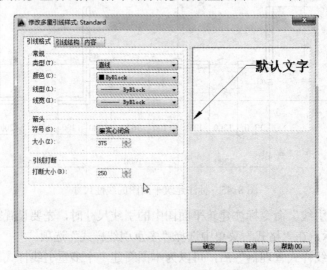

图 8-48　修改多重引线样式——引线格式

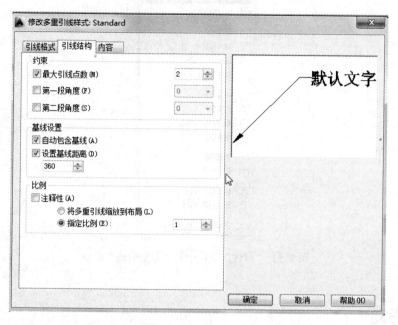

图 8-49　修改多重引线样式——引线结构

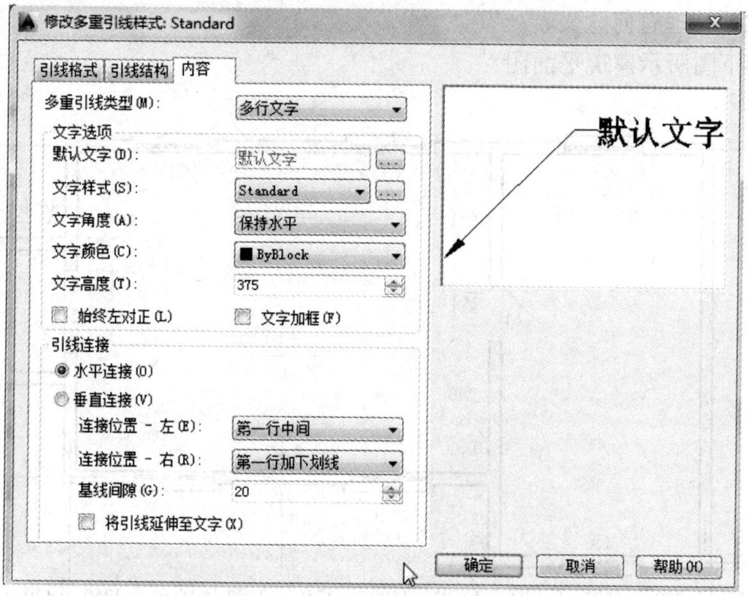

图 8-50　修改多重引线样式——内容

　　多重引线样式设置好后就可以单击"标注"菜单中的"多重引线"命令标注引线尺寸了，如图 8-51 所示。

　　尺寸标注完毕后的效果如图 8-1 所示。

图 8-51 "标注"菜单中的"多重引线"命令

8.3 思考题

1. 相对于老版本的 AutoCAD 软件，新的版本增加了"多线样式"功能，请简述这对于 CAD 绘图和文件管理有何意义？

2. 请绘制下图所示建筑平面图。

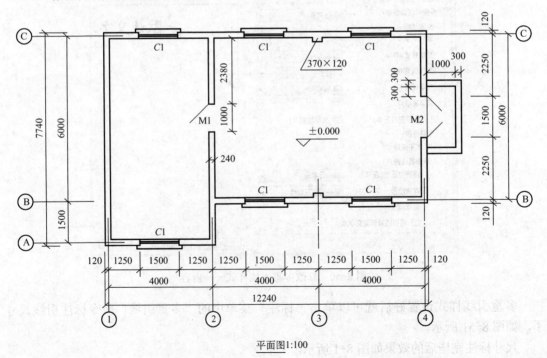

平面图1:100

参 考 文 献

[1] 朱爱平. AutoCAD 2010 完全自学手册[M]. 重庆：电脑报电子音像出版社，2010.

[2] 赵润平，宗荣珍. AutoCAD 2008 工程绘图[M]. 北京：北京大学出版社，2009.

[3] 陈平，张双侠，尹利平，AutoCAD 2010 基础与实例教程[M]. 北京：机械工业出版社，2011.